KB248059

생명 농사
이렇게 지읍시다

생명 농사 이렇게 지읍시다

2025년 12월 11일 처음 발행

지은이   강동진 강선아 김준권 석종욱
            윤석원 이상기 임기도 정호진
엮은이   아시아농촌선교회
펴낸이   김영호
펴낸곳   도서출판 동연
등   록   제1-1383호(1992. 6. 12.)
주   소   서울시 마포구 월드컵로 163-3
전화/팩스   02-335-2630/02-335-2640
이메일   yh4321@gmail.com
인스타그램   instagram.com/dongyeon_press

ISBN 978-89-6447-806-6 03520

생명 농사 이렇게 지읍시다

석종욱 외 7인 지음
아시아농촌선교회 엮음

동연

 QR code는 석종욱의 "친환경 퇴비 제조 요령 동영상"입니다.
이 책 19~53쪽 "땅심(地力)을 살리는 좋은 퇴비 만들기"(석종욱)에
해당하는 영상 자료이니 참고하시기 바랍니다.

| 머리말 |

우리나라에 화학비료 공장이 설립된 것은 1927년 일제가 세운 흥남질
소비료공장(당시 명칭은 조선질소비료주식회사 흥남공장)이 처음이다. 흥남
질소비료공장은 6.25전쟁 후 복구 과정을 거쳐 지금도 북한의 질소 비
료 생산에 큰 몫을 담당하고 있다. 남한의 경우 1959년도에 설립되어
1961년부터 본격적으로 생산하기 시작한 충주질소비료공장이 처음이
다. 8.15해방 이후 남북한 모두 식량 증산이 절실한 과제여서 질소 비료
생산 공급이 매우 중요하였다. 이런 상황하에서 해방 후 한국농업의 정
책 기조는 화학농업을 통한 식량 증산이었다.

농과대학에서 가르치는 농학 역시 서구 사회가 발전시키고 체계화
한 화학농법이 중심이었다. 농과대학의 교수들은 미국 및 서구에서 유
학하여 배워온 농학을 금과옥조로 삼아 그것이 농학의 중심인 것으로
알고 가르쳤다. 1970년대 초-중반에 농과대학을 다녔고, 유관 기관에
근무한 바 있는 나는 당시의 상황을 체험한 바 있다. 수원의 농촌진흥청
정문에는 쌀 3,000만 석 생산이라는 구호가 적힌 현수막이 늘 걸려 있
었다. 식량 자급이 당면 과제였다.

오늘날 전 세계는 화학농업이 주류의 농법으로 자리 잡았다. 대부분
의 나라에서 화학농업은 국가적인 시책이 되어 있다. 화학비료 생산 능
력이 부족한 나라나 가격이 비싸서 농민들이 구입하기 어려운 나라를

제외하고 대부분의 농민은 화학농업을 하려고 한다. 노동력의 절감과 증산에 대한 기대가 있기 때문이다.

화학농업의 본격적인 시작은 독일의 프리츠 하버(Fritz Harber)가 1905년도에 질소와 수소를 결합하여 암모니아를 생산할 수 있는 인공 질소고정법을 발명한 것에 기인한다. 그는 이후 칼 보쉬(Karl Bosch)와 협력하여 '하버-보쉬 공정'(Harber-Bosch Process)를 개발하여 비료 생산을 산업화하였다.

이러한 화학농업은 아시아권의 농업에도 큰 영향을 미쳤다. 그 역할을 수행한 대표적인 기구가 1960년도에 필리핀 마닐라 인근 로스 바노스(Los Banos)에 세운 '국제미작연구소'(IRRI: International Rice Research Institute)이다. 이 연구소는 석유 재벌인 미국 록펠러재단에 의해 설립되었다. 화학비료와 농약은 석유 정제 과정을 통해 생산되는 것이 많기 때문에 이 기구의 설치는 화학농업의 보급과 직결되어 있었다. 이 연구소는 설립 이후 1960년대 아시아의 '녹색혁명'(Green Revolution)을 주도하였으며, 아시아와 아프리카의 14개 국가에 파견기관을 두었다. 우리나라도 물론 이 연구소와 지금도 협력 관계를 유지하고 있다. 서구 농학과 화학농업은 농민들에게 노동력의 절감과 증산이라는 선물을 선사하였고, 기아와 건강 문제를 상당 부분 해결하면서 세계 인구를 15억 명에서 80억 명으로 증가시키는 결과를 낳았다.

그러나 화학농업은 시간이 흐르면서 그 문제와 한계를 드러내기 시작하였다. 토양의 산성화와 지력(地力)의 감퇴를 초래한 것이다. 또한 기하급수적으로 생산을 늘릴 수 있는 공업 생산과 달리 농업은 증산이 어느 정도 이루어지면 수확체감의 법칙이 작용하기 때문에 생산력에서도 한계를 드러내기 시작하였다. 무엇보다 화학비료의 사용은 병충해의 발생을 증가시켰고, 이에 비례하여 화학농약의 사용량도 증가시켰다. 결국 화학농업은 토양 내 미생물을 감소시켜 땅의 생명력을 약화시켰고, 작물은 오염되어 소비자들의 건강에 부정적인 영향을 미치게 되었으며, 나아가 농약을 살포하는 농민들은 농약 중독으로 건강을 해치는 일들이 발생하였다. 편리와 증산이라는 긍정의 이면에 죽음의 그림자가 드리워진 것이다. 그래서 이 화학농업을 일러 '죽임의 농업'이라고 부른다. 이는 현대 문명의 축소판이기도 하다. 산업화와 경제 성장에 기반하여 형성된 거대한 도시 중심의 문명은 생태계를 파괴하고 지구온난화, 기후 위기를 조장하여 결국 모든 생명체를 죽이는 '죽임의 문명'으로 일컬어지고 있기 때문이다.

마침내 이러한 죽임의 농업과 문명에 반기를 드는 저항운동이 일어났다. 생명농업운동과 환경운동이 그것이다. 생명농업운동은 1976년도에 원경선 선생 등 기독교 농민 중심으로 결성된 정농회와 조한규 장로의 자연농업협회 등에 의하여 그리고 1980년대 중반, 원주의 장일순 선생 등에 의해 시작된 소비자 중심의 한살림운동 및 생활협동조합운동에 의하여 전개되었다. 환경운동은 1980년대 중반에 공해추방운동연합의 이름으로 활동하다가 1993년 브라질 리우 회의 참가 이후 최열 선생 등에 의해 전국적으로 확산, 조직된 환경운동연합이 대표적이다.

이 시대를 일러 '생명의 시대'라고 말한다. 다른 말로 하면 모든 생명이 생존의 위기에 직면해 있으며, 따라서 이 생명을 살리는 일이 시급하다는 말일 것이다. '죽임의 농업'(Life-Killing Agriculture)을 '생명의 농업'(Life-Giving Agriculture)으로 전환시키고 자연 생태 환경을 더 이상 파괴되지 않도록 지키고 보전하는 일은 이제 인류가 직면한 가장 큰 해결 과제가 되었다.

모든 종교는 생명을 살리고 구원하려는 목표를 갖고 있다. 창조 신앙을 고백하는 기독교는 하나님의 창조물인 지구 생명 공동체를 그 본래의 아름다운 모습으로 잘 지켜 에덴동산처럼 살기 좋은 곳으로 가꾸는 것이 인간의 소명임을 강조한다.

"생명을 살리는 일은 밥상을 살리는 일에서부터, 밥상을 살리는 일은 농업을 살리는 일에서부터"이다. 생산자 농민들은 화학농업에서 생명농업으로 농법을 전환하고, 소비자들은 그런 농산물들을 우선적으로 구매하여 가족의 건강을 지키고 함께 생명농업의 지속성을 뒷받침해 주는 역할을 감당해야 한다. 정부도 친환경농업에 대한 지원을 하고 있으나 아직 정책 기조는 화학농업에 있기 때문에 시민운동을 통해 정부의 정책 기조를 변화시키지 않으면 안 된다. 물론 쉽지 않고 여러 가지 해결해야 할 과제가 있지만, 기본적인 방향을 잡는 것이 우선이며 속도와 방법은 그다음 문제이다.

생명 농사의 실제에 대한 이 책을 펴내는 이유가 여기에 있다. 필자로 참여한 분들은 모두 목회자, 평신도 등 기독교인들로서 확고한 신념과 꾸준한 실천으로 농사의 경험을 체득한 분들이다. 이 책은 그들의 오랜 경험을 글로 기록한 것이다. 비록 책의 내용이 농사의 전반을 다루고 있지는 않고 내용도 요약되어 있지만, 생명농업의 정신, 원리와 함께 농사의 대표적인 영역들을 포함하고 있기 때문에 자신의 상황에 맞게 적용하고, 또 응용하면 될 것으로 생각한다. 생명농업에 관심 있는 분들, 생명 농사를 실천하려는 분들에게 조금이나마 도움이 되기를 바라는 마음이다. 아시아농촌선교회가 이 책을 펴내는 목적은 우리의 이런 자그마한 노력이 한국을 넘어 아시아의 농촌과 농민들이 생명농업으로 땅을 일구고 식량을 생산하여 인간과 지구를 모두 살리는 일에 동참하기를 바라기 때문이다.

마지막으로 글을 써주신 필자들의 노고와 아름다운 책으로 펴내 주신 동연출판사의 수고에 감사드린다.

2025년 10월 9일 한글날

강원도 원주에서 엮은이 한경호

| 차 례 |

유기농 고추 농사 짓기
― 블루베리를 통한 자연과학농업과 무농약 재배 비교 연구 | 임기도

유기농 사과 한 알을 위하여 | 윤석원

2부 _ 가축과 함께, 살아 있는 농장

행복한 벌 키우기 | 정호진

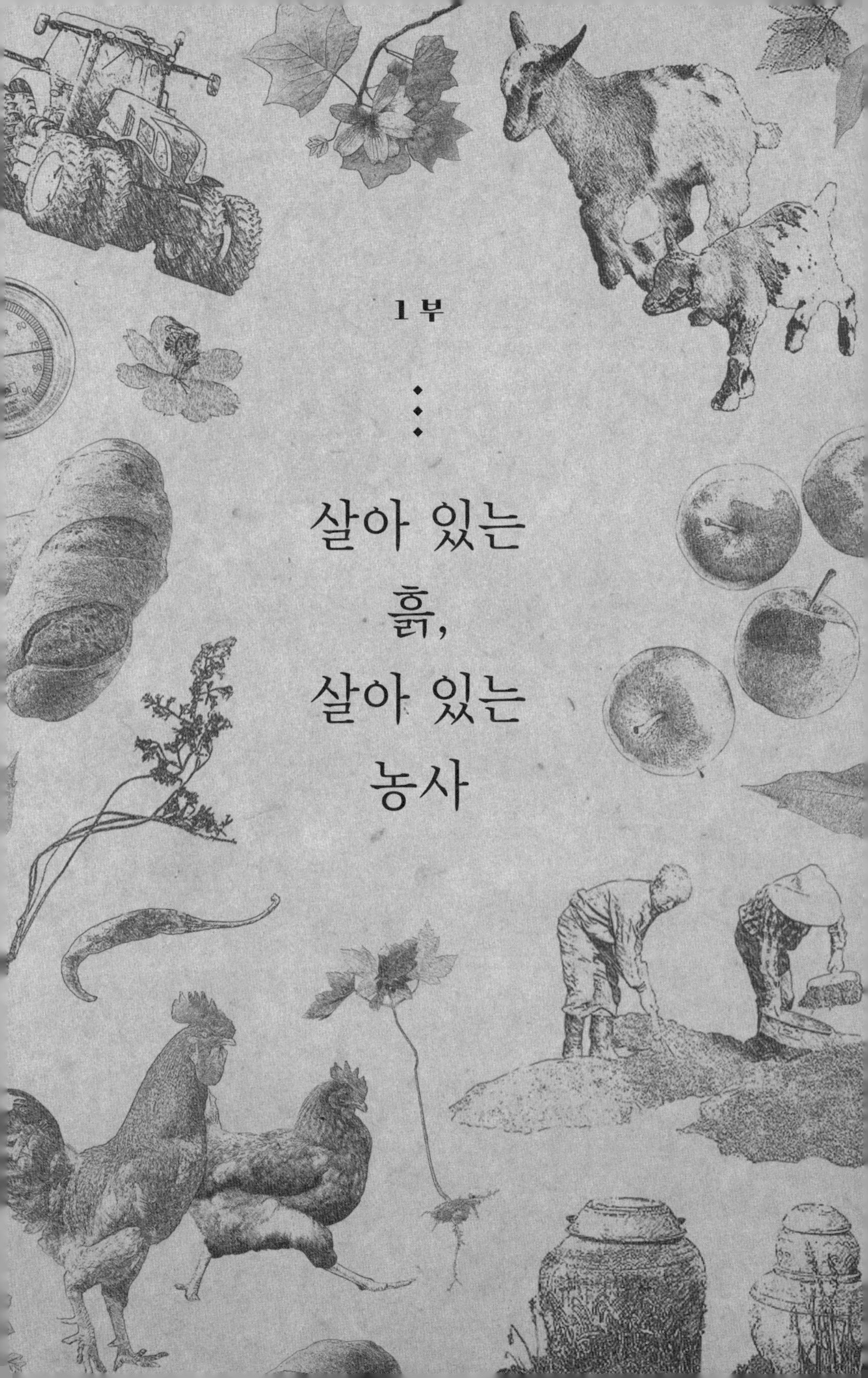

1부

∴

살아 있는 흙, 살아 있는 농사

땅심(地力)을 살리는
좋은 퇴비 만들기

석종욱 | 농부, 땅심살리기연구원장

I. 퇴비

1. 퇴비란 무엇인가?

옛날부터 우리 농촌에서는 농민 스스로 퇴비를 만들어 불량한 농경지를 개량하는 토양개량제로 사용했다. 또, 화학비료가 없거나 부족할 때 영양공급의 목적으로 사용하는 등 퇴비를 지력(地力)의 유지와 향상을 위해 매우 중요시했다. 그러나 생산의 불편함으로 퇴비를 포함한 유기물의 사용이 감소하고 화학비료 위주의 농사가 지속되면서 지력이 점점 나빠졌다. 지금 이 문제는 매우 심각한 수준이 되어버렸다.

최근 가을 김장배추의 경우 무름병(연부병)으로 인해 전국적으로 엄청난 피해를 입고 있는데 마땅한 방제약이 없다. 이런 경우는 지력(땅심)이 떨어져 생긴 연작피해의 대표적인 사례이다. 그러나 지력이 좋은 곳에선 전혀 피해가 없이 품질 좋은 배추를 정상적으로 수확할 수 있었다. 이뿐만 아니라 모든 농사에도 동일한 현상이 나타나는 게 현실이다.

퇴비 제조에 사용되는 원료는 산야초, 짚, 낙엽, 조류(藻類)와 축산분뇨, 기타 동식물 가공시에 발생하는 부산물 또는 폐기물이 되며 이를 퇴적하여 발효시킨 것이 퇴비이다. 토양이나 대기 중에는 세균, 방선균, 사상균 등 다양한 종류의 미생물이 존재한다. 이런 미생물은 통기성과 수분 그리고 먹이인 영양원 등 서식하기에 적합한 환경이 주어지면 유기물을 분해한다. 이 같은 과정이 퇴비화이며, 주로 호기성(好氣性) 미생물이 이 과정에 관여한다.

현재 우리나라에는 퇴비제조 공장이 1,400여 개 있다. 1960년대까지만 해도 공장제품의 퇴비를 보기 어려웠고 1970년대에 들어서서 비료관리법에 의한 특수비료로 분류된 퇴비, 구비, 초목회, 분뇨잔사, 계분 등의 제조공장이 60여 개 정도였다. 그동안 공장 수와 생산량은 많이 늘었다고는 하지만 질적인 향상은 나아졌다고 볼 수 없는 게 현실이다.

최근 퇴비공장을 가보면 발효를 좋게 하기 위해서 뒤적여 주는 대형 교반기가 있다. 이 교반기를 만든 아이디어는 소가 조사료(粗飼料)를 엄청나게 많이 먹더라도 소화기관인 반추위(되새김)를 통과하므로 배설시엔 분량도 줄어들고 비료 효과를 얻을 수 있다는 것에 착안했다고 한다.

예전에는 시골 농가마다 집 기둥에 입춘대길(立春大吉), 혹은 소지황금출(掃地黃金出)이라는 글귀가 붙어 있는 것을 볼 수 있었다. 소지황금출이란 마당을 쓸고 농사에서 얻은 폐기물들을 청소해서 주워 모아 질 좋은 퇴비를 만들어 다시 농토에 되돌려 줌으로써 농사가 잘되어 큰 소득(황금)을 얻을 수 있다는 뜻이다. 퇴비의 중요성을 가르쳐준 말이 아닌가 생각된다. 예부터 우리 조상들은 퇴비 만드는 것을 농사의 근본으로 생각했고, 농사에서 제일 힘쓰는 일이라고 옛 농서(農書)들에는 기록되어 있다.

2. 퇴비의 종류와 사용 원료

현행 비료관리법(2018. 3. 30)의 비료의 종류는 보통비료와 부산물비료로 나뉘어 있다. 보통비료는 주로 화학비료 중심이고 부산물비료는 유기물 위주로 묶여 있다. 세부적으로는 각종 비료가 필수적으로 함유해야 할 주성분과 유해 성분 그리고 기타 규격을 정한 비료공정규격이 있다. 부산물비료 중 부숙비료에 속하는 것을 보면 가축분퇴비, 퇴비, 부숙겨, 분뇨 잔사, 부엽토, 건조 축산폐기물, 가축분뇨 발효액, 부숙왕겨, 부숙톱밥 등 9종이 있다.

퇴비는 어떤 재료를 사용하여 제조하더라도 반드시 발효의 과정을 거쳐야 하는 공통점이 있다. 우리나라 비료관리법상에는 사용하는 원료에 따라 그 제품의 명칭을 달리하고 있다. 그래서 현행 부산물비료로 분류되어 있는 것 중 가축분퇴비, 퇴비, 부숙겨, 부숙왕겨, 부숙톱밥 등은 부숙 과정이 필요하므로 모두 퇴비의 범주에 속한다고 볼 수 있다. 또한 실제 퇴비 제조 과정이 제아무리 완벽하다 하더라도 원료가 오염되었거나 질이 나쁜 것을 사용했을 때는 우리가 원하는 품질 좋은 제품을 기대할 수가 없다. 그래서 원료가 매우 중요하다. 비료관리법에서 정한 원료 사용에 대한 구분을 보면,

① 퇴비 원료로는 농림축수산물의 부산물과 같은 사용 가능한 물질과, 폐수처리 오니(汚泥) 같은 사용 불가능한 물질로 나누고 있다.

② 사용 불가능한 물질로 분류가 된 것 중에서도 국립농업과학원장

이 사전분석 검토한 후 지정 고시한 것(폐수처리 오니 등)은 사용이 가능하다. 단 유기농업 자재로는 사용이 불가하다.

위 내용에 대하여 몇 가지 추가적인 설명을 해보면,

① 부산물비료 중 부숙을 시키는 비료에 가축분퇴비와 퇴비, 부숙왕겨, 부숙톱밥 등은 공정규격 상 완제품이 함유해야 할 최소한의 유기물 함량을 정해놓고 있다. 그리고 같은 가축분퇴비라고 할지라도 동일하게 발효가 된 것들 중에서 제일 나은 제품을 고른다면 당연히 유기물 함량이 높은 것이라고 할 수 있다.

현재 우리나라 퇴비업계의 경우는 유기물 함량과 유해 성분인 중금속(8종)이나, 수분, 염분, 유기물 및 질소의 비율과 부숙도 측정 등 몇 가지가 비료관리법상의 공정규격에 의해 만들어져 시판되고 있다. 그러나 실제로는 우리가 바라는 만큼 질 좋은 품질의 퇴비가 유통되고 있지 않는 것도 사실이다. 그리고 중금속이나 유해 화합 물질인 도료 등에 오염된 원료를 사용할 경우 퇴비의 발효 과정에서도 분해가 되지 않고 토양에 시비 후 문제가 될 뿐만 아니라, 특히 중금속이 계속 축적된다는 점에 주의를 기울여야 한다.

부산물비료는 1970년대 후반에 특수비료로 시작하여 그동안 품질의 개선을 위해 공정규격이 많이 바뀌고 강화되었다. 앞으로도 계속 정부나 생산업체에서 이를 위해서 노력을 많이 하겠지만 여기에선 발효가 생명인 퇴비 부숙도에 대해서 가장 시급한 두 가지 문제점을 적어보고자 한다.

첫째, 부숙도 측정에 관한 것인데 솔비타와 콤팩트라는 측정기가 있긴 하지만 정확성 때문에 퇴비 제조업체들의 불신이 많다고 한다. 그래서 주로 무 종자의 발아시험으로 판정을 한다고 하는데 이 방법은 퇴비를 100℃에서 5시간 건조한 후 퇴비와 물을 1:20(5g:100cc)으로 혼합하여 70℃에서 환류 냉각한 여과물에 세 번 반복하여 1회에 무 종자 30개를 넣어 발아를 시험하여 발아 정도와 뿌리의 길이 등으로 판단한다고 한다. 사실 완숙퇴비는 50% 정도를 흙과 섞어도 작물에 피해가 전혀 없는데 발아시험에 제공되는 퇴비의 시료량 5%로서는 너무 적다고 생각한다.

둘째, 친환경농업육성법(2011. 11) 제9조 제2항에 따른 시행규칙에 따르면 유기농업에 사용할 수 있는 가축분뇨는 "퇴비화 과정에서 퇴비더미의 온도가 15일 이상 55~75℃를 유지하고 이 기간 동안 5회 이상 뒤집어야 한다"라고 되어 있다. 이 내용은 미국의 옴리(OMRI: 유기물질연구소)라는 농자재인증기관에서 그대로 따온 것인데 일반적으로 잡초라든지 짚 등 재배농장에서 나온 분해가 쉬운 부산물은 가능할지 모르지만, 우리나라와 같이 톱밥이나 왕겨 등 부숙이 어려운 원료를 사용했을 때는 발효 기간이 짧아 문제가 될 수가 있다. 그리고 또 농가에서 자가 퇴비를 만들 때 이 기간 동안에 5회 뒤집기도 사실상 불가능하다.

② 앞의 원료의 설명에서 '오니'(汚泥)라는 단어가 나오는데 우리말로는 찌꺼기로 보면 좋을 것 같다. 오니는 주로 공정(工程) 오니와 폐수처리(廢水處理) 오니로 나뉜다. 공정 오니는 제조 과정에서 벨트로 이송 중 발생하는 부스러기나 또는 부산물로서 주로 앞의 사용 가능한 원료에 속한다. 폐수처리 오니라 함은 공정 오니 외에 기계나 바닥을 포함해 찌꺼기를 물로 청소하여 처리장 한곳에 모아 폐수를 그대로 방류시 각종 오염물질로 인해 문제를 일으킬 수 있으므로 응집제라는 화공약품을 넣어 중금속 등을 응집시킨 후 물은 배출하고 남은 찌꺼기를 가리킨

다. 앞의 원료란의 사전분석 검토 후 사용 가능한 원료가 이에 속한다. 퇴비 원료로 사용하려면 국립농업과학원장의 검토를 받아야 한다. 농민들이 제품을 선택할 때 사용된 원료를 확인하는 방법은 포대 뒷면에 있는 '제품생산업자 보증표'란을 보면 된다.

③ 결론적으로 어떤 퇴비가 좋으냐고 묻는다면 누가 뭐래도 제일 좋은 퇴비는 주위에서 구하기 쉽고 오염이 안 된 농림수축산업의 부산물을 활용하여 정성껏 발효시켜 만든 자가(自家) 퇴비이다.

3. 원료의 오염은 농사에 곧바로 피해를 준다

아무리 좋은 퇴비 원료의 소재라 할지라도 오염이 되어 있으면 안 된다. 십수 년 전 한국마사회에서 나오는 마분(馬糞)을 서울 근교에서 버섯을 재배하는 수십 농가에서 가져다 사용한 적이 있는데 버섯의 종균이 발아가 되지 않아 실농(失農)을 하여 문제가 된 적이 있다. 이 농가들은 매년 가져다 쓰는 마분이라 믿고 사용했다가 문제가 발생하여 그 원인을 찾아보니 마구간에 사용한 톱밥이 도료공장에서 오염물질을 흡착한 제품이었는데 마사회에선 이를 모르고 납품업자들에게 구입한 것이었다. 마분을 분석해 보니 각종 화학물질(톨루엔, 벤젠 등)에 오염되어 있었다고 한다.

또 다른 예로는 피혁공장에서 나오는 부산물이 10여 년 전에는 비료성분(특히 질소 성분)이 많고 공짜로 준다는 이유로 농가에 많이 공급되었다. 그런데 우리나라 비료관리법상 퇴비 공정규격에 정해져 있는 중금속들은 수은, 납, 카드뮴, 비소, 구리, 아연, 크롬, 니켈로 되어 있는데 이 중금속들은 분해가 안 되므로 농토에 들어가면 작물이 흡수하고 또 계속 축적되면 토양 오염으로 작물에도 문제가 생긴다. 중금속은 작물을 통해서 인체에 들어오면 성장호르몬의 분비를 방해하고 또 몸속의 효소를 굳게 한다. 또한 크롬의 경우 피부에 접촉되면 붉은 반점이 생겨 고생하게 되는데 피혁제품에 크롬이 많이 들어 있다. 최근에 오염이 전혀 되지 않았을 것으로 생각했던 해발 900m의 어느 고랭지 청정지역의 토양 분석표를 보니 크롬이 상당량 검출되어서 피혁 부산물을 사용한 적이 없느냐고 물었더니 오래전에 사용한 적이 있다는 대답을 들었다.

토양 중금속의 오염은 폐광산 지역을 제외하곤 주로 많은 양을 사용하는 퇴비에서 온다고 해도 과언이 아니다. 수은은 사람과 가축분뇨에서, 납은 종이 슬러지에서, 아연은 수산물 폐수처리 오니에서, 구리는 새끼 돼지의 분뇨에서, 이타이이타이병*을 일으키는 카드뮴(Cd)은 식품가공 공장의 폐수처리 오니에서 주로 발생한다. 이를 퇴비 원료로 많이 사용했을 때는 토양이 바로 오염될 수 있다. 우리는 흔히 물과 공기의 오염을 많이 우려하고 있는데 사실 이것들은 태풍이 한번 지나가면 순식간에 바꿀 수 있다. 그러나 토양에 흡착된 중금속은 장기간 없어지지 않는다. 그래서 현재 우리가 농사짓고 있는 땅은 우리만의 소유가 아니고 자손만대로 물려줄 땅이므로 토양에 관한 모든 관리를 지금부터라도 관심을 갖고 해야 할 것이다.

---

* 이타이이타이병은 '아파아파'라는 의미의 일본어에서 유래된 것으로, 1912년 일본 도야마현의 진즈 강 하류에서 발생한 대량의 카드뮴이 뼈에 축적되어 발생한 공해병을 말한다. 1955년 학회에 처음 보고되었으며, 1968년 일본 정부에서는 "카드뮴에 의해 뼈 속 칼슘분이 녹아서 생긴 신장 장애와 골연화증"이라고 발표했고, 그해 공해병으로 인정하였다. 원인은 미쓰이 금속주식회사 광업소에서 버린 폐광석에 포함된 카드뮴이 강물을 통해 논에 관개수로 사용되었고, 수생식물, 어류에도 축적되었으며, 식수 등 여러 용도로도 사용되면서 체내에 농축된 것이었으며, 이는 칼슘 부족, 골절, 골연화증을 일으켰다(편집자 주).

4. 퇴비 제조의 목적

① 유기물에는 탄소와 질소가 구성 원소로 반드시 들어 있다. 이 두 가지 성분량의 비율을 탄질율 또는 C/N율이라고 하는데 이 두 가지는 미생물의 먹이로서 탄소는 에너지원(밥)이고 질소는 영양원(반찬)이다. 탄질율이 높은 재료인 볏짚, 보릿짚, 콩대, 수숫대, 톱밥 등의 경우에는 탄질율이 30 이상으로 토양의 탄질율인 10 전후보다 높다. 이것을 조정하지 않고 생것을 그대로 토양에 넣으면 안 된다. 토양 중에 있는 미생물들이 이를 분해하기 위해서 갑자기 많이 증식하게 되고, 이 미생물들이 탄소를 급격히 분해할 때 질소 성분도 동시에 다량 필요하게 되므로 작물에는 일시적으로 질소 부족 현상이 일어나게 된다. 이를 질소 기아 현상, 질소 부족 현상, 또는 탈질 현상 등이라고 한다. 그러므로 퇴비 제조시에는 반드시 탄질율을 30~40 정도로 조정해야 한다.

만약에 이 미생물들이 이용한 질소 성분들이 나중에 방출된다고 하더라도 일시적인 생육의 지연은 피할 수가 없다. 때에 따라서는 질소 등의 효력이 늦게 나타나서 불량한 열매나 푸르게 익는 열매 또는 가스 피해 등을 볼 수가 있다. 또 토양에서 미생물이 급격하게 증가하면 이들의 호흡작용으로 산소 부족 현상이 일어나 작물이 시드는 경우도 종종 볼 수 있다.

② 그와는 반대로 탄질율이 7~20 전후인 가축분이나 오니(슬러지)는 그대로도 완숙퇴비의 탄질율과 동등하거나 그보다 훨씬 낮은 수치이다. 탄소에 대한 질소의 비율이 볏짚이나 보릿짚, 낙엽보다도 훨씬 높고 분해하기 쉬운 유기물들이 많이 함유되어 있다. 또 이 유기물 속에는 미생물의 활동과 증식에 필요한 에너지원(탄소)과 영양원(질소)이 풍부

하고 이용하기 쉬운 형태이다. 이와 같은 유기물을 그대로 토양에 시용하면 급격한 분해가 일어나 다량의 탄산가스 발생으로 산소 부족 현상 외에 암모니아 가스나 환원성 가스 등이 발생한다. 그 결과 농작물은 호흡장애를 일으켜 양분과 수분의 흡수가 억제되고 생육이 불량해진다. 그러므로 탄질율이 낮은 유기물이라도 분해되기 쉬운 미숙한 유기물을 다량 시용(施用)하면 작물에 악영향을 나타내므로 시용 전 이를 분해시켜 효과적으로 안전하게 하는 것이 퇴비화 작업이다.

동물에게도 이 탄질율이 필요하다는 것을 알게 해주는 사례가 있다. 어린 시절 시골에서 자랄 때 고양이와 강아지가 가끔 풀을 뜯어 먹는 경우를 본 적이 있는데 이는 속이 안 좋아 미생물의 활성화를 위해서 탄소질을 보충하기 위한 것이라고 한다.

③ 퇴비 재료의 유기물에 함유된 유기화합물질(수용성 당분과 질소 포함) 등 유해 성분을 미리 분해하여 시비 후 작물의 생육 장애를 미연에 방지하고 유용한 미생물(천적 미생물)을 퇴비 속에 대량 번식시켜 토양속에 줌으로써 병원균을 억제 또는 포식하고 해충의 방제 효과도 얻도록 한다.

④ 퇴비의 고온 발효시 유기물 중의 유해 병원균과 해충 및 잡초의 종자를 고열로 미리 사멸시킨다.

5. 퇴비화 과정

퇴비화 과정이라고 하는 것은 볏짚류, 가축분, 톱밥, 왕겨, 나뭇가지 등과 같은 신선유기물을 미생물이 번식하기에 좋은 조건을 만들어 주어 유해 성분과 조직 등을 미리 분해시켜 작물 생육에 좋게 하도록 하는 것이다. 장기간 실험해 본 결과 퇴비 재료에 따라 다소 차이는 있지만 일반 퇴비는 3개월 이상, 톱밥(목질) 퇴비는 최소한 4개월 이상 반드시 호기성 발효에서 얻어진 완숙퇴비라야 농사에 도움이 된다.

6. 발효 온도에 따른 균 사멸

퇴비는 발효 초기에 꼭 고온으로 발효시켜야 한다. 퇴비 제조시 약 1개월 정도 고온 발효가 지속되지 않을 때는 유해한 나쁜 균들을 길러서 토양에 넣어 주는 결과가 된다. 또 잡초 종자를 비롯해 동식물의 부산물에도 분해가 덜된 유기화합물이 포함되어 있다. 축분일 경우에는 각종 항생물질을 비롯해 수의약품과 소화가 덜 된 미분해 사료에 잔류하고 있는 나쁜 성분이나 유해 미생물들이 문제가 될 수 있다.

특히 퇴비의 유기질원으로 자주 사용하는 목재부산물(톱밥이나 수피)의 탄닌과 송진 등은 어린 식물의 발아와 발근을 방해 또는 억제하는 성질이 있다. 이러한 성분은 반드시 적어도 65°C 이상에서 1개월 이상 고온으로 발효를 시켜야만 분해 또는 불용성이 된다.

연작시 작물 뿌리에 많은 피해를 주는 선충과 다수 식물의 병원균의 경우에는 50°C 정도에서는 죽지 않고 오히려 번식한다. 최소 온도 60°C 이상은 되어야 사멸한다. 다수의 박테리아는 70°C에서 죽고, 다수의 잡초 종자는 80°C에서 죽으며, 내열성 잡초 종자는 90°C, 내열성 바이러스는 100°C에서 사멸한다. 그래서 퇴비 발효 초기에는 여러 발효 조건을 잘 맞추어 최소한 60~65°C 이상 고온 발효로 나쁜 잡균이나 잡초 종자, 유해 물질 등을 분해한다. 고온 발효 후 후숙 단계에서는 병충해를 막아 주는 천연 항생물질을 갖고 있는 천적 미생물을 많이 번식시킨

미숙된 퇴비를 사용하여 죽은 감나무

완숙한 퇴비는 악취가 없다. 흙냄새는 방선균 냄새이다.

다. 이렇게 유익한 미생물의 밀도를 높여 토양에 투입하는 것은 유기물 공급 목적 다음으로 중요한 퇴비 시용의 목적이다.

농사를 잘 짓고 경험이 많은 농부일수록 "퇴비는 발효가 생명"이라고 말한다. 지극히 당연한 이야기이다. 완숙퇴비와 미숙(생)퇴비를 똑같은 무게나 같은 부피의 양으로 투입한 후 농사를 지어 보면 그 결과를 당장 알 수 있다. 미숙퇴비는 반드시 토양 속에서 후발효가 일어나 작물에 피해를 주고 또 병충해도 많이 발생하지만 완숙퇴비는 그렇지 않다. 발효는 무시한 채 무조건 유기물만 많이 넣으면 된다는 식의 사고방식은 위험천만한 일이다.

한번 더 설명하면, 우리의 농토엔 매년 작물의 재배로 각종 병을 일으키는 유해 병원균들이 많이 생긴다. 이런 땅에 발효가 잘된 퇴비를 듬뿍 준다면 퇴비 속의 방선균이나 트리코데르마(Trichoderma) 같은 유익한 미생물들이 이 유해 미생물들을 잡아먹는 천적 역할을 해줌으로 병충해를 줄일 수 있고 그 농토는 점점 살아 있는 땅이 된다. 그러나 반대로 미숙(생)퇴비를 넣어 줄 때는 퇴비 속에 좋은 미생물은 없고 나쁜 미생물들이 들어 있어 병충해 발생이 더 심각해지고 농약의 신세를 더욱 많이 지게 되면서 점점 더 나쁜 땅으로 변해 갈 것이다.

또한 퇴비는 토양의 통기성과 배수성을 비롯한 물리적 개선 외에 생물학적 개량과 화학적 개량 등 종합적인 효과를 가져온다. 그중에서도 가장 중요한 두 가지를 꼽으라면 첫째, 토양에 유기물을 공급하는 것이고, 둘째, 퇴비 발효시 속에 유익한 미생물을 배양한 후 농토에 넣어 줌으로써 유해 미생물의 생육을 억제 또는 잡아먹는 천적 역할을 하는 것으로 땅의 지력이나 생명력은 모두가 잘 발효된 퇴비에서 나온다는 것을 명심해야 할 것이다.

좋은 토양 1g당 배양 가능한 미생물 숫자는 10억 마리 이상이 된다고 하지만 2억 마리 정도만 되어도 쓸 만한 땅이다. 현재 우리나라 토양의 미생물은 그동안 질 좋은 퇴비를 적정량 사용하지 못하고, 화학비료와 제초제를 남용했기에 1992년 11월의 자료에는 4천만 마리 정도로서 쓸 만한 땅의 1/5에 불과했다. 지금은 아마도 그보다 훨씬 더 적어졌을 것이다. 이런 땅은 볏짚 같은 생(生)유기물의 분해 능력이 없다. 결론적으로 이런 땅의 회복 방법은 질 좋은 원료를 잘 발효시킨 퇴비가 최선책이다. 국토가 좁아 윤작도 쉽지 않고, 집약적인 농사를 해야만 하는 우리나라의 경우 농사의 기본은 땅을 가꾸는 퇴비에서부터 시작된다는 것을 잊지 말아야 한다.

7. 호기성 발효가 좋을까, 혐기성 발효가 좋을까

퇴비를 만들 때 호기성 발효를 할 것이냐, 혐기성 발효를 할 것이냐를 두고 고민하거나 그 효과에 대해서 궁금해하는 농가가 많다. 호기성 발효란 공기(산소)가 잘 통하게 한 상태에서 부숙을 진행하는 방법으로 적당한 수분 조절과 공기를 잘 통하게 퇴비 더미를 쌓고 퇴비 더미의 온도가 올라갔다가 내려갈 때마다 자주 뒤집어 주는 방법을 말한다. 일반적으로 퇴비의 제조는 이 호기성 발효를 주로 말한다. 통기성이 좋을 때는 산소를 좋아하는 미생물들이 많아져 산소 소모가 크므로 그들의 호흡열에 의해서 고온으로 발효가 진행되고, 통기성이 나빠져 산소가 부족해지면 이 미생물들의 숫

발효온도 측정

자가 줄어들어 그 반대의 공기를 싫어하는 미생물들이 득세하여 혐기성으로 변하게 되어 온도가 떨어지기도 한다. 이럴 때마다 뒤적여 주는 이유는 공기(산소)의 공급이 주목적이다.

혐기성 발효란 가능한 한 단단하게 재료를 혼합해서 쌓고 수분도 넉넉하게 준 후 뒤집기도 거의 하지 않는 방법이다. 비닐 같은 것으로 밀폐하고 온도가 올라갈 때면 더욱 굳어지게 힘껏 밟거나 물을 뿌려 주거나 해서 온도를 내려 주는 게 혐기성 발효 퇴비의 중요한 원리이다. 사실 퇴비의 발효를 호기성 발효다, 혐기성 발효다 하고 단정 지을 수는 없다. 왜냐하면 호기성 미생물과 혐기성 미생물의 합작품이지 어느 일방적인 것이 아니기 때문이다. 다만 발효 방법의 비중이 어느 쪽이 더 크냐에 따라서 완성된 퇴비의 품질이 달라지는 것은 사실이다.

호기성 퇴비의 경우 재료는 색깔도 변하고 재료의 원형도 흐트러져 있지만 혐기성 퇴비의 경우는 재료가 약간 붉은색을 띠기도 하고 재료의 원형도 그대로 남아 있는 것을 볼 수가 있다. 그러면 어느 쪽으로 하

는 것이 좋을까? 일단 고온 발효를 하면 질소 성분과 유기물의 에너지가 손실되고 재료의 원형이 분해가 많이 되어 토양 내에서 물리성 개량 효과도 적다. 그런 점에서는 혐기성 발효 쪽이 우수하다고 보는 견해도 있다. 사람이 먹는 김치나 가축의 먹이인 사일리지(silage)는 영양분을 유지하기 위해서 철저하게 혐기성 발효를 시킨다. 퇴비 발효에서도 혐기성 발효일 경우 영양분을 포함한 여러 가지 장점을 살릴 수는 있다. 그러나 자칫 잘못하면 오염이나 변질로 실패할 확률이 높고, 퇴비 재료에 따라서는 발효 온도가 고온으로 올라가야만 하는 것이 있으므로 문제가 있다.

최근 퇴비 재료에 사용되는 유기질원이 부족하여 나무에서 얻는 수피(樹皮)나 톱밥, 대팻밥 등 목질류를 사용하는 사례가 많은데 이는 고온으로 발효시키지 않을 경우 나무의 독소인 유기화합물을 분해할 수가 없어 이런 퇴비를 주면 종자가 발아하지 못하거나 어린 모종이 발근하지 못하는 문제가 있어 목질류를 원료로 사용하는 퇴비는 반드시 고온으로 장기간 발효한 후 사용해야 한다. 또한 고온 발효가 아닌 혐기성 발효에서는 토양 병원균이 죽지 않고 살아남거나 잡균이 많은 '썩은 퇴비'가 될 가능성도 있다.

퇴비를 주는 목적은 토양유기물의 확보 유지로 농작물이 잘 자라도록 땅의 환경 조성과 양분 공급이 주된 이유이지만, 발효시 퇴비 속에 생긴 미생물들이 길항 미생물로서 토양 속에 들어가 병의 발생을 억제하거나 천적 역할을 하게 하는 것도 중요한 이유이다.

나는 몇 년 전 일본 출장을 갔을 때 시설원예농가에서 재배 기술을 지도하는 분을 만난 적이 있다. 그는 나쁜 퇴비(불량퇴비)를 대량으로 넣는 것보다 소량이라도 유익균이 많은 퇴비를 준비해서 한 그루 또는 한

일반 상토(관행)와 톱밥발효 퇴비 20%를 혼합한 상토에서 자란
고추모종 비교(자료: 농진청)

포기씩 심는 구덩이에 한 사발 정도의 퇴비를 넣고 재배하는 것이 훨씬 현명하고 경제적이라고 말했다. 이 말은 뿌리가 많이 뻗는 부분에 집중적으로 퇴비를 주어 뿌리 주위에 유익한 근권미생물을 풍부하게 확보하고, 초기의 뿌리 주위 미생물들이 세력을 유지해서 그 후에도 지속적으로 유익한 미생물이 적은 곳으로 뿌리가 뻗더라도 뿌리 주위 미생물 상태는 계속 유지되어 유해한 균들의 영향도 적게 받게 된다는 말이다. 일본『현대농업』(2023년 11월호) 잡지에 따르면 청고병이 심한 연작지의 토마토하우스에 이런 방법으로 퇴비를 줬을 때 농약으로 불가능한 것을 방제했다고 한다. 이는 작물 뿌리가 완숙퇴비와 만날 때 초유나 모유를 먹는 것과 같은 효과로 면역력과 저항성이 생기기 때문이다.

최근 경남 지역 고추 재배 농가들에 따르면 톱밥 퇴비를 발효할 때 생긴 미생물을 추출한 토종 천적미생물을 정식 전후에 밭에 뿌리는 것보다 유기물이 많은 상토에 혼용하여 사용하면 모종이 더 충실하고 정식 후에도 역병, 탄저병의 피해를 줄일 수 있어 훨씬 좋다고 한다. 또한

딸기 모종에도 이 미생물을 처리했을 때 탄저병과 위황병을 예방했다
는 경험담은 어린 모종 때부터 뿌리 주위에 유익한 미생물의 확보가 얼
마나 중요한지 말해 주는 것이다.

8. 완전 퇴비와 불완전 퇴비란?

대부분의 농민은 어떤 방법이든 유기물을 띄우기만 하면 퇴비라고 생
각한다. 그러나 발효 방법에 따라서 흙 속에서 서로 상반된 작용을 일으
킨다. 호기성 발효로 생성된 퇴비는 흙 속에서 호기성 미생물에 의해서
분해될 때 중성의 토양부식(humus)이 되므로 완전 퇴비라고 할 수 있지
만, 반대로 처음부터 혐기성 미생물에 의해서 환원 분해하여 생성된 퇴
비는 흙 속에서도 혐기성 미생물에 의해서만 분해가 가능하여 산성 토
양 휴머스가 되어 불완전 퇴비라고 할 수 있다. 주의해야 할 점은 많은
경비와 시간과 노력을 들여서 만든 퇴비가 토양 개량에 도움이 되도록
만들어야 한다는 점이다. 하지만 현실적으로는 불완전 퇴비를 만드는
농가가 많다.

① **완전 퇴비(호기성 발효)**
리그닌(lignin) 단백복합체(리그닌 + 미생물의 사체) + 염기류(Ca, Mg, K)
= 중성 토양 휴머스(부식, humus) = 완전 퇴비

② **불완전 퇴비(혐기성 발효)**
리그닌 단백복합체(리그닌 + 미생물의 사체) + 수소이온(H+) = 산성 토양
휴머스(부식) = 불완전 퇴비

9. 발효 퇴비와 썩은 퇴비의 차이

구분	발효 퇴비	썩은 퇴비
양분	유효균이 대량 번식하며 이 미생물체의 60%가 좋은 단백질이다. (호기성 발효)	이미 퇴비속 40%의 양분이 유실되었다. (혐기성 발효)
가스	분해시 탄산가스 발생으로 작물이 건강하게 자라 다수확한다.	분해시 유기산 피해를 본다(메탄가스, 질산가스, 인돌, 스카돌 등 악취가 남).
병원균	- 고온에서 발효되므로 해충, 병원균, 잡초 종자 등이 사멸되고 유효균이 배양되어 있다. - 방선균이 활성화되어 있다. - 사상균 및 잡균이 거의 없다	- 저온에서 발효되므로 유해 병원균이 많다. - 유해 선충도 많다. - 방선균이 거의 없다. - 사상균 및 잡균이 많이 번식된다.
산도	사용시 토양이 중성화된다.	사용시 토양 산성화가 초래된다.

※ 나쁜 퇴비를 대량으로 투입하는 것보다 적은 양이라도 유익한 균이 많은 퇴비를 사용하는 것이 현명한 방법이다.

II. 톱밥 퇴비 만들기

1. 톱밥 퇴비, 가장 오래가고 연작 피해의 해결책

농사에서 가장 중요한 것은 작물 생육의 모체인 흙을 잘 만드는 것이고, 두 번째는 좋은 품종을 선택하는 것이며, 세 번째는 비배 관리를 잘 하는 것이다.

원래 땅심이란 비료만을 주어서 유지되는 것은 아니다. 유기물이 들어가 흙을 떼알구조〔團粒構造〕로 만들어야 효과가 있다. 시중에 판매되

자연발효 방식 퇴비장

고 있는 유기물이 없는 일반 토양개량제로는 작물에 직접 관계되는 미생물을 배제하여 땅심을 유지할 수 없다. 그런데 톱밥을 퇴비로 만들어 사용하면 흙 속에서 천천히 분해되어 흙 속의 통기성을 좋게 해 뿌리의 발육을 돕고, 흙의 수분 조절로 보수성(保水性)과 배수성(排水性)을 향상시키며, 보비성(保肥性)도 다른 퇴비보다 월등히 높아진다. 또 미량원소도 다른 퇴비와는 비교가 되지 않을 정도로 많이 갖고 있다.

토양미생물이 많은 땅이 비옥하고 좋은 땅인데 이 미생물들도 역시 먹이와 살 수 있는 집이 필요하다. 유박을 주면 약 3개월 정도 효과가 있고, 일반 퇴비들은 봄에 뿌리면 농작물의 한 작기가 끝날 때쯤에는 분해가 다 되어 남는 게 거의 없다. 이럴 때는 먹이와 살 수 있는 집도 없어 미생물이 사멸하므로 작물 후기에 좋은 수확을 기대하기 어렵다. 톱밥 퇴비의 경우는 보통 4개월~5년 정도는 땅속에 남아 있으므로 좋은 환경(먹이와 집)을 지속적으로 조성할 수 있다. 그래서 시설원예와 연작장해의 해결책으로 잘 발효된 톱밥 퇴비를 단보(300평)당 연간 3톤 이상씩 사용하면 오랜 연작에도 전혀 문제가 없다. 아마도 이 지구상에서 땅심을 제대로 유지하고 연작을 해결하는 데는 톱밥 퇴비보다 더 나은 게 없을 것이다. 시설원예에서 전기전도도(EC: Electical Conductivity)가 2를 넘으면 농사가 잘 안 되고 이보다 높으면 연작피해가 심해진다. 최근 김해평야 어느 토마토 연작 하우스에서 전기전도도가 10이 넘는데도 톱밥 퇴비로 2년 연속 농사가 아주 잘되어 주위와는 비교가 안 될 정도로 성공한 사례가 이를 증명해 준다.

2. 톱밥 퇴비, 지력을 높이는 가장 빠르고 효과적인 소재

톱밥 퇴비는 톱밥을 발효시킨 퇴비를 말한다. 그렇지만 여기에서는 목재의 부산물로 나오는 우드칩, 대패밥, 끌밥, 체인소 톱밥, 수피, 제재 톱밥, 과수원의 전정가지 파쇄한 것 등 모든 것을 총칭하여 톱밥 퇴비 원료로 호칭하고자 한다.

우리나라에서는 톱밥을 퇴비로 활용한 역사가 짧아 발효 기술의 교육과 보급이 제대로 안 되어 질 좋은 발효 퇴비를 만드는 농가가 많지 않다. 현재와 같이 농토에 토양 유기물 함량이 부족하여 지력 저하로 인한 문제가 심각한 때에 우리는 톱밥 퇴비에 주목해야 한다. 톱밥 퇴비는 우리가 손쉽게 제조하여 사용하는 볏짚 퇴비와 비교하면 토양 속에서 토양 유기물(부식)이 생성되는 것은 3배 이상 되고, 비료분을 흡수하여 저장하는 염기치환 용량(보비력)은 7배, 기계적·물리적 효과의 지속성은 4배 이상 된다. 나는 토양 개량 효과 및 작물 생장에서 톱밥 퇴비를 능가할 소재는 이 지구상에 아직 없다고 생각한다.

통계자료에 따르면 1923년 당시 우리나라 농토의 토양 유기물(부식) 함량은 4.3% 전후로 상당히 높았는데, 2005년도 자료에는 2~2.2%

▲ 농가에서 톱밥 퇴비 만드는 장면
◀ 포도나무 전정가지를 파쇄하여 톱밥 퇴비
만들기

전후이다. 지력은 무시한 채 그동안 화학비료 위주의 농사를 지어 온 결과 이렇게 농토를 버려 놓았다.

토양 유기물(부식)의 생성량이나 기계적, 물리적 효과로 따져 보면 일반 퇴비는 10a당(단보당) 매년 1.5톤씩 10년을 주어야 1% 증가하지만, 톱밥 퇴비는 동일한 양을 3년만 주면 1% 증가하기 때문에 빠르게 지력을 회복시킬 수 있다.

약 20년 전 경남 고성에서 녹비작물 연찬회 때 만난, 지력 증진 분야에 관심이 많으신 모 농과대학의 교수께서 톱밥 퇴비에 관한 내용의 강의를 듣고 "그건 지력을 빠르게 높이는 혁명적인 방법이다"라고 한 말이 아직도 귀에 생생하다. 사실 요즈음 전국을 다니면서 생산자들을 만나 보면 "딴것은 필요 없고 우리 회사 미생물 제품만 사용하면 농사는 잘된다. 우리 회사 영양제만 사용하면 농사를 잘 지을 수가 있다"라고 하는 제품들이 하도 많아서 헷갈린다고 호소한다. 과연 미생물이나 영양제만으로 농사가 잘될까?

　국내 토양미생물 분야의 최고 권위자인 모 국립대학 교수께 미생물만 갖고 농사를 잘 지을 수 있다는데 정말이냐고 물어보았다. 그의 대답은 가짜가 진짜보다 장사를 더 잘하는 것도 문제이고 그 말에 넘어가는 농민들도 문제라고 했다. 또 양액재배를 오랫동안 해온 생산자에게 물어보니 아무리 잘 만들어진 값비싼 수입 인공배지(암면)라도 화학비료 성분으로 만들어진 액비(영양제)로만 2년 이상 주면 농사가 안 되어 교체를 해야 한다고 말했다. 그렇다면 앞의 두 가지의 말은 거짓이고 농민들을 현혹하는 말인 셈이다. 나의 생각은 이렇다. 즉 아무리 건강보조식품과 영양제가 발달되어도 우리 인간은 밥을 먹지 않으면 건강을 유지할 수 없다. 농토의 밥은 퇴비이고, 액비(영양제)는 밥상의 국이며, 화학비료나 유박 같은 유기질 비료는 반찬이라고 비유해 볼 수 있다.

　토양 유기물 속의 탄소와 질소 이 두 가지가 미생물의 먹이가 되는데이 먹이 중 어느 한 가지라도 없으면 미생물은 지속해서 살 수가 없다. 또 각종 영양제(비료 성분)도 토양 유기물(부식)이 없이는 양분을 보관하지 못하고 토양 속에서 유실 및 고정이 일어나 농작물의 이용을 불가능하게 한다. 토양 유기물(부식)이 어느 정도 있는 농토에서는 미생물과 영양제를 주면 분명히 효과가 있다. 그러나 유기물을 매년 보충해 주지 않고 미생물이나 영양제만을 연속 사용하면 잔류 토양 유기물은 미생물의 활성화로 빠르게 분해되어 없어지고, 또 염류 집적이 생겨 그 토양은 점점 나빠지고 생육 장애가 일어나 농사는 실패할 수밖에 없다. 체력보강은 하지 않고 요즘 많이 알려진 비아그라를 남용하는 결과와 같다고나 할까? 한번 더 강조하고 싶은 것은 잘 발효된 톱밥 퇴비를 만들어

적량을 농토에 주는 것이 지력을 가장 빠르게 높이는 방법이다.

3. 우리나라 부숙 왕겨와 부숙 톱밥의 역사

부숙 왕겨와 부숙 톱밥이라는 명칭이 탄생하는 데는 1980년대 초 약 4~5년 정도의 기간이 걸렸다. 국내에서는 농림부 고시 82-46(1982. 8. 26) 이후부터 제조업 허가를 받을 수 있는 부산물비료의 정식 품목이 되어 이 명칭을 쓸 수 있게 되었다.

왕겨는 옛날부터 농가에서 계분이나 구비(廐肥)를 만들 때 섞어서 사용해 왔지만, 톱밥은 목재가 갖고 있는 유기화합물(독소)의 분해가 어렵고 불가하다는 생각들로 철저히 외면되어 왔다. 그래서 농림부 고시가 나오기까지 상당한 우여곡절과 어려움이 있었다.

1970년대 톱밥은 우리나라에서 불쏘시개로 일부 사용되고 나머지는 땅속에 파묻거나 방치되어 공해물질로 취급받는 천덕꾸러기 신세였다. 당시 나는 국내에서 가장 큰 합판공장에서 농장 관리를 담당하고 있었는데, 이 회사의 연간 톱밥 발생량이 15,000m³가 훨씬 넘었다. 이를 처리하는 데 애를 먹던 시대인 1976년도 2월에 나는 미국 캘리포니아 주에 있는 국제농장주교육협회에 13개월 과정으로 연수를 가게 되었다.

온실에서는 국화, 포인세티아, 수국, 백합, 튤립을 비롯한 각종 화목류와 초화, 구근류 등이 연중 생산되었다. 그것들은 부활절이나 성탄절, 추수감사절 등 이름 있는 절기마다 저온처리(vernalization)와 일장처리(차광과 전조)로 단 하루의 차질도 없이 정확하게 생산되어 대형 컨테이너로 미국 전역에 출하되고 있었다. 후진국 초보 농사꾼인 나에게는 얼마나 부러운 모습이었는지 모른다. 그런데 며칠 후 이것보다 더 놀랄 일이 벌어졌다. 그 넓은 농장에 입자가 상당히 굵은 톱밥과 수피가 300~400평은 족히 될 만한 장소에 높게 쌓여 있었다. 이것을 보고 나는 "미국도 역시 톱밥을 버릴 곳이 없어 저렇게 한곳에 모아 두었구나"라고 생각했다. 그런데 일주일이 지난 어느 날 화분에 초화류 정식을 하는데 소형 로우더(loader)로 그 톱밥 무더기를 그대로 퍼와서 화분용토로 사용하는 것이 아닌가! 그때 나의 머릿속을 스치는 희열과 환희를 지금도 잊을 수 없다. "아, 톱밥이 부엽토 대신 화분용토가 되니 퇴비가 되는 거로구나!" 하는 생각으로 흥분을 감출 수 없었다. 그래서 매니저에게 "수피와 톱밥을 화분에 사용해도 되냐?"라고 물어보았더니, "미국의 대단위 화훼나 채소, 과수 등의 농장에선 유기물원으로 목재 퇴비가 없으면 농사를 지을 수가 없다"라고 답했다.

그때부터 나는 농장의 용토 원료인 톱밥 입출고 내용과 발효 과정 등을 유심히 살펴보고, 화분에 심은 각종 식물의 성장에도 관심을 갖기 시작했다. 이때 모은 톱밥 퇴비에 대한 자료와 귀국 후 내가 다니던 회사의 일본지사를 통해 일본의 자료들도 모아 회사 부지 내에서 간이퇴비장을 만들어 실험을 시작한 것이 1978년 봄이었다.

자료에 따르면 미국에서는 1950년 초에 위스콘신 대학을 중심으로 연구되어 목재 퇴비를 이용하기 시작했다. 그리고 일본에선 1960년대 초에 시마모토 씨가 발효첨가제를 이용하여 톱밥 퇴비화에 성공한 후 1968년도부터 농림성 임업시험장, 북해도 임업시험장, 시미즈 항 목재 산업협동조합 등에서 사용하면서 기업화가 추진되어 퇴비와 토양개량제로 완전히 자리를 잡았다. 우리나라에서는 1974년 당시 산림청 임업 시험장에 근무하던 조남석 박사가 '목질계 폐재를 이용한 퇴비화 및 사료화에 관한 교재'를 발간한 것이 처음이었다. 당시 이에 대해 곧바로 실용화를 한 곳은 없었지만, 그 뒤 내가 톱밥 퇴비를 만들면서 조 박사와의 친분을 이어가게 되었는데 이 분야에 대해 교재는 조 박사가 제일 먼저 발표했고, 실용화는 내가 원조다.

4. 톱밥 퇴비 개발과 관련해 얽힌 이야기들

1978년도 가을부터 톱밥 퇴비를 실험적으로 만들어 김해 비닐하우스(2,400평)와 부산시 노포동의 노지 8,000평에 농사를 짓기 시작했다. 이때 국내에서는 처음으로 미국에서 묘종을 직접 수입해 오리건 농장에서 배운 폿트멈(Pot-Mum, 화분국화) 재배와 백합, 글라디올러스, 튤립 등의 구근류와 절화국화, 금잔화, 안개초, 엉경퀴 등의 초화류 그리고 식목일 전후 수확을 위해 재배하는 봄배추, 무 등 채소와 화훼를 윤작과 혼작을 하는 형태로 농사를 지었다.

백합이나 튤립과 같은 구근(개나리나 목련 등도 마찬가지)은 반드시 일정 기간의 저온을 지내야만 꽃이 피는 습성이 있어 꽃을 일찍이 피우려면 휴면 타파를 위해 저온처리를 해야 한다. 요즈음은 저온 창고의 시설이 아주 잘되어 있어서 전혀 문제가 없으나 그 당시에는 이런 시설을 이용할 수가 없어 각 농가에서 각자가 중고 냉장고나 정육점의 대형 냉장고를 구입해서 활용했다. 당시 나는 특히 국화에 관심이 많아 전조(電照)국화를 매년 300~400평씩 재배했는데 이는 매년 2월 말 학교 졸업 때 출하되는 것으로서 출하 가격이 연중 제일 비쌌기 때문이다. 품종으로는 일본 품종의 '아마가라'(天原)과 '오토메'(乙女)였는데 7월에 정식을 해서 9월 말까지 전등 조명을 하여 일장을 조절한 후 가온으로 개화를 시키는 방법이었다.

그때 나는 톱밥 퇴비를 만들어 매년 단보당 3톤 기준으로 3년째 넣어 국화를 재배했다. 덕분에 그동안 연작 피해를 받던 땅이 되살아나고 정성껏 재배한 덕분에 국내 유일의 서울 대도꽃시장에서 국화 20송이 1단에 3,200원을 받고 팔았다. 당시 2월에 출하되는 전조국화로는 마산 회원동 국화단지가 전국에서 최고의 생산단지였는데 그 단지에서 생산한 국화는 1단에 2,700원으로 내가 출하한 국화와 500원의 차이가 났다. 이 소문을 듣고 그곳의 생산자들이 견학을 온 적도 있었다.

이때 상품은 국화 줄기의 굵기와 꽃의 크기 및 화수(花首)의 빠짐이 짧은 것 등에서 차이가 났다. 물론 줄기와 꽃의 차이는 땅심과 관계가 있고, 화수(꽃대)가 빠지는 것은 일조량과 온도의 관리 등에도 관계가 깊지만, 지금은 사용 금지 품목인 '비나인'이라는 생장억제제를 사용한 효과도 컸다고 생각한다. 그리고 당시 직접 경험한 바로는 백합과 글라디올러스 등의 재배에서는 동일한 구근(球根)이라도 땅심이 좋은 곳과 나쁜 곳의 꽃봉오리의 수 차이가 크게 난다는 것이었다. 똑같은 구근을 심었는데 꽃봉오리가 여러 개 달린 것이 많이 나오면 값이 비싸므로 수입이 크다는 말이다. 역시 꽃을 포함한 모든 농작물이 다 같은 이치가 아닐까 생각한다.

전조국화를 재배하기 위해서 하우스 400평에다 전조 시설을 해서 그해 1979년 7월에 '아마가라'와 '오토메'를 각각 200평씩 400평을 정식했다. 그런데 그해 8월 말에 태풍 '주디'가 와서 농장 주위 일대가 전부 물에 잠겨버렸다. 물이 빠지길 기다려 며칠 후 둘러보니 제아무리 모진 국화라고 하지만 큰 피해를 입었다. 400평에 정식한 국화를 모아 보니 겨우 100평을 억지로 채울 정도였다. 나머지 300평을 채울 궁리를 해야 했다. 당시 나는 일본의 농업 서적인『가든라이프』와『농경과원예』를 정기 구독하고 있었다. 거기에 매실로 장아찌(우메보시)를 담글 때 붉은 색깔과 맛을 내기 위해서 사용하는 아카시소(빨간 들깨)의 재배 방법이 나와 있었다.

우리나라의 들깨도 같은 단일성 식물(하루의 일조 시간이 12시간 이하에서만 꽃눈이 형성되는 식물)이므로 국화 생산을 위해 이미 설치되어 있는 전등 조명으로 연중재배가 가능하겠다는 생각이 들어 들깨 종자 1말(20 *l*)을 구입해서 200평에다 파종하여 재배를 시작했다. 들깨묘와 전등의 거리는 약 1m 거리로 국화 재배와 똑같은 방법으로 조명을 했는데 10월 말부터 잎을 딸 수 있었다.

당시 들깻잎을 재배할 때 우리 하우스 바로 옆에 평소 친하게 지내는 오이를 주작물로 하는 김 노인이라는 분이 계셨다. 어느 날 이 김 노인의 큰아들인 김 모 씨가 우리 하우스를 찾았다. 관심 있게 둘러보고 전조(電照) 들깻잎에 관한 이야기도 많이 나누었는데 알고 보니 그분은 구포 강변에서 들깻잎을 큰 면적에 재배, 생산하는 작목반장으로 전국적으로 납품하고 있어 판로에 문제가 없는 사람이었다. 그 이듬해부터 우리와 김 씨가 전조 들깻잎 재배를 시작하자 한 사람, 두 사람 관심을 가지게 되었고 점차 퍼져 부산 강동동 일대를 거쳐 전국적으로 확산되었다. 지금은 밀양과 추부가 주산지로서 자리를 단단히 잡았다.

내가 지난 2008년 9월 초에 전국적으로 유명한 금산 추부의 깻잎 작목반에 토양관리 교육을 하러 간 적이 있는데 전조 들깻잎 재배의 역사를 들어 보니 지금은 은퇴하신 당시 추부농협 조합장께서 처음에 부산 강동동에서 작목과 기술을 이전받았고, 그 후 지금까지 자체적으로 재배 방법을 발전시켜 왔다는 이야기를 들었을 때 새삼 감개무량했다.

5. 톱밥 퇴비 만들기

톱밥 퇴비의 제조나 활용에 대한 내용은 분량이 많아 내가 쓴 『땅심 살리는 퇴비 만들기』(들녘출판사) 책자를 소개한다. 2013년 초판 1쇄를 시작으로 현재 9쇄가 나와 농민들에게 계속 읽히고 있다. 이 책에는 톱밥 퇴비뿐만 아니라 일반 퇴비의 제조 원리나 제조 방법 등도 상세히 쉽게 기술되어 있다. 또한 『농사는 땅심이다』(들녘출판사)라는 책자도 2019년에 나와 현재 5쇄로 농업 관련 종사자들에게 많은 관심을 받고 있다.

6. 퇴비차 만들기

퇴비차는 정말로 좋은 천연 액비이다. 화학 재료로 이보다 더 좋은 것을 만들 수 있을까? 그런데 퇴비차는 원리대로 잘 만들어야지 잘못 만들면 문제가 많다. 최근 유튜브를 보면 퇴비차에 대한 전문가들이 넘쳐난다. 자세히 들어 보면 잘못된 내용으로 농사에 피해를 줄 수 있는 내용들이 많다. 나는 오래전 퇴비 공장과 유기재배 농장을 할 때부터 퇴비차에 대한 효과를 잘 알고 있어서 퇴비차에 대하여 정확하게 홍보하기 위해서 노력하고 있다. 최근 퇴비차를 이용해 농사에 성공하는 농가들을 볼 때 고맙기도 한데 좋은 퇴비의 중요성은 아무리 강조해도 부족함이 없다고 생각한다.

1) 퇴비차의 주목적은?

① 퇴비에 있는 유익한 미생물을 단시간에 우려내어 토양관주와 작물에 살포함으로 작물의 병충해에 대한 저항성을 높인다.

퇴비 만들기 실습 장면

　② 퇴비에서 우려낸 각종 수용성 양분(미량원소)을 공급하여 건강한 작물로 자라게 하고 다수확 및 품질(크기, 맛, 당도, 저장성)도 좋아지도록 한다.

　완숙 발효 퇴비는 기본적으로 호기성 발효를 한 것으로 퇴비를 우려낸 퇴비차에도 공기(산소)가 없으면 퇴비 속 2,000여 종의 각종 유익한 균들이 살아남지 못해 사멸되고, 유해한 균들과 특히나 식중독균 같은 균들이 오염 증식될 수 있으므로 날것으로 먹는 엽채류나 과채류에 사용할 때 환경과 건강에 크게 문제를 일으킬 수 있다. 퇴비차 제조시에는 온도가 올라가지 않으므로 식중독균은 55°C 이상에서 1시간, 이질균(세균, 아메바)은 55~68°C, 회충알은 50°C 이상이 되지 않으면 죽지 않아 문제가 된다.

2) 퇴비차의 주원료인 완숙퇴비는 발효가 잘된 것이어야 한다

미숙퇴비를 사용하면 아래와 같은 문제점이 있다.

　① 탄질율이 높고 미량 미네랄이 많은, 좋은 목재류이지만 부숙이 완

전히 안된 것을 사용하게 되면 목재가 갖고 있는 독소(송진과 탄닌 같은 유기화합 물질)로 작물 생육에 나쁜 영향을 줄 수 있다.

② 수분이 70% 이상 되고 통기성이 나쁠 때는 호기성의 유익한 미생물이 아닌 혐기성 유해미생물이 다량 증식된다. 또 수분이 30% 미만에선 미생물의 활동이 중지되기 때문에 적어도 퇴비 완제품의 수분은 40~50% 정도 되어야 한다.

③ 수분이 부족하여 발효가 안 되면 악취도 없다, 이때 악취가 안 나면 발효가 잘된 것인 줄 착각하는 농민들이 생각보다 많다. 이런 퇴비로 퇴비차를 만들면 안 된다.

3) 퇴비차는 만든 후 곧바로 사용해야 한다

퇴비차는 만들 때 공기 주입이 안 되면 혐기성 발효가 일어나 유익한 호기성 미생물들이 사멸되어 효과를 볼 수 없다. 더구나 질소 성분을 높이기 위해 질소가 많은 퇴비를 사용했거나 또 질소비료를 첨가한 퇴비차를 제조한 후 장기간 보관할 때는 변질이나 부패가 빨리 진행되어 병균으로 인한 질병 발생이나 악취 발생의 위험성이 높다. 또 퇴비차를 만들어 수개월씩 저장한 후 사용하면 미생물 효과는 보지 못하고 양분 효과 정도밖에 볼 수 없다.

4) 퇴비차 제조 방법

퇴비차는 제조 기간 동안 포화용존산소량(1기압에서 물 속에 녹을 수 있는 최대 산소량) 5.5ppm을 유지할 수 있는 기온은 8℃~32℃ 사이이다. 퇴비량보다 50배 정도의 물을 담은 통에 퇴비를 넣고 24~48시간 동안 공기를 주입하여 우려낸 후, 이 원액을 10~20배 정도 희석하여 사용하면 된다. 원액을 관주해도 전혀 문제가 없다. 작물의 상태에 따라 희석 배수를 가감한다. 퇴비차를 제조할 때 미생물 활동을 돕기 위해 설탕이나 당밀 등을 다량 사용하면 새로운 잡균들의 과다 증식하여 문제가 될 수 있으므로 1kg 정도(아래 준비물 참조)의 양이 적당하다.

(1) 퇴비차 제조 준비물

① 500*l* 들이 물통 준비(자연수를 80% 정도 채움)

② 한약재용 부직포 10kg짜리 망(배추망 또는 대파망도 가능)

③ 완숙퇴비 5~10kg(부직포에 담을 것)

④ 공기주입기(수족관 기포기 60W짜리 정도)

⑤ 쇠막대(퇴비망 걸이용)

⑥ 설탕 1kg

⑦ 돌멩이(망 속 퇴비포대 침적용, 퇴비가 물을 흡수하면 저절로 가라앉음)

(2) 퇴비차 만드는 순서와 사용법

① 500*l* 물통에 물(자연수)을 80% 정도 채우고

② 부직포에 완숙퇴비 5~10kg을 담은 후 물통에 넣는다. 쇠막대 설치로 완숙퇴비 포대를 붙들어 맨 후 가라앉게 돌멩이로 침적되게 한다.

③ 설탕 1kg도 이때 함께 넣어 준다.

④ 이때부터 준비한 브로와(blower)로 공기를 주입하며 24~48시간 우려낸다.

⑤ 우려낸 퇴비차를 토양에 관주 또는 엽면 살포를 하는데 시설 고추 재배지의 경우 3월 말 정식시부터 10월 중순까지 7~10일 간격으로 사용하여 큰 효과를 보고 있다.

III. 맺는말

생각해 보면 옛날의 농업은 과학농업이었다. 문명이 발전하면서 화학비료를 생산하게 되었고 그 결과 화학비료를 주는 것이 수확을 많이 하는 유일한 농법이라고 생각하게 되었다. 그러나 그 시대가 지나면서 화학비료만이 유일하다는 생각을 반성하게 되었고, 건강한 작물을 재배하기 위해서는 반드시 토양 속 유기물이 필요하다는 것을 알게 되었다. 그런데 유기물이라면 어떤 것이라도 좋다고 하는 잘못된 인식도 갖게 되어 농토를 망가뜨리는 결과도 가져왔다. 토양 속에서 비료 효과는 있지만 리그닌(lignin)이 없어 빨리 분해되어 3~4개월밖에 유기물 효과를 지속 못 하는 유기질 비료인 유박을 사용한다든가 발효가 안 된 생구비(生廏肥)나 오염되고 미숙된 퇴비나 퇴비를 사용하므로 토양이 산성화되고 병충해 발생이 많아져 다량의 농약을 살포하게 되었고, 결국 토양 환경을 파괴하는 문제를 야기하였다. 이런 좋지 않은 유기질(퇴비)과 농약과의 잘못된 연결고리를 끊지 않으면 안 된다.

제2차 세계대전 후 일본에서는 얼마 동안 퇴비 없이 어느 정도의 화학비료만으로도 상당한 양을 수확한 때가 있었다. 그 시기에는 퇴비를 화학적으로 분석하여 퇴비 1톤 속의 질소, 인산, 가리 등 기타 양분이 포함된 화학비료를 돈으로 사면 간단하다고 생각하였다. 얼마 안 되는 소량의 양분을 얻기 위해서 막대한 인력과 시간과 돈을 들여 퇴비를 만들 필요가 없다고 생각한 것이다. 심하게는 퇴비 무용론까지 나왔다. 지도기관에서조차 퇴비를 우습게 보았던 때가 있었다. 퇴비를 주지 않아도 그런대로 수확할 수 있었던 것은 전쟁 전에 농가마다 퇴구비를 상당량 논과 밭에 넣어 주었기 때문이었다. 그중 몇 %가 난분해성인 토양 유기물로 수년 동안 서서히 퇴비 효과를 지속하였기 때문이다.

친환경재배 농가 중에도 퇴비와 녹비작물과 볏짚 등 유기물을 활용해서 땅심을 높여 제대로 하려고 하는 사람들이 있는 반면, 토양 유기물은 무시한 채 저투입 정밀농업을 한다고 영양제와 미생물만 사용해 농약 검출만 안 되면 된다고 생각하는 농가도 있다. 이런 경우 친환경농업을 해도 토양 유기물이 1~2% 내외에 불과한 곳이 상당수 있다. 이런 곳에서는 좋은 품질의 작물이 생산되지 않고 생산량도 적다. 그리고 관행농업이든 친환경농업이든 농사에서 제일 힘들고 어려운 것은 연작 장애로 발생하는 염류집적과 병충해의 만연이다. 친환경농업을 하면서 친환경 자재비가 비싸서 절감해야 한다는 농민들이 많은데 병충해를 줄이거나 없게 하는 첫 번째 방법은 땅심을 살리는 일이다. 땅심이 없고 척박하여 건강한 작물이 자랄 수 없는 곳에 비싼 영양제나 미생물 등 고급 자재를 제아무리 사용해도 효과는 극히 제한적이고 몇 년 못 가 친환경농업을 포기하게 된다. 친환경농업은 반드시 땅심이 있어야 가능하고, 일반 농업의 연작 장애 해결에도 땅심을 살리지 않고는 안 된다는 것을 잊지 말아야 한다.

인체는 80여 종의 원소로 구성되어 있다고 한다. 물과 공기에 의해 96.6%, 나머지 4% 미만이 흙으로 만들어져 있다. 그러나 0.02%의 미량 미네랄에 의해 건강이 좌우된다고 한다. 흙에 미량 미네랄(광물질)이 부족하면 그 흙에서 재배되는 농작물에도 부족하고 그 농작물을 먹는 인간도 그것을 섭취할 수 없다. 그러므로 생리적인 병에 똑같이 걸리게 된다. 반대로 흙에 미량 미네랄이 풍부하면 건강한 농작물의 생산이 가능하고 또한 우리 인간도 충분한 섭취를 할 수가 있어 건강하게 된다.

미네랄과 비타민은 차이점이 있다. 일반 식물과 동물은 비타민을 체내에서 합성하지만 인간은 불가능하다. 인간은 채소나 과일, 고기를 먹으면 비타민의 섭취가 가능하다. 그러나 미네랄(무기질)은 식물, 동물, 인간 모두가 체내 합성을 못 한다. 흙 속에 있는 미네랄 양이 작물의 미네랄 양을 결정한다. 그리고 비타민도 미네랄이 없으면 제 기능을 하지 못한다. 미네랄이 풍부하고 미생물의 다양성이 있는 토양에서 생산된 것이라야 항산화력과 면역력이 있는 기능성 채소의 가치를 지니게 된다.

흙과 식물과 인체는 전부 연계되어 있으며 근본적으로는 땅이 중요하다는 말이다. 그러면 어떤 퇴비를 어떻게 토양에 투입하느냐가 관건이다. 예를 들면 일년생 풀과 수십 년 동안 자란 나무의 경우 뿌리의 생육 반경이 다르다. 일반적으로 풀의 경우 4월에 새싹이 나와 9월에 줄기를 잘라 퇴비를 만드는 게 제일 좋은데, 뿌리 주변을 살펴보면 약 60cm 정도가 뻗어 있어 이 반경에 있는 양분만을 빨아들여 보유하고 있다. 나무의 경우는 수십 년 동안 뿌리가 뻗어 땅속 수십 미터의 반경에서 영양분을 흡수하므로 이들이 갖고 있는 미네랄의 종류나 함량은 풀과는 다를 수밖에 없다. 그러므로 이런 질 좋은 퇴비를 투입하여 60~80여 종의 성분으로 재배한 친환경 농산물과 단 16종(질소, 인산, 칼리 외 13종)의 비료 성분만을 사용하는 화학비료 위주로 재배한 일반 농산물이 인체에 미치는 영향은 커다란 차이가 날 수밖에 없다. 또한 퇴비에서 중요한 것은 유익한 미생물의 존재에 있고, 발효의 완숙도와 땅속에서 얼마나 오랫동안 남아서 부식의 역할을 해주느냐가 관건이다.

현재 우리나라는 좁은 국토에 많은 인구가 살고 있다. 1970년대부터 화학비료 위주의 수탈 농업으로 농토의 지력이 떨어져 연작피해가 해마다 늘어나고, 날이 갈수록 병충해 피해가 증가하여 농약도 과다하게 투입되고 있다. 이를 근본적으로 해결하기 위해선 지력을 높여야 한다.

농업부산물만으로는 부족하기 때문에 국가적인 시책으로 임업부산물을 활용해야 한다. 리그닌(lignin) 성분이 많은 각종 임업부산물(파쇄목, 톱밥, 전정 가지, 대팻밥, 끌밥 등)을 잘 발효시켜 퇴비로 사용하면 볏짚 퇴비보다 지력을 3~4배 빨리 높일 수 있고 여러 토양 병균과 선충 등을 방지하는 효과도 크다. 이는 폐목재 퇴비에는 병해충의 천적미생물이 다량 살아 있고, 시용 후에도 난분해성으로 천적미생물이 지속적으로 생존하기 때문이다.

농민들도 퇴비에 대해서 좀 알고 사용해야 한다. 요즘 농촌에는 고령화로 일손도 없고 퇴비 원료 구하기가 어려워 자가 퇴비를 만들기 힘들다고 한다. 맞는 말이다. 농가에서 자가 퇴비를 만들 수 없다면 시중의 포대 퇴비(미숙퇴비)를 사전에 구입해서 포대를 뜯어 재발효를 시켜서라도 퇴비의 효과를 높여 사용해야 한다. 퇴비는 발효가 생명인데 포대 퇴비의 경우 쌓아 놓으면 손을 넣지 못할 정도로 열이 나는 경우가 있다. 이는 아직도 발효 과정에 있는 미숙퇴비이다. 이것을 그대로 주면 후(後)발효가 일어나 작물에 피해를 줄 수 있다. 만약에 재발효 또한 어렵다면 3~6개월 전에 미리 구입해서 포대 퇴비를 비가림한 곳에 쌓아 놓고, 어른 손가락만 한 쇠막대 같은 것으로 한 포대당 구멍을 양쪽으로 4~6개씩 뚫어서 통기가 되도록 하여 후숙시켜 사용하면 괜찮을 것이다. 앞의 방법들이 모두 불가능할 경우, 시중에서 잘 발효된 퇴비나 미생물제제를 구입해서 함께 뿌려 주는 방법도 괜찮다.

구약성경 레위기 25장에 보면 6년 동안 농사짓고 7년째는 휴경하는 안식년 제도가 있다. 그때는 노지재배여서 이를 통해 어느 정도 연작피해를 해결할 수 있었다. 그러나 지금 우리의 현실은 시대가 변하면서 고비용을 들여 시설하우스를 짓고 매년 다비재배로 다수확을 계속 해야 하는 상황이다. 연작피해를 보지 않을 수가 없다. 이런 연작피해를 없게 하거나 최소화하려면 땅심(지력)을 회복시키는 것이 제일 중요하고 급선무이다. 해결책은 질 좋은 퇴비를 사용하는 것이다. 이를 통해 농가 소득을 높이고 파괴된 환경을 살리며, 국가 백년지대계인 건강한 농토를 후손들에게 물려 주는 것이야말로 하나님의 창조 질서를 회복하는 길이라 하겠다.

강대인 농부의
유기농 벼농사 짓기[*]

강선아 | 농부, 벌교 우리원농장

I. 벼농사 개관

1. 농사란 무엇인가?

무릇 농사란 하늘과 땅이 지어 주는 것이라 했다. 사람이란 단지 자연의 이치에 따라 사는 자연의 심부름꾼과 같은 존재일 뿐이다. 하늘은 꼭 태양이 떠 있는 밝은 대낮만 있는 게 아니다. 오히려 무수한 별들이 빛나고 있는 밤하늘이 본래 모습일 것이다. 낮 하늘은 태양이 지배하지만 밤하늘은 달과 별들이 지배한다. 그런데 따지고 보면 태양도 우주 천체의 하나이니 하늘의 기운이란 별들의 기운이라 해도 무방하다.

---

* 이 글은 벼농사의 달인으로 불리는 고(故) 강대인 선생의『유기농 벼농사』내용을 토대로 대를 이어 농사짓는 따님 강선아 씨가 재구성한 것이다.

국내 최초로 벼 유기인증을 받은
강대인 명인

별들 중에 태양의 영향은 아주 직접적이어서 금세 피부로 느낄 수 있다. 달 같은 경우는 그래도 밀물과 썰물을 일으키기 때문에 조금만 생각하면 그 또한 어렵지 않게 이해할 수 있다. 그렇지만 수억 광년 떨어진 우주의 수많은 별이 지구에 영향을 준다고 하면, 그것도 지구에 사는 식물들에게 영향을 준다고 하면 이해하기가 쉽지 않을 것이다. 우리 눈에 도달한 별들의 빛은 셀 수도 없는 세월을 여행한 것이어서 이미 현재 시점에선 사라져버렸을지도 모르기 때문에 더욱 그 영향을 생각하기가 어려울 듯하다.

그러나 우리가 직접적으로 느끼지 못할 뿐 지구가 우주의 별들과 동떨어져 존재하는 것도 아니어서 별들의 영향이 없다고 하면 그 또한 이상한 일이다. 예를 들면 24절기 중에 해의 길이가 제일 긴 하지(6월 하순쯤)를 지나면 여름작물들은 대부분 영양생장(육체성장)을 끝내고 생식생장을 시작한다. 언제 심었든지 간에, 그래서 큰 놈이든 작은 놈이든 상관없이 하지를 지나면 생식생장을 하여 꽃대가 올라와 꽃을 피우고 씨를 맺어 2세를 준비한다. 이로 볼 때 육체성장은 해가 지배하고 생식생장은 밤의 달과 별들이 지배한다고 추측할 수 있다.

태양계의 제5 행성인 목성은 식물 중에 특히 벼과에 영향을 주는데, 같은 벼과에 속하는 대나무의 잎이나 갈대의 잎을 논에 넣어 주면 벼에 좋고, 대나무를 논에다 듬성듬성 꽂아두면 목성의 기운을 더 빨아들이는 안테나 역할도 한다. 옛날에 벼과인 버드나무를 논둑에 많이 심었던 것도 같은 효과를 기대한 것이라고 할 수 있다.

우리 조상들은 원래 작물에도 사주팔자가 있다고 여겼다. 그래서 아무 때나 파종을 하는 게 아니라 날을 받아서 했다.『산림경제』와 같은 고전 농서를 보면 작물마다 파종하기에 좋은 날과 나쁜 날을 제시한다. 대략적으로 볼 때 음력으로는 보름 전에 파종하고 수확은 그믐께에 했다. 사람도 음력으로 보름 전에 태어난 사람은 외향적인 경우가 많다.

앞에서 말한 것처럼 작물들도 별들의 영향을 받는데, 대개의 작물이 발아할 때 거의 모양이 같았다가 자라면서 점차 다른 모양을 만들어 가는 것은 각자 자기에게 영향을 주는 별들이 다르기 때문이다. 우리원농장의 농법은 생명역동농법(biodynamic)이다. 생명역동농법이란 우주의 기운에 따라 짓는 농사법으로 1백 년 전 독일의 루돌프 슈타이너(Rudolf Steiner)가 만들었다.

우리의 농사력은 60갑자에 따른 것인데, 사람의 사주를 60갑자에 따라 보듯이 작물에도 사주가 있다고 해서 그것을 따져 파종과 수확 등 농작업의 좋은 날과 나쁜 날을 잡는 것이다. 이 60갑자는 동양의 오행론에 따른 것이고 또 오행론은 천문역법에 따른 것이다. 그러니 생명역동 농법의 농사력이나 우리의 전통 농사력이나 모두 하늘의 기운에 따른 것이라 할 수 있다.

원래 농사의 農(농) 자는 노래 曲(곡) 자 밑에 별 辰(신) 자가 붙어 만들어진 글자다. 직역하면 별, 즉 일월성신(日月星辰)의 노래가 농사라는 것인데, 그게 다 하늘의 기운에 맞춰 농사짓는다는 뜻이라 보면 된다.

2. 벼와 대화하며 짓는 농사

옛말에 "작물은 농부의 발소리를 들으며 자란다"라고 했다. 대부분 이 말을 작물을 자주 살펴보라는 뜻으로 이해한다. 그 말도 맞지만 말 그대로 해석하자면 "작물은 나를 키워 주는 농부를 알아보며 보살핌을 받는 만큼 잘 성장한다"라는 뜻으로 이해하면 된다.

식물은 자기를 공격하는 외부의 적을 알아보고 경계하며 주변 동료들에게 신호를 보내기도 한다. 당연히 생장에 좋은 조건이 주어지면 아주 좋아한다. 그러니 부모처럼 자기를 아껴 주는 농부를 알아본다는 것은 너무도 당연한 일이다. 그래서 그저 많은 수확만 할 줄 아는 것보다 벼가 아주 건강하게 자라 튼실한 알곡들을 달게 할 줄 아는 농부가 아비다운 농부이다. 그런 자식 같은 벼들에게 항상 아비인 농부가 곁에 있음을 알려주기 위해 강대인 농부는 논에 갈 때마다 박수를 치며 논둑을 둘러본다. 한 군데만 들르지 않고 논 전체를 한 바퀴 돌아야 한다. 처음엔 몇 군데만 둘러보았지만, 나중에 보니 자주 둘러본 곳의 벼가 확실히 잘 자란 것을 알게 되었다. 농작물이 농부의 발소리를 듣는다는 조상들의 말을 그렇게 실감하였다.

예부터 초상집에 다녀오고 나서는 파종하는 것을 금기시했다. 초상집 다녀온 사람의 우울한 마음이 볍씨에게 좋을 리 없다는 것이다. 특히 부부 싸움하고 나서는 풀 매는 일은 어떨지 몰라도 파종은 하지 않는 법이다. 풀 매는 일은 일종의 살생 행위이지만 파종하는 것은 생명을 잉태하는 일이기 때문이다. 종자로 쓸 볍씨를 거둬들일 때도 되도록 낫으로 베고, 볍씨를 털어내기 위해 훑을 때도 홀태로 하든가 직접 손으로 훑는 게 좋다. 콤바인으로 강타해버리면 사람도 어릴 때 받은 충격이 평생 가듯이 볍씨도 그에 충격을 받아 평생 약하게 자라고 병에도 쉽게 걸린다. 자식을 키우는 것과 마찬가지로 벼를 키우는 농부의 마음이 건강해야 그 벼가 건강하게 자라는 것이다. 농약을 치지 말아야 하는 이유도 거기에 있다.

平和(평화)라는 한자를 한번 보자. 이중 和(화) 자는 禾(벼 화)에 口(입 구)가 합쳐진 글자로, 곧 쌀이 입으로 들어간다는 말이다. 그래서 평화란 쌀을 평등〔平〕하게 나눠 먹는 일이고, 그 평화를 짓는 사람이 바로 농부인 것이다. 그런데 쌀을 골고루 나눠 먹는 것도 평화지만, 어떤 쌀을 먹느냐도 중요하다. 예컨대 농약과 화학비료로 키운 쌀에서 평화가 올 수 있을까? 또 자본주의와 이기주의에 찌든 농부의 마음에서 평화가 올 수 있을까?

우리 조상들은 먹을거리가 제일 훌륭한 보약이라 해서 밥을 불사약(不死藥), 반찬을 불로초(不老草)라 했다. 히포크라테스도 음식으로 고치지 못하는 병은 의사도 고치지 못한다고 했다. 그런데 그런 먹을거리가 이미 오염되어 있다면 불사약, 불로초는커녕 우리의 몸과 마음을 망치는 독약이 되는 것이다.

자연에 가깝게 자란 것일수록 그 생명은 건강하다. 가축들도 사료를 먹여 키운 것보다 원래 먹이대로 먹고 자란 게 더 건강하고 맛도 좋다. 물고기도 양식보다는 자연산이 더 맛있다. 하물며 동물도 이러한데 사람 몸이야 어떻겠는가. 우리는 방부제와 농약으로 가득 찬 먹을거리에 더 많이 노출되어 있다. 다 죽은 생명의 기운을 먹으며 사는 것이다.

3. 유기 농사에 맞는 종자 개량

유기 농사의 성공 여부는 종자에 달려 있다. 아무리 유기 농사로 땅을 살리고 벼의 자생력을 키운다 해도 종자 자체에서 문제가 있으면 원하는 결과를 제대로 얻을 수 없다. 문제 있는 씨앗에서 제대로 된 열매가 나올 수는 없는 일이다. 그래서 강대인 농부는 미질 향상에 관심을 갖고 꾸준히 육종을 한 결과 밥맛 좋은 다양한 품종의 쌀을 개발하였다.

강대인 농부가 유기농을 처음 시작했을 때는 각종 병충해나 잡초와 싸우느라 종자 문제에 관심을 둘 여유가 없었다. 그렇게 처음으로 무농약 농사를 지어 수확을 하게 되었는데, 유기농으로 쌀을 생산했다는 말이 퍼져 직접 찾아와 쌀을 사 갔던 한 소비자가 별안간 밥맛이 왜 이 모양이냐며 반품을 했다고 한다. 아무리 무농약 쌀이라고 하지만 벼멸구가 먹은 쌀인데다 맛도 좋지 않은 통일벼 종자로 지은 쌀이니 당연한 일이었다. 힘들게 거둔 쌀인데 이렇게 무시를 당하다니 하는 억울한 마음도 들었지만, 이 사건으로 유기 농사에 맞는 종자 개발을 시작하였다.

농사는 작물의 자연적 본성을 잘 이해하지 못하면 할 수 없는 일이다. 결코 사람의 인위적인 노력으로만 될 수 없다. 예컨대 모와 벼는 엄연히 다른 것이다. 논에 심어졌다고 해서 무조건 벼가 아니다. 모는 보통 예닐곱 잎이 달린다. 첫 잎이 나오는데 1~2일, 두 번째 잎은 2~3일, 그리고 예닐곱 잎이 다 나올 때까지 40~45일 걸리는데 이때부터 벼가 되는 것이다. 그래서 우리 선조들은 여섯 잎이 날 때 뿌리를 잘라 모내기를 했다. 뿌리를 잘라 주면 키도 막 크지 않고 튼튼하게 자란다.

그런데 지금은 10일도 안 된 8일 모를 이앙기로 심는다. 그러면 벼가 바람에도 잘 쓰러지고 병에도 약하다. 벼가 약하고 키가 크면 미질은 좋지만 수확량도 적고 병에도 약하다. 그래서 적당히 키우는 게 중요하다. 원래 미질이 좋으면 병에 약하고 수확량도 적은 반면, 병에 강한 종자는 맛이 없게 마련이다. 자연은 인간에게 두 가지를 한꺼번에 주지 않는다고 한다. 나머지는 그 이치를 잘 이해한 사람의 몫이다.

좋은 종자를 만들기 위해 교배도 시켜 보고 좋은 것을 구하기 위해 서해안 외딴섬까지 찾아가 보았지만 이미 오래전에 우리나라에는 토종 종자가 많이 사라져 있었다. 그래서 옛날에 일본이 우리에게서 종자를 구해 갔으니 그것을 다시 얻어다 우리 토양에 맞게 잘 육종하면 되겠다는 생각에 교류하고 있는 일본 유기농업 단체 '애농회'를 통해 벼 종자를 구할 수 있었다.

원래 우리 선조들의 농법은 매우 선진적이어서 일본으로 전해지고 중국 일부 지역에까지도 역으로 전해질 정도였다. 그러나 오랜 세월 동안 사농공상(士農工商)이라는 유교 사회에서 천대받고 식민지 시대 그리고 공업화를 추진했던 1960~70년대를 거치면서 전통 농법은 완전히 밀려나고 이제는 토종 종자조차 다 사라져 종자 수입국으로 전락해 버리고 말았다. 그래서 다시 우리 조상으로부터 퍼져 간 종자의 후손들을 중국과 일본에서 구해다가 우리 토양에 맞게 계속 육종, 개량하기로 마음먹었다. 우리 토양에 맞는 것을 개발하다 보면 우리 토종에 근접한 종자를 얻을 수 있을 것이라 생각한 것이다. 그렇게 많은 시행착오와 노력 끝에 개발한 종자가 이른바 '대인' '정농 1호'부터 시작해서 대략 80여 종에 이른다.

4. 오행(五行)에 맞는 다섯 가지 색의 쌀

종자를 교배해서 새로운 종자를 얻는 일은 마치 하나의 예술과도 같다. 벼라는 생명과 교감하여 새로운 생명의 씨앗을 만들어내는 일은 그 어떠한 아름다움을 창작하는 예술보다도 더 큰 신비로움을 안겨 준다. 그중에도 가장 묘미 있는 것은 색깔 있는 쌀을 만드는 일이다.

쌀도 오행의 원리에 맞게 제 색깔들이 다 있다. 동서남북 사방과 중앙이 있듯이 동(東)에 해당하는 청색의 녹미가 있고, 서(西)에는 백색으로 우리가 매일 먹는 백미가 있고, 남(南)에는 적색의 적미, 북(北)에는 흑색으로 흑미 그리고 중앙(中)에는 황색의 현미가 있다.

오색의 모든 쌀은 나름의 약효를 갖고 있다. 그중에 흑미는 『동의보감』에 따르면 신수(콩팥)를 좋게 하여 건강과 피부미용에 좋다고 한다. 보통 '신수가 훤하다'는 말은 얼굴색이 좋아 건강해 보인다는 것인데, 바로 흑미가 그런 효과를 준다는 것이다. 소갈증(당뇨병)에도 좋은 흑미는 기름에 볶아 차(茶)로 먹어도 좋고, 매일 한 숟가락씩 밥에 넣어 함께 지어먹으면 밥이 검어지고 진한 향기에 찰기가 더해져 밥맛이 좋아진다. 특히 유기농으로 지은 흑미에는 암 예방에 좋은 셀레늄 성분이 많이 포함되어 있다고 한다.

흑미만이 아니라 앞의 네 가지 색깔의 쌀도 미질 좋은 종자와 직접 교배하면서 만들었는데 이 또한 우리 것은 진작에 사라져 일본과 중국에서 구해 왔다. 그러나 이 쌀들의 약효에 대해서 『동의보감』에 자세히 나오는 것을 보면 우리 조상들이 이런 농사를 지었다는 것은 틀림없는 사실로 보인다.

5. 자연농약이자 건강식품인 백초액

다음으로 각종 채소들로 만든 백초액(白草液)을 농약 대신 뿌려 준다. 백초액은 산나물과 친환경으로 재배한 채소, 열매 그리고 영지버섯과 돌김, 미역, 파래 등 해초까지 1백여 가지의 천연 재료를 흑설탕에 버무려 오랜 시간 숙성한 것으로 작물의 병충해 예방 능력을 키워 준다.

드론으로 영양제를 살포하는 모습

채소 효소 중에서도 백초액의 가장 큰 특징은 바다 해초류까지 함께 발효시켰다는 점이다. 그래서 백초액은 비타민, 미네랄, 유기산류 등 천연 효소를 다량 함유하고 있어 건강식품으로도 손색이 없다. 처음엔 농약 대용으로 쓰고 남는 걸 주변 사람들에게 재료비만 받고 주었는데 점차 찾는 사람들이 많아져 따로 '우리원'이라는 식품회사를 차렸다. 상품 등록도 '백초액'으로 해서 정식으로 판매하게 되었다.

백초액은 사실 조상들에게 배운 것이나 마찬가지다. 선친께서 보시던 고전 농서에서 산과 들에서 나는 산야초를 썩혀 살충제로 쓰면 효과가 있다는 것을 알게 되었다. 그리고 어릴 적 어르신들께서 해초 삶은 물을 쓰면 방충에 좋다는 말도 떠올라 두 가지를 함께 발효하면 더 효과가 있겠다는 생각에 만들게 되었다.

처음 백초액을 만든 후 먼저 단식용으로 시험해 보았다. 사람에게도 좋으면 벼 에게도 좋을 것이라 생각했다. 그래서 강대인 농부는 겨울이면 토굴에서 백초액만 먹으며 21일이나 40일간 단식 기도를 했다. 혹독한 겨울 단식을 오래도록 버틸 수 있는 에너지원이 되었던 백초액은 예상했던 대로 사람뿐 아니라 벼에게도 좋은 영양제가 되어 벼들이 병충해에 강해지고, 강하고 튼튼하게 자라게 도와주었다.

6. 관행농업을 넘어 대안농업으로

농약과 화학비료에 의존한 이른바 근대 농법은 수확량 면에서 농업혁명을 이뤘다. 그러나 미질(米質)은 관심 밖이었다. 1970년대에 유행했던 통일벼 계통이 전형적이다. 더욱 큰 문제는 그다음에 찾아왔다. 농약과 화학비료에 의해 땅은 산성화되어 죽어버렸다. 수확량은 많았지만 병충해에 매우 약해져 농약을 많이 쳐야 했고 그게 누적되어 이제는 더 이상 생산량 증대는 불가능해졌다. 어떻게 보면 오랜 세월 동안 조상들이 정성 들여 땅을 살려왔기 때문에 농약 농법이 통했는지도 모른다.

그러나 땅이 살아 있고 종자만 계속 개량한다면 근대 농법의 한계를 얼마든지 뛰어넘을 수가 있다. 말하자면 양도 많고 질도 좋으며 생명력도 높은 벼 종자 개발이 가능하다는 것이다. 자연은 원래 두 가지를 다 주지 않는다고 했다. 곧 수확량과 미질이 동시에 좋을 수는 없는 일이다. 맛이 좋으면 수확량이 적고 수확량이 많으면 맛이 떨어지게 마련이다. 나머지는 이제 사람의 몫이다.

예를 들면, 일본에 '고시히카리'라는 종자가 있는데 앞으로는 이놈만큼 미질이 좋은 것은 나오지 않을 것이라고 할 정도로 맛이 매우 뛰어나다. 그런데 이놈은 바람에 약해 잘 쓰러지고 도열병에도 너무 약한 단점이 있어 일본 정부에 의해 폐기되고 말았는데, 이를 농민들이 해결했다.

그렇게 사람의 몫이 따로 있다는 것이다. 강대인 농부도 이 종자를 얻어다 심어 보았지만 마찬가지로 잘 쓰러졌다. 우리 토양에는 잘 맞지 않는 것 같아서 개량을 해서 도복(쓰러짐)에도 강하면서 밥맛도 좋은 종자로 지금까지 이어져 오고 있다.

많은 사람이 유기농으로 농사를 지으면 수확량이 적다는 선입관을 갖고 있는 게 사실이다. 현재까지는 전체적으로 볼 때 유기농이 일반 관행농보다 생산량이 적기는 하지만 그렇다고 그것이 고정된 진실일 수는 없다. 유기농을 오랫동안 해온 사람들이 말하듯이, 농약으로 죽은 땅이 다시 살아나면 수확량은 관행농 못지않은 결과를 낸다. 더 나아가서는 관행농으로는 도저히 따라올 수 없는 결과를 낼 수가 있다.

농약으로 땅이 오염되어 있다면, 아무리 비료를 많이 주어도 한계가 뚜렷하다. 오히려 나중에는 수확이 더 줄어든다. 반면, 유기농으로 땅이 살아 있다면 그 한계는 별 의미가 없어지고 만다. 다시 말하지만 농사는 하늘과 땅이 짓는 것이지 사람이 다 짓는 것은 아니다. 하늘과 땅이 하는 일에 사람은 그저 부분적인 역할을 할 뿐인데, 거기에다 사람의 욕심을 강요할 수는 없는 일이다. 수확량이란 것도 그런 이치에 충실하다 보면 절로 일어나는 것이지, 사람의 인위적인 노력으로 될 수 있는 일이 아니다. 다만 하늘과 땅의 이치에 따르고 그 안에서 스스로 돕는 자를 하늘과 땅은 알아서 도와줄 것이라고 믿을 뿐이다.

7. 벼의 종류

벼는 크게 논벼(수도水稻)와 밭벼(육도陸稻)로 구분하며, 익는 순서에 따라 올벼(조생종早生種)와 늦벼(만생종晩生種)로 나눈다. 쓰임새에 따라서는 메벼와 찰벼로 나누고, 색깔로는 흑미, 녹미, 적미, 현미, 백미로 나눈다. 그리고 품종으로 나눌 때는 자포니카형, 인디카형, 자바니카형으로 나눈다.

벼는 원래 열대와 아열대 지역이 원산지이지만 적응력이 뛰어나 북위 47도의 러시아 남부에서 남위 40도의 아르헨티나까지, 그리고 지대로는 해발 2,400m의 히말라야 산맥에서도 재배가 가능한 데다 1~3미터 깊이의 물에서도 자라는 작물이다. 그러나 벼는 원래 수생식물이어서 무논에서 더 잘 자라기 때문에 논벼가 밭벼보다 소출도 많고 맛도 더 낫다. 밭벼는 산악지대나 물이 부족한 지역, 또는 가뭄이 아주 심할 때 주로 심는다. 밭벼는 소출이 적지만 생명력이 강해 병에 강하고 거름도 덜 타 재배하기 쉬운 장점이 있다.

벼의 일생은 크게 몸체를 형성하는 영양생장 기간과 꽃을 피워 이삭을 맺고 열매를 맺는 생식생장 기간으로 나누는데, 올벼와 늦벼의 차이는 영양생장 기간에 있다(즉 생식생장 기간에는 차이가 없다). 그래서 올벼는 영양생장 기간이 짧고 늦벼는 길다. 영양생장 기간이 짧은 올벼는 서리가 늦게까지 내리거나 일교차가 큰 곳이 좋고, 늦벼는 남부지방처럼 기온이 비교적 따뜻한 지역이 좋다. 요즘엔 남부지방에서도 올벼를 심는 경우가 많은데, 이는 빨리 수확한 다음 다른 작물을 심어 논을 이모작(二毛作)으로 이용하기 위해서다. 이와 마찬가지로 늦벼는 6월에 수확하는 감자나 마늘, 양파 같은 작물의 다음 작물로 심는다. 늦벼는 늦게 심는다 해서 '마냥벼'라고도 하며, 하지(양력 6월 20일경) 때 심는다 해서 '하지벼'라고도 한다.

요즘엔 더 분화하여 전체 생장 기간에는 차이가 없지만 올벼처럼 일찍 심어서 영양생장 기간을 충분히 연장시켜 다수확을 목적으로 하는 조식(調植) 재배형의 중만생종이 있다. 또 파종은 적기에 했으나 천수답처럼 물을 적기에 댈 수 없는 지역에서 불가피하게 늦게 모내기해야 할 경우, 모의 노화 피해를 줄이기 위한 목적의 만식(晩植) 재배형이 있다.

지역적 분류로 나눌 때 우리나라와 일본에서 주로 재배하는 자포니카(japonica)형은 찰기가 많은 데 반해, 인도와 인도네시아, 베트남, 중국 남부지방에서 주로 재배하는 인디카(indica)형은 거의 찰기가 없어 우리 입맛에 잘 맞지 않는다. 인도네시아의 자바 섬에서 주로 재배하는 자바니카(javanica)형은 입으로 불면 날아갈 정도로 찰기가 없다. 그래서 손으로 밥을 집어먹는 인도 사람들은 찰기가 많은 자포니카형 쌀을 먹지 못한다. 지금은 기후가 갈수록 아열대화되어 가고, 다문화 인구가 늘어 감에 따라 인디카형 종자의 벼를 재배해도 기후변화에 대응하면서 수요가 있을 것으로 보인다.

아마 벼만큼 개별 품종이 다양한 작물도 드물 것이다. 1910년대 우리나라의 재래품종을 조사한 것에 따르면 그 수가 무려 1,451종이나 되었다고 한다. 이렇게 벼 종자가 많은 것은 벼만이 갖고 있는 자가수분에 의한 번식 방법 때문이다.

벼의 꽃 구조를 보면 수술이 암술을 감싸고 있는 데다 꽃도 오전에 두 시간 동안 딱 한 번 열리기 때문에 타가수분이 거의 불가능하여 자가수분으로만 번식하게 된다. 이를 자식성이라고 하는데, 이 때문에 잡종 번식이 잘 일어나지 않고 대부분 순종을 지켜 나간다. 이런 성질 때문에 벼는 인위적인 육종으로 종자 개발이 가능하고, 그렇게 만들어진 새로운 종자는 자식성에 따라 계속해서 자신의 순종을 이어갈 수 있는 것이다. 즉 인위적인 교배에 의해 벼의 종자를 다양하게 만들 수 있다는 뜻이 된다.

8. 벼의 일생

벼는 크게 영양생장기와 생식생장기라는 두 개의 과정을 거쳐 자신의 일생을 마감한다. 영양생장기는 벼의 몸체를 만드는 시기이고, 생식생장기는 2세를 위한 볍씨를 만드는 시기이다. 영양생장기는 육묘기와 분얼기로 나뉘고, 그 중간에 모내고 난 후의 활착기가 있다. 육묘기에는 씨앗의 영양분이 다 떨어지는 이유기가 있는데, 세 번째 잎이 다 만들어진 뒤 네 번째 잎이 만들어지는 시기(3.5엽)를 말한다. 관행농법에서는 아직 씨앗의 양분이 남아 있는 3.5엽 때를 모내기 적기로 하고 있으나 사실 이때는 뿌리의 활력이 약해서 모내기에 이르다. 또 모를 내면 몸살을 앓게 마련이어서 어린 모를 옮겨 심으면 벼의 활력이 약해질 수밖에 없다. 볍씨의 양분이 남아 있을 때 옮겨 심어야 잘 활착한다고 하지만, 실제로 활착하기 위한 관건은 뿌리의 활력에 있기 때문에, 볍씨에 양분이 있다 해도 아직 뿌리가 약해서 모를 내면 몸살을 더 앓게 된다. 그래서 적당한 모내기 시기는 분얼이 나오기 시작하는 5엽의 발생과 6엽이 나오기 시작한 큰 모, 즉 성묘를 옮겨 심는 게 좋다. 이때는 분얼과 함께 두 번째 관근이 나오고 세 번째 관근이 나오기 시작해서 모 뿌리의 활력이 왕성해지기 시작한다.

모가 논에 들어가 활착한 다음에는 분얼이 왕성하게 일어나는데, 유효분얼과 무효분얼로 나뉜다. 유효분얼은 이삭을 맺는 분얼을 말하고, 이삭을 맺지 못하는 분얼을 무효분얼이라 한다. 무효분얼은 곧 죽어버리기 때문에 최고분얼기를 지나면 곡선이 하강 국면으로 접어든다. 무효분얼이 일어나는 것은 늦게 만들어진 분얼이 시간적으로 이삭을 만들 수 있는 여유가 없어서 최고분얼기 이후 대부분 죽어버리기 때문이다.

영양생장기의 재배 목표는 왕성한 분얼에 있다. 모를 키우고 모내는 것도 이 분얼에 목표를 둔다. 즉 뿌리에 중점을 둔 육묘와 성묘를 적은 포기로 심어야 분얼을 왕성하게 일으킬 수 있다. 일반 농가에서는 아직 어린 모를 많은 포기로 모내는 경우가 보통인데, 원래 소출은 분얼한 가지에서 많이 열리기 때문에 이런 방법으로는 벼 이삭을 많이 맺게 할 수 없다. 또 많은 포기를 심다 보니 촘촘하게 심은 것과 다름없어 분얼도 약하고 벼도 건강하게 자라기 힘들다.

분얼을 왕성하게 하기 위한 핵심은 인산을 중심으로 한 시비와 심수 관리에 있다. 어떤 작물이든 마찬가지겠지만 벼 역시 뿌리를 강하게 키우는 것이 재배의 관건이다. 뿌리를 힘차게 키우는 데에는 질소 거름이 아니라 인산 거름이 필수다. 새 분얼이 만들어지기 전에는 항상 새 뿌리가 먼저 만들어지게 되어 있다.

최초의 분얼은 보통 다섯 번째 잎(5엽)이 만들어질 때 발생하지만 새로 만들어지는 뿌리(관근)는 4엽이 만들어질 때 나오기 시작한다. 따라서 새로 만들어지는 뿌리가 튼튼해야 분얼도 힘차게 나올 수 있다. 무효 분얼이 되는 것을 막기 위해 심수 관리가 필요하다. 심수 관리는 제초를 하기 위한 목적도 있지만 온도를 일정하게 유지함으로써 분얼을 촉진하는 목적도 있다.

생식생장기는 유수 분화기부터 성숙기까지의 기간을 말하는데, 출수기(이삭이 팼을 때)를 기점으로 앞에는 신장기, 뒤에는 결실기가 된다. 전기가 신장기인 것은 이때가 되면 이삭 줄기의 마디 사이가 급신장하기 때문이다. 그리고 이제 벼는 육체성장이 둔화되고, 이삭의 성장은 가속화되기 때문에 이때부터 잎이 만들어지는 기간은 두 배로 느려진다. 신장기에는 어린 이삭(유수)이 분화하면서 동시에 이삭의 줄기가 급신장하며, 후반부에는 꽃가루가 만들어지는 감수분열기(생식세포 분열기)를 맞이하고 이때부터 이삭이 패기 전까지를 수잉기라고 한다.

어린 이삭이 분화하여 1~15mm 정도 자라면 줄기 껍질을 벗겨서 육안 관찰이 가능하다. 이삭이 분화하기 시작하면 10일 동안에 벼알 수가 결정된다. 이삭거름은 바로 이때 주면 된다. 그리고 심수 관리를 했던 물을 빼주고 간단 관수로 들어간다. 그러나 벼알이 최대한 불어났다가 다시 줄어드는 현상이 일어나는데, 이를 이삭의 '퇴화현상'이라 하고 감수분열기에 가장 심하게 일어난다. 즉 꽃가루가 속에서 제대로 만들어지다가 이삭이 나오기 전에 퇴화하는 것이다.

활력 있는 꽃을 만들기 위해서는 꽃가루가 형성되는 감수분열기에 벼 체내에 전분이 충분히 축적되어 있어야 한다. 그러나 전분은 이삭거름을 준다고 해서 바로 만들어지는 것이 아니라 분얼이 왕성하게 일어나는 시기에 생겨난다. 미리미리 준비되어 있어야 감수분열 때 퇴화현상을 줄일 수 있다. 그렇지 않으면 쭉정이가 많이 생기게 된다.

결실기의 시작은 이삭이 팰 때부터다. 이삭이 패기 시작하는 때는 전날 밤중이나 이른 아침부터다. 이삭은 마지막 잎사귀에 둘러싸여 있고 그것을 벌리면서 나온다. 그리고 꽃은 이삭이 나올 때 동시에 열리거나 다음 날 열리는데, 열리는 시간은 오전에 2시간 정도뿐이다. 수술이 암술을 둘러싸고 있는 데다 개화 시간도 짧아 타가수분은 전혀 불가능하다. 이렇게 수분이 되면 4~5시간 내에 수정이 완료된다.

II. 벼농사의 실제

1. 종자로 쓸 볍씨 준비

종자로 쓸 볍씨는 다른 것들보다 벼 베기 약 10일 전쯤 미리 거둔다. 잘 익은 것을 빨리 베는데, 지경 밑의 1/3쯤이 아직 푸른 기를 머금고 있을 때, 겉으로 보기에 아직 베기에는 아깝다는 느낌이 들 때가 좋다. 벼를 벨 때는 반드시 낫으로 베야 한다. 콤바인 같은 기계로 강타하여 베면 볍씨에 충격을 주어 건강하게 자라길 기대하기 힘들다.

베고 나면 꼭 거꾸로 매달아 그늘에 말린다. 천천히 말려야 영양분이 상실되지 않고, 거꾸로 말려야 볏대에 남은 영양분이 볍씨에 모아진다. 잘 말랐으면 털어내야 하는데, 이 또한 기계 등으로 타격을 주지 않고 일일이 손으로 털어내는 게 좋다. 마찬가지로 볍씨에 충격을 가하지 않기 위해서다. 빗으로 털어도 되고, 바닥에 멍석 같은 것을 깔아 고무신으로 쓱쓱 문지르든가 발로 밟아서 털어도 된다.

2. 염수선

아무리 잘 익은 볍씨라 해서 다 종자로 쓸 수 있는 것은 아니다. 그중에서 더 튼튼하고 실한 놈을 골라 심어야 벼가 튼튼히 자라고 곡식을 제대로 맺는다.

볍씨 선별은 속이 꽉 차고 짱짱하여 밀도가 높은 놈을 골라야 하는데 제일 간편하고 좋은 방법이 소금물에 담그는 것이다. 지금은 대개 화학약품으로 소독한 볍씨를 농업기술센터에서 보급하고 있어 일일이 염수선으로 선별하는 농가는 드물다. 설사 그렇게 하더라도 제대로 하지 않는 게 보통이다.

염수선할 때는 소금물을 아주 진하게 만들어야 하는데, 달걀이 누워서 뜰 정도가 되어야 한다. 이렇게 진하게 해야 튼실한 볍씨를 제대로 선별할 수 있다. 달걀이 수평으로 뜨게 하려면 물 10l 에 소금은 4.8kg(소금 농도 14~17%) 정도가 좋다. 그런 다음에 볍씨로 쓸 종자를 소금물에 담그는데, 약 반 정도 가라앉는다. 가라앉은 것들은 깨끗한 물에 씻어 말린 뒤에 잘 보관해두면 된다.

3. 소독과 침종

소한과 대한이 있는 1월쯤에 볍씨를 찬물에 담근다. 그러면 볍씨가 튼튼해져 건강하게 자란다. 보통 섭씨 5도에서 10도 이하의 찬물에 20일 정도 담근다. 흐르는 물일수록 더 좋다. 물 온도가 낮을 때는 조금 오랫동안 담그고, 높을 때는 조금 짧게 담근다. 이때는 담가 놓고 돌아보지 않는 게 좋다. 괜히 걱정한다고 자꾸 뒤적거리면 오히려 나빠진다. 충분히 담가 놓아 찬 기운이 볍씨 모두에게 골고루 퍼지도록 해야 한다. 20여 일이 지나면 물에서 꺼내어 말려둔다.

4월이 되면 볍씨 소독을 해야 한다. 보통은 화학약품으로 소독한다. 하지만 화학약품이 살균은 될지 모르지만 볍씨에 좋지 않은 영향을 준다. 소독은 뜨거운 물로 하는 게 제일 좋은데, 온도와 시간을 정확히 지키는 것이 중요하다. 섭씨 60도 물에 7분간 담근다. 이렇게 하면 병균은 물론 벼 이삭선충까지 예방할 수 있다.

4. 싹틔우기

모든 씨가 그렇듯이 볍씨도 싹을 틔울 때는 적당한 수분과 온도가 필요하다. 볍씨는 특히 두터운 왕겨로 둘러싸여 있어 수분이 흡수되는 시간이 길고 그만큼 싹트는 시간도 길다. 직파가 아닌 모내기로 한다면 인위적으로 볍씨를 물에 담가 싹을 틔운다. 보통 섭씨 15도로 5~7일간 물에 담가 놓으면 싹이 튼다.

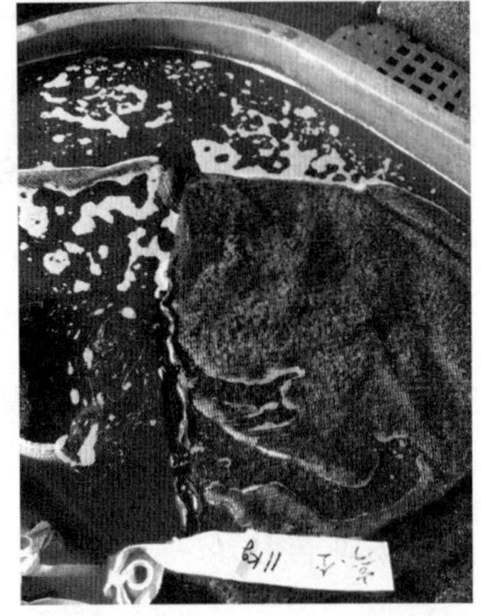

싹틔우기, 종자별로 시기에 맞춰 담근다.

물에 5~7일간 담글 때도 그냥 푹 담그지 말고 낮 12시간은 담갔다가 밤 12시간은 빼놓고 다시 담그는 과정을 매일 반복한다. 이는 볍씨에 적당히 산소를 공급했다 차단하기 위해서다. 산소가 너무 많이 공급되면 뿌리 발육이 잎사귀 발육보다 좋아져서 전체적인 생장에 좋지 않기 때문이다.

볍씨는 비중이 큰 것일수록 싹도 잘 틔우고 자람도 좋다. 진한 소금물에 담가 가라앉는 걸 모으면 비중이 큰 볍씨를 고를 수 있다(염수선). 모든 씨는 묵을수록 싹을 잘 못 틔우는데, 볍씨도 마찬가지다. 냉동실에 넣어두면 볍씨를 오래 보관할 수 있다.

싹을 틔울 때는 현미식초 50배액과 백초액(채소효소) 200배액으로 희석한 물에 볍씨를 담근다. 낮 12시간은 담그고 밤 12시간은 물에서 빼놓는다. 계속 물에 담가 놓지 않는 이유는 밤에는 볍씨에 산소를 공급해 주어 뿌리를 잘 자라게 하기 위해서다. 또한 물에 담가서 싹이 너무

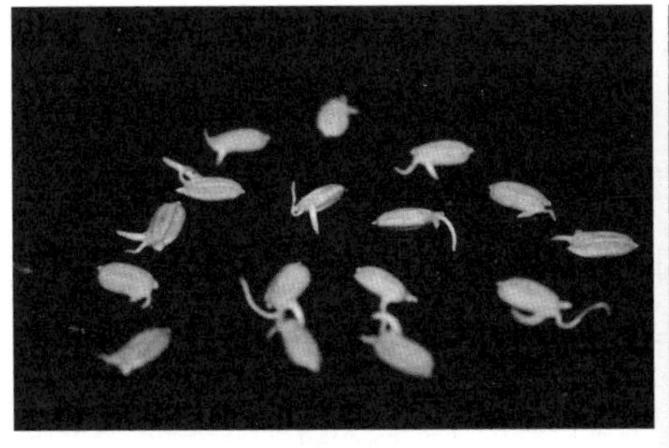

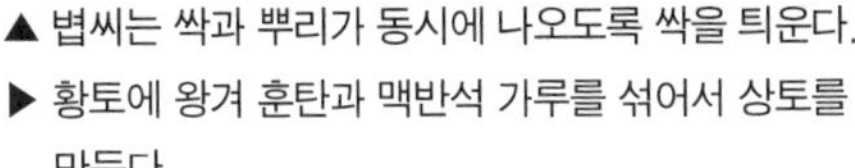

▲ 볍씨는 싹과 뿌리가 동시에 나오도록 싹을 틔운다.
▶ 황토에 왕겨 훈탄과 맥반석 가루를 섞어서 상토를
　만든다.

자라는 것을 막아 준다. 싹이 너무 잘 자라면 웃자라서 벼가 약해진다.

　물에 담갔다 뺏다 하기를 볍씨의 촉이 볼록 튀어나올 때까지 반복한다. 보통 5~7일까지 하면 된다. 날이 추울 때는 싹과 뿌리가 나올 때까지 한다. 현미식초는 볍씨의 내병성을 강하게 해주는 역할을 하고, 백초액은 볍씨에 영양공급을 해준다. 현미식초 대신에 목초액을 써도 좋다. 비둘기 가슴처럼 촉이 트면 17~18도 정도의 물에 담가 식힌다. 바로 파종을 하지 않아도 2~3일까지 아무런 지장이 없다. 그늘에다 펴서 얇은 비닐로 덮어두면 3~5일쯤도 괜찮다.

5. 상토 만들기

황토를 잘 쳐서 1톤가량을 준비하고 맥반석 200kg, 왕겨 훈탄 100~150kg을 섞어서 상토로 쓰면 모가 건강하고 곰팡이병이 없다. 지금은 황토 대신 유기농 상토에 왕겨 훈탄과 맥반석 가루를 섞어 사용한다.

6. 파종

씨앗을 넣는 날은 음력으로 초하루부터 보름 전 사이가 좋다. 사람도 음력으로 보름 전에 태어난 사람이 적극적이고 외향적인 것과 같은 이치다. 일진에 고초일은 피하는 게 좋다. 파종할 때는 항상 좋은 열매를 맺도록 기도하는 마음으로 한다. 되도록 외출을 피하고 편안한 마음을 갖는다. 초상집을 다녀온 다음엔 파종하지 않는다. 슬픈 마음이 볍씨에 좋게 작용할 리가 없다.

산소가 없어도 싹은 잘 트지만 뿌리는 거의 자라나지 못하고 잎사귀만 틔운다. 적당한 산소가 공급되어야 뿌리의 발생과 성장이 원활하므로 너무 깊게 심지 않아야 한다. 흙은 볍씨의 두 배 정도로 덮으면 된다. 깊게 덮으면 뿌리의 발육도 나쁠 뿐 아니라 중배축근을 발생시키고 초엽은 웃자라게 되어 모가 건강하게 자라지 못한다.

파종의 원칙은 되도록 성글게 심는 것이다. 그래서 우리원에서는 포트 모판*에 파종을 한다. 모판이 1판이면 8평을 심는다. 논 1평에 모는 45주를 심고 모 포기 수는 1~3개 정도 심는다. 이때 중요한 것은 일정하게 골고루 씨앗을 뿌리는 일이다. 그렇게 하면 모가 일정한 간격으로 자라 기계로 이앙할 때 잘 심어지고 뜬 모가 생기지 않고 나중에 소출도 많다. 고르게 뿌리는 파종기가 있지만 일본에서 개발된 것이라 구멍이 우리 볍씨 크기에 잘 맞지 않아 속도가 매우 느린 게 단점이다.

밀식하지 않고 넓게 심어서 분얼을 많이 할 수 있는 조건을 만들어

---

* 포트 모판의 경우 들이 넓은 평야지대에서는 이앙기로 모를 내지만 중산간지대의 넓지 않은 논에서는 손으로 던지는 투묘로 심는다(편집자 주).

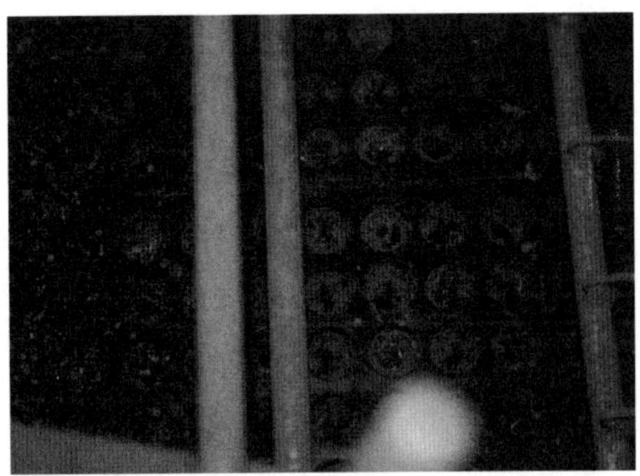

적미 볍씨가 모판에 1~3개씩 들어가 있다.

주고 갈대처럼 건강하고 강하게 키우는 것이 우리원 농법이다. 드물게 파종하는 것은 성묘를 키우기 위해서인데, 잎이 5~6매 달리도록 45일까지 키워서 심는다. 이렇게 크게 키워 심으면 물을 깊이 5cm 이상 담을 수 있어 물만으로도 초기 풀을 쉽게 잡을 수 있다. 또한 크게 키운 모는 한 주당 두세 포기만 심어도 분얼이 좋아 나중에는 포기 수와 소출이 더 많다. 원래 분얼한 줄기에서 열매가 더 많이 열린다.

보통 농가에선 25~35일까지 세 잎을 키워 주당 열 포기 넘게 심는데, 이렇게 하면 물을 깊게 담지 못해 풀을 제압하기 힘들고 분얼수가 적어 결국 소출이 줄게 된다. 모내기 기간이 길어지면 빨리 이앙한 것과 늦게 이앙한 것이 생육 상태에서 차이가 생기므로 이를 감안하여 늦게 이앙할 것은 파종할 때 조금 더 성글게 심는다. 모내기 기간이 대략 열흘이 걸리게 되면 처음 것과 나중 것이 꽤 차이가 난다. 이런 상황을 고려하지 않고 파종을 똑같이 하면 나중 것이 많이 자라 서로 얽혀 웃자란 모가 생기게 된다.

못자리 만든 후의 모습

7. 못자리 만들기

모판은 종자별로 따로 준비한다(흑미, 적미, 녹미, 찰벼, 메벼 등). 논에 모판을 깔고 모를 키우기 위해서 경계 둑을 만들고 로타리한 후 써레질하고 곱게 고른다. 모판 길이로 두 판 정도 깔 만한 면적으로 두둑을 만든다. 고랑을 내면서 흙을 둑으로 올려 깔고 물 댈 준비를 하면서 둑은 곱게 골라 모판이 뜨지 않게 밀어 준다.

모판 둑에 한랭사를 깔고 그 위에 조금씩 싹이 올라온 모판을 줄 맞추어 깔아 준다. 위에 부직포를 덮고 가장자리를 흙으로 잘 고정해서 마르지 않게 한다.

처음엔 모판이 수분이 있는 상태이기에 이틀 후에 물을 대고, 3시간쯤 부직포 위까지 물이 잠기게 했다가 다시 물을 빼주고를 반복한다. 고랑에는 물이 남아 있게 한다. 2~3일에 한 번씩 물관리를 하여 모가 15~20일쯤 클 때까지 반복해 주고, 모가 어느 정도 크고 냉해를 입지 않을 정도가 되면 부직포를 걷어 준다. 부직포를 걷고 나면 모판 위에

물이 고이게 유지한다. 20일쯤에 영양제 겸 효소재를 모판 위에 뿌려
준다.

8. 모의 자람과 생김새

모의 싹이 트기 시작하면 초엽이 먼저 나오고 다음으로 종자근이 나오
는데 종자근은 더욱 빨리 자란다. 그리고 1엽이 나오기 시작하는데, 1
엽이 다 자라기 전에 2엽이 나온 다음 3엽이 2엽의 잎집 바로 위에 생긴
다. 3엽부터는 잎몸이 잎집보다 길게 자란다. 잎몸이 잎집보다 작으면
웃자란 것이다.

이때 모 상태에서 중요하게 관리할 사항은 부직포를 벗겨내는 시점
이다. 보통은 2엽이 나오고 3엽이 반쯤 나왔을 때 벗기는데 추운 지방이
나 추운 해에는 3엽이 완전히 나왔을 때 벗겨도 된다. 부직포 벗기는 시
점이 늦으면 3엽이 웃자라게 되고 이후의 이유기를 제대로 넘길 수 없
어 모가 약해지는 원인이 된다. 부직포를 벗기는 시점은 아주 짧으므로
이 시기를 놓치지 않도록 주의해야 한다.

3엽 이후 4엽이 나올 때쯤부터 모는 이유기에 들어간다. 말하자면 씨
젖의 양분이 다 떨어지는 것이다. 이제 모는 스스로 힘으로 자라야 한다.
사실 2엽부터 모가 스스로 광합성을 하는 엽록소를 갖고 있다. 3.5엽부
터는 잎과 뿌리의 기능이 활발해져 자립 능력이 커지고, 씨젖의 양분이
거의 다 떨어진다.

관행농업의 문제는 이때를 모내기 적기로 잡는 데 있다. 아직 씨젖의
양분이 약간 남아 있을 때 옮겨 심어야 모가 활착을 잘 하고 몸살이 적다
는 이유 때문이다. 일리 없는 말은 아니나 아직 어린 묘를 논에다 옮겨

심으려니 많은 포기를 심게 된다. 보통 10~15개를 한 주로 심는데, 이렇게 되면 분얼률이 적어진다. 분얼을 다 하면 20개가 넘는데 이미 많은 포기를 심으니 분얼이 잘 일어나지 않는 것이다.

문제는 벼 이삭이 분얼한 포기에서 많이 열린다는 사실이다. 또 이유기 때 저온이 되면 뿌리가 직근(直根)을 많이 내리게 되는데, 직근은 영양 흡수력이 떨어져 벼가 자라는 데 힘을 얻지 못한다. 벼는 흡수력이 좋은 천근을 잘 발달시켜야 힘 있게 큰다. 아직 못자리에서 따뜻하게 더 자라야 할 모를 강제로 논에다 옮겨 심으니 저온 상태로 들어가게 된다. 또 논에 물 공급이 쉽지 않아 온도 관리도 어렵고, 뿌리에 산소를 공급하기도 어려워서 뿌리 발육도 좋지 않다. 이유기 관리도 잘 해주어야 벼를 건강하게 키울 수 있다는 사실을 이해하고 있어야 한다.

모 뿌리의 경우 초엽에 이어 종자근이 나오는데 1, 2엽이 자랄 때 초엽 마디에서 관근이 나오기 시작한다. 관근은 말 그대로 관처럼 빙 둘러 나온다 해서 붙여진 이름이다. 그리고 4엽이 나올 때 1엽의 마디에서 뿌리가 나온다. 3엽에서 4엽까지의 5~7일 동안이 이유기에 해당하고 이 시기에 뿌리의 소질이 결정된다. 이때 결정된 뿌리의 소질이 벼의 평생을 좌우하기 때문에 이유기가 중요한 것이다.

4엽부터는 모가 스스로 자랄 수 있는 능력을 조금씩 갖춰 간다. 다음 5엽부터는 최초의 분얼이 나오기 시작한다는 점이 중요하다. 최초 분얼은 관근의 발생처럼 3매 아래의 잎사귀 마디에서 나오는데 5엽이므로 2엽의 마디에서 분얼이 나온다.

9. 본답 준비

본답 준비는 모내기하기 전에 하는 것이 아니고 가을 추수 이후 곧바로 해야 한다. 추수 후 곧바로 로터리를 쳐서 아직 녹색기가 남아 있는 볏짚을 갈아 넣는다. 이 볏짚에는 영양분이 남아 있어 누렇게 마르기 전에 흙에 갈아 넣어 녹비로 활용하는 것이다. 특히 벼가 많이 흡수하는 규산질 비료를 4~5년 주기로 논에 넣어 주어야 하는데, 이를 논에다 되돌려 주니 이 문제 또한 절로 해결되는 셈이다.

대부분의 농가에선 볏짚을 그대로 논에 버려둔 채 깔아 놓는다. 다음 해 봄이 되면 거름으로 사용할 겸 병충해 예방을 위해 볏짚을 태워버리지만 화재 위험도 있을뿐더러 논에서 살고 있는 거미 등 익충들을 죽이는 역효과도 있다. 몇 줌도 되지 않는 재는 거름으로도 별 효과가 없다. 그리고 해충들은 논둑에 많이 살고, 막상 논에는 익충들이 많이 살고 있어 병충해 예방 효과도 별로다.

예전에는 축산 사료 등 볏짚 재활용 용도가 많았지만 최근에는 볏짚의 용도가 떨어져 매년 논에서 남아도는 볏짚 처리가 또 다른 골칫거리가 되고 있는데, 이를 거름으로 재활용한다면 이런 고민은 많이 덜 수 있다.

가장 중요한 것은 수확한 후 바로 녹색기가 살아 있을 때 갈아엎고 물을 대주는 것이다. 콤바인으로 수확할 때 볏짚을 3등분으로 썰면서 수확하면 로터리 칠 때 잘 갈아진다. 그리고 적당량의 물로 적셔 주면 최상의 분해 조건이 되는데, 유기농으로 논이 살아 있으면 더더욱 발효 걱정은 없다.

본답에서 벼를 재배 관리하는 데 핵심은 처음엔 보잘것없이 키웠다

겨울철 담수

가 서서히 생장시켜 튼실하게 키워 가는 것이다. 보통 농가에선 처음부터 무성하게 키워서 질소질 비료를 듬뿍 주어 계속 무성하게 키우곤 하는데, 이는 잘못된 재배법이다. 그러다 보니 벼가 웃자라 도복(쓰러짐)도 심하고 질소질 비료로 무조건 키우기만 하니 병충해도 많고, 또 질소 비료에 의존하여 계속 분얼한 것은 활력이 없어 이삭이 달리지 않는 헛가지 분얼(무효분얼)을 하게 된다.

벼농사의 반은 모 키우기에 있다고 해도 과언이 아닐 정도로 모 단계에서 제대로 된 모를 기르는 일이 관건이다. 지금까지 이야기한 대로 모를 키우면 일반적인 모보다 더 건강하고 힘 있는 모가 되지만, 관행논에 비해 아주 적은 거름을 넣은 논에다 두세 개 적은 수로 모를 심으니 겉에서 보기엔 아주 보잘것없다. 관행논에선 한 포기에 15개 이상을 심어 아주 무성하여 좋아 보이기는 한다. 거기에다 처음부터 질소질 비료를 듬뿍 주다 보니 벼는 계속 무성하게 큰다.

그러나 초기 벼의 생장은 질소질 비료에 의존하기보다 인산비료 중심으로 키워야 한다. 논 만들기에서 초기에 넣어 준 질소비료와 모 단계에서 45일이나 키운 성묘이기 때문에 그 힘으로 벼의 줄기나 잎사귀는 서서히 키워 가고 인산비료를 중심으로 하여 분얼과 뿌리 발육에 초점을 둔다.

10. 왕겨 훈탄

왕겨 훈탄 하는 모습

제초제나 화학비료로 오염된 땅을 살려내는 방법은 왕겨 훈탄 만한 것이 없다. 하우스나 밭이나 논에 2~3년에 한 번씩 초벌 로타리 하고서 위에 왕겨 훈탄을 뿌리고 다시 로타리 해주면 연작피해를 없애 주고 작물에 곰팡이병도 없다.

왕겨를 태우기 위해서 먼저 준비할 것은 왕겨를 쌓아서 불을 붙이기 전에 안에 산소가 통할 수 있게 하기 위해서 스테인리스로 연통을 연결할 수 있도록 장치를 만든다. 그래야 왕겨가 안에서부터 탈 수 있다. 연통을 통해서 목초액처럼 왕초액을 받을 수 있다. 연통 끝에 통을 받혀두면 된다. 왕초액은 목초액보다 8배 이상 더 효과가 좋다.

왕겨는 먼저 한 자루에 쏘시개 불을 붙여서 점점 왕겨에 붙어 반 자루 정도가 타기 시작하면 위에 10자루, 20자루 쌓아서 태울 수 있다. 왕겨는 안에서 불을 붙여서 타기 시작하고 맨 아래부터 까맣게 타면 까맣게 탄 왕겨 위로 타지 않은 왕겨를 끌어내려 덮어 주기를 왕겨가 다 탈 때까지 해준다. 타 타고 나면 물로 불을 잘 꺼주고 한곳에 쌓아 주면 왕겨 모양 그대로 숯이 된다.

11. 모내기

마지막 6엽기까지 지나면 모는 다 키운 셈이 된다. 모내기 때가 된 것이다. 마찬가지로 6엽기 때 3엽에서 2호 분얼이 올라온다. 이 정도 되면 뿌리의 활력도 좋아져서 활착하기에 알맞고, 모 잎사귀도 어느 정도 형성되어 스스로 광합성을 하여 영양분을 만들 능력을 제대로 갖추게 된다. 이상적인 모는 웃자라지 않아 가지 줄기가 어미 줄기보다 길지 않고, 옆에서 볼 때 쫙 펴진 부채꼴 모양을 하고 있다. 뿌리도 잔뿌리가 많다.

12. 분얼(分蘗)과 벼의 생장

벼 일생의 반이 모 키우기에 달려 있다고 한다면 그다음으로 중요한 것은 모내기 후 분얼기에 달려 있다. 벼 이삭은 분얼한 가지에서 더 많이 열린다. 모내기할 때도 적게 심는 것은 그만큼 많이 분얼하게 하여 소출을 더 올리고자 하는 것이다. 말하자면 키를 키우거나 무조건 무성하게 키우는 것과는 거리가 있다.

분얼이란 일종의 가지치기다. 벼는 생장점이 줄기 꼭짓점에 있는 쌍떡잎식물과 달리 줄기 맨 아래의 마디 사이에 있고, 일종의 자기복제처럼 어미 줄기(주간)와 똑같이 생긴 줄기가 나와서 포기치기, 또는 새끼치기라고도 한다. 쌍떡잎식물은 가지가 넓게 퍼져 나가는 모습인 반면, 벼와 같은 외떡잎식물은 생장점이 땅속에 있으면서 어미 줄기와 똑같

▲ 모내기 일주일 후에 우렁이를 넣어 주면 제초 효과가 크다.
◀ 모내기 하는 모습

은 놈이 나오므로 포기가 점점 불어나는 모습이다.

분얼은 줄기의 불신장절에서 발생하는데 그래서 불신장 마디를 분얼마디라고도 한다. 분얼은 보통 3차까지 진행되는데, 어미 줄기(주간)에서 1차 분얼을 하고 1차에서 2차 분얼, 2차에서 3차 분얼을 한다. 대개 3차 분얼은 무효분얼이 많다. 무효분얼이란 벼 이삭이 나오지 않거나 나와도 불임이어서 쭉정이가 되는 헛가지를 말한다.

모내기를 한 후 활착이 잘 안 되어 몸살이 심하면 분얼눈이 휴면해버리거나 못자리에서 분얼한 것마저 약해지는 경우가 많다. 모를 5.5~6

엽 때 모내기를 하면 이미 2호 분얼이 나와 있는 상태다. 이 분얼이 본답에 가서 제대로 활착하게 되면 분얼은 거의 휴면이 없다.

분얼의 휴면을 예방하는 방법은 모의 체력에 달려 있다. 특히 생장점에 인산이 많아야 분얼이 활발해진다. 생장점에서 새 가지가 나오고 새 뿌리도 나오므로 분얼에도 좋고 활착에도 좋다. 힘이 좋은 모는 3일이면 활착하는데 이때부터는 모가 스스로 흙의 양분과 광합성 작용을 통해 자립해 간다. 어쨌든 모내기를 한 뒤에 10일이나 걸려서 활착하게 되면 분얼의 휴면이 많아지고 필요한 잎사귀를 확보하지 못하게 되는데 이를 질소질 비료로 해결하면 활력이 없는 분얼이 되어 무효분얼이 더 늘어난다.

요즘 관행농에서 분얼의 휴면이 많은 것은 못자리 단계부터 문제가 있기 때문이다. 볍씨를 흙이 보이지 않도록 밀식하여 기르다 보니 하위절의 분얼눈이 휴면을 한다. 게다가 3~4엽에서 모를 내기 때문에 분얼하지도 않은 모, 즉 이유기를 채 벗어나기도 전에 활력이 매우 떨어져 있는 모를 이앙하니 더욱 휴면 분얼이 많고, 이앙할 때에도 단위 면적당 십여 개나 넘게 밀식 이앙을 하여 또 휴면이 많아진다.

모는 5.5~6엽까지 길러 2호 분얼이 나온 것을 심어야 한다. 1호 분얼은 5엽이 나올 때 2엽 마디에서 나오고 2호 분얼은 3엽 마디에서 나온다. 이것을 모내기해 본답에서 활착을 제대로 하면 휴면 분얼이 거의 발생하지 않는다. 그리고 모종 때와 모내기 후 활착 때 발생한 생육 초기 분얼은 유효분얼이라 해서 이삭이 제대로 많이 달리고, 나중에 나온 분얼, 곧 3차 분얼은 대부분 이삭이 달리지 않는 무효분얼을 한다. 최고 분얼기 때의 분얼수에 대한 유효분얼 수를 유효경비율이라고 한다.

분얼의 특징 중 하나는 가지와 뿌리가 동시에 나온다는 것이다. 6엽

때 3엽 아래에서 분얼이 나오면서 뿌리도 함께 나온다. 유효분얼은 줄기 중 낮은 곳의 마디에서 많이 발생하고, 높은 곳의 마디에서 나오는 것은 무효분얼이 많은데, 높은 마디에서 나온 뿌리일수록 약할 수밖에 없다. 그래서 초기에 나온 분얼을 최대화하는 것이 중요하므로 건강한 모 키우기와 모낸 후 활착이 매우 중요하다.

앞의 내용을 충분히 알고 있으면 유효분얼과 무효분얼을 구분하는 방법도 간단해진다. 즉 생육 초기에 나오는 분얼은 대부분 유효분얼이 되고, 나중에 나온 것은 무효분얼이 되므로 최고분얼기 보름 전에 나온 것은 유효분얼이고, 그 후에 나온 것은 무효분얼이다. 나중에 나온 것은 높은 마디에서 나온 것이라 뿌리가 부실하고 잎사귀도 튼실하지 않아 무효분얼이 되기 쉽다.

13. 잎의 형태와 역할

벼의 잎은 잎집(엽초)과 잎몸(엽신)으로 되어 있고 그 사이에 잎혀(엽설)와 잎귀(엽이)가 있다. 잎집은 줄기를 감싸고 있어 보호하는 역할을 하며 표피는 관다발 모양이다. 잎집은 벼 포기 전체를 지탱해 주는 중요한 역할을 하고, 그래서 잎집의 체력이 벼 도복(쓰러짐) 방지에서 가장 관건이다. 또 잎집은 이삭이 패기 전에 일시적으로 탄수화물을 보관하는 역할을 하며, 이삭이 팬 후에는 열매로 영양분을 이전시킨다.

잎몸은 보통의 잎사귀처럼 광합성과 탄소동화작용을 하는 생산의 주체다. 잎은 평행맥을 하고 있다. 잎귀는 잎몸에서 갈라져 나온 것으로 양쪽에서 쌍을 지어 잎집과 분리되지 않도록 줄기를 싸고 있다. 잎혀는 잎으로 되어 있으며, 줄기와 잎집 사이에서 물이 내부로 스며들어 가는 것을 막고 잎집 내부가 마르는 것도 방지하는 역할을 한다.

벼와 항상 같이 붙어 자라며, 벼와 아주 비슷해 구별하기 힘든 피에는 잎혀와 잎귀가 없어서 초기에는 그것으로 식별할 수 있다. 싹이 틀 때 제일 먼저 나오는 잎을 초엽 또는 전엽이라고 부르는데, 잎집과 잎몸의 구분이 없이 잎집만 있고 줄기를 둘러싼 관상 모양을 하고 있다. 일종의 떡잎인 셈이다. 이 초엽 끝부분의 갈라진 틈으로 본잎이 나오는데, 1엽부터는 잎몸과 잎집의 구분이 있다. 그렇지만 잎몸이 매우 작고 잘 형성되지 않아 '불완전 잎'이라 하고, 그다음 2엽도 본격적인 잎사귀 모양을 형성하지 못하고 갸름한 숟가락 모양을 하고 있다. 정상적인 잎사귀 모양은 3엽부터 갖춰지며, 잎몸이 제대로 자라 잎집보다 길게 된다.

잎사귀 가운데 맨 끝의 상위엽, 즉 끝잎(지엽)은 동화산물을 이삭으로 이전시키는데, 하위의 8엽은 동화산물을 뿌리로 이전시킨다. 그래서 볍씨의 생장은 상위엽에, 뿌리의 활력은 하위엽에 의존한다.

벼의 잎사귀 수는 벼의 나이와 같다. 벼 포기 잎사귀의 전체 수가 아니라 어미 줄기(주간) 잎의 수를 말한다. 벼 주간의 잎 수를 조사하는 것이 벼의 생육단계를 파악하는 데 가장 분명한 방법이다. 곧 벼 주간에서 나온 잎의 수를 보고 벼 체내에서 무엇이 분화하고 있는가를 밝힐 수 있는 것이다.

벼의 나이를 파악하는 가장 큰 목적은 이삭이 패기 며칠 전인지 아는 데 있다. 미래의 일을 미리 파악해야 하므로 어려운 일이다. 이삭 패는 일은 벼의 일생에 제일 중요한 전환점이 된다. 또한 이삭을 어떻게, 얼마나 건강하게 패는가가 벼알의 수확량과 맛의 질을 결정한다.

이삭 패기 며칠 전인지를 파악하는 가장 손쉬운 방법은 바로 주간의 잎 수를 조사하는 일이다. 동일 품종을 매년 비슷한 경종 환경에서 재배하면 정상적인 해에는 주간 잎 수가 같기 때문에, 그걸 파악해두면 자연히 벼의 생육단계를 알 수 있다.

조사하는 방법은 우선 대상 벼를 논 한쪽에다 한 주에 한 포기씩 10포기쯤 심어두고, 5엽부터 3~4회 매직펜으로 표시한다. 매직펜으로 날짜마다 출현한 잎사귀에 표시해 나가면 나중에 이삭이 팼을 때 그날을 기준으로 역산을 해서 이삭 패기 며칠 전에 몇 번째 잎이 폈는지 알 수 있게 된다.

16매짜리 벼의 경우, 위에서 3매 그러니까 아래에서는 14매가 제일 길면 제대로 건강하게 자란 벼다. 지엽, 곧 끝잎은 훨씬 작아도 상관은 없고, 위에서 2매와 4매는 같은 정도의 크기다. 5매부터는 아래로 내려갈수록 작아지는 게 정상인데, 3매가 제일 크고 지엽과 2매가 작다는 것은 이삭이 잘 자라고 있다는 증거다. 이삭이 팰 때 위에서 5매의 잎은 아직 파릇하게 살아 있다. 수확 직전에도 위에서 3매는 생생하게 살아 있어야 한다. 그것은 뿌리가 아직 왕성하여 벼에 활력이 있다는 증거가 된다.

14. 영양제 뿌리기

재료는 백초액, 현미식초, 왕초액, 콩물발효액, 마늘발효액을 500배로 희석하여 수북하게 뿌려 준다. 모내기 전까지 못자리에도 3번 정도 뿌려 주면 모가 건강하게 본답에 나갈 준비가 된다.

① 모내기하고 20일쯤 뒤에 300~400배액으로 엽면 살포해 준다.
② 출수 후에 200배액으로 엽면 살포해 준다

▲ 효소, 목초액, 백반석 가루를 희석해서 방제
를 위해 뿌려 준다.

▶ 사람도 살리고 작물도 살리는 영양제

③ 벼가 익어 가고 있을 때 150배액으로 다시 한번 엽면 살포해 준다.

현재는 영양제 엽면시비를 드론으로 하고 있다. 일반 노즐 분사가 아
닌 원심 노즐을 사용하여, 입자가 미세하게 살포된다. 농도는 100배액
으로 진하게 조절하여 1000평당 60ℓ 정도 사용하여 전체 살포량이 1/5
로 줄어들고, 시간도 1/5로 줄어들었다.

모내기 하고 나면 더 이상 웃거름을 주지 않는다. 또한 병충해가 와
도 다른 약을 쓰지 않는다. 효소제만 엽면 살포해 주면 벼가 스스로 튼

튼하게 버티고 열매를 맺어 농사가 잘된다. 맥반석, 왕초액을 섞은 효소제는 벼농사뿐만 아니라 밭농사 과수, 하우스 농사에도 같이 쓰는데 병 없이 건강하게 자라고 농산물이 당도도 좋고 단단하며 수확 후 빨리 무르지 않는 효과가 있다.

15. 심수(深水) 관리

분얼기의 재배 핵심은 심수 관리에 있다. 심수 관리는 제초를 위한 작업이다. 물은 산소를 차단하고 햇빛 투과를 억제하여 풀의 발아와 생장을 막아 주는 효과가 있다. 그러나 물을 얕게 대서는 그 효과를 크게 기대할 수 없다.

벼농사에서 제일 골칫거리인 풀은 뭐니 뭐니 해도 역시 피다. 논에 물을 대면 피는 대략 일주일이면 싹이 튼다. 그래서 써레질 후 모내기가 일주일이 넘으면 이미 모를 낸 때 피가 발아하기 때문에 그 기간이 짧아야 한다. 보통식으로 2~3cm 정도 물을 담그게 되면 피는 모 낸 후 4~5일이 지나자마자 수면 위로 고개를 내민다. 이를 막기 위해 물을 최소한 5~8cm 이상 담가야 한다. 피가 발아하여 제1엽을 수면 위로 내밀며 잎의 기공에서 산소를 끌어들여 뿌리로 보내는 통기조직이 발달하기 때문에 완전히 물에 가둬 놔야 제초를 기대할 수 있다.

그러나 물달개비같이 아주 적은 산소만으로도 발아할 수 있는 풀을 잡으려면 심수 관리만 갖고는 힘들다. 그런 풀은 유기질 재료가 발효될 때 발생하는 유기산으로 잡을 수가 있는데, 쌀겨를 뿌리면 효과를 얻을 수가 있다. 쌀겨를 물 위에 뿌려 주면 햇빛을 차단하는 물리적 효과도 있지만 물을 만나 발효되어 유기산을 발생시켜 풀의 발아를 억제한다.

그래서 심수 관리는 반드시 쌀겨 뿌리기와 함께해야 한다.

이런 심수 관리를 위해 육묘 단계에서 성묘(5엽에서 6엽까지, 약 15cm)로 크게 키워야 하는데, 또한 드물게 심기 때문에 잘못하면 그 빈 곳을 풀에게 빼앗길 수가 있다. 그 공간은 앞으로 벼가 힘차게 분얼하여 채워야 할 자리이기에 초기에 풀을 잡는 것은 한 해 농사의 최대 관건이라 할 만하다.

더불어 심수 관리를 하면 두터운 물층이 뛰어난 보온 역할을 하여 기온 변화에 크게 영향받지 않아 생육 리듬이 안정된다. 그리고 심수로 분얼 가지의 아랫잎 위치가 주간(어미 줄기)의 잎몸과 같아진다. 그러면 분얼 가지의 햇빛 흡수량이 주간과 같기 때문에 포기 전체가 굵고 튼튼하며 이삭도 잘 맺힌다.

16. 모낸 후 40일 이후의 재배

모낸 후 40일이면 대략 이삭 패기 30일 전쯤이 된다. 이때가 되면 벼는 영양생장에서 생식생장으로 넘어가게 되고 그 넘어가는 중간에 잠깐 교대기가 며칠 자리하고 있다. 대략 이삭이 패기 40일에서 30일쯤 전이라고 생각하면 된다.

이 시기는 벼 일생에서 매우 중요한 전환점으로 영양생장을 멈추고 열매를 맺는 생식생장으로 넘어가는 시기이므로 벼는 이때 최대의 체력을 갖추게 된다. 사람으로 치자면 사춘기를 끝내고 성인기로 접어들어 2세를 준비하는 시기라고 생각하면 된다.

이 시기 재배의 최대 과제는 튼튼한 뿌리 발육에 있다. 즉 기존까지는 분얼을 목적으로 했다면 이제는 뿌리 발육을 목적으로 하여, 강한 뿌리로 영양분을 최대한 흡수하여 포기 전체에 영양이 골고루 미치게 하면서 좋은 이삭을 맺도록 해야 한다.

분얼기에는 심수 관리가 핵심이었다면 이때는 물을 빼서 흙 속에 산소 공급을 원활하게 하여 뿌리를 키우는 데 핵심을 둔다. 이쯤 되면 날씨는 냉해 염려가 없는 한여름이어서 보온 역할을 해준 물이 더 이상 필요 없게 된다.

이 시기의 특징을 간단히 열거하자면, 분얼은 끝나고 어린 이삭이 형성되며 뿌리는 밑으로 뻗기 시작한다. 한마디로 강한 뿌리로 최대의 체력을 갖춰 튼튼한 이삭을 맺을 준비를 하는 것인데, 그것은 얼마만큼 뿌리에 전분을 축적하느냐에 달려 있다. 모든 식물은 광합성을 통해 햇빛을 흡수하여 영양분을 뿌리에 축적하는데, 그것이 전분이다. 전분은 열매줄기와 지경(땅속줄기)을 튼튼하게 해주는 역할을 하는 아주 중요한 양분이다.

17. 물빼기

뿌리를 발육시키는 데에는 산소가 필수다. 이를 위해 분얼이 끝날 즈음인 이앙 후 40일쯤에 물을 뺀다. 그런데 땅에 금이 갈 정도로 물을 완전히 빼는 것은 금물이다. 바닥이 완전히 말라 수분이 부족하여 다시 물을 담아 주면 오히려 뿌리가 썩는 문제가 발생한다. 수확 전 물을 완전히 빼기 전까지는 흙이 물에 약간 젖어 있을 정도로 물을 계속 담아두어야 한다.

보통 뿌리를 발육시키기 위하여 7~10일 정도 바닥에 금이 갈 정도로 물을 말리는데, 이는 산소를 공급하는 데에는 좋지만 다시 물을 담으면 산소를 좋아하는 미생물이 없어져 뿌리가 썩거나 망가진다. 그렇게 되면 뿌리뿐만 아니라 아랫잎이 한 장씩 말라 죽는 현상이 일어난다. 잘못하여 물을 완전히 말렸더라도 물을 다시 댈 때는 서서히 5~7일에 걸쳐 작업하는 게 좋다.

물을 약하게 담아두면 뿌리는 산소를 공급받아 밑으로 뻗는다. 이때 고랑 사이에 손을 넣어 보면 뿌리를 느낄 수가 없다. 그러나 물을 계속 담아두거나 관리가 잘 안 되면 뿌리가 위로 퍼져 천근층이 생긴다. 이렇게 지표면에 뿌리가 발달하면 지표의 기운을 흡수하여 처음엔 과잉 흡수가 되었다가 나중엔 뿌리끼리 경쟁하여 기형 현상이 일어나고, 그리하여 포기의 키는 자라지 않고 잎 수만 늘어난다.

18. 벼 수확

수확 적기는 보통 이삭이 팬 후 45일 정도로 보면 된다. 조생종은 35~40일, 중생종은 45~50일, 만생종은 55~60일 정도가 적당하다. 겉으로 색깔을 보고 판단할 때는 이삭의 지경이 90% 이상 노란색으로 변했을 때로 보면 된다. 잎사귀가 아직 녹색을 띠고 있더라도 이삭이 노랗게 익으면 거두어야 한다.

수확을 너무 일찍 하면 아직 익지 않은 청미, 즉 등숙이 덜 된 쌀이 많아져 소출이 적어지고, 반대로 너무 늦게 하면 쌀알이 깨지거나 갈라지는 동할미가 많아지고 맛도 떨어진다. 그뿐만 아니라 이삭목이 부러지는 것이 많아져 탈곡이 어려워 손실이 커진다. 또한 새나 쥐 등의 피해를 받기 쉽고 도복으로 인한 피해를 받을 수 있다. 그러니 익고 나서 적기에 제대로 거두는 것도 재배만큼 중요한 일임을 잊어선 안 된다.

수확을 하기 대략 15~20일 전에는 논의 물을 빼서 바닥을 바짝 말려두어야 한다. 이삭이 영글어 막바지 등숙이 되는 때로 미질이 더 충실해지는 시기인지라 더 이상 물도 필요 없거니와 수확 작업을 위해선 바닥이 말라야 편하기 때문이다. 특히 콤바인 같은 무거운 농기계가 들어가 작업하려면 더욱 바닥이 바짝 말라 있어야 한다.

알곡을 말리는 건조 과정에서 제일 중요한 것은 동할미를 줄이는 일이다. 수확 적기에서 말했듯이 동할미는 쌀의 수확을 너무 늦게 해 쌀알이 깨지거나 금이 가는 현상을 말하는데, 건조할 때도 너무 고온이거나 오래 하면 동할미가 발생한다. 그러면 도정할 때 쌀알이 깨지거나 부서져 싸라기로 손실된다. 게다가 맛을 결정하는 성분이 노화되어 맛도 현격히 떨어지게 되니 건조 과정도 주의해야 한다.

건조한 다음에 해야 할 중요한 일은 저장이다. 저장을 잘못하여 벌레의 피해를 받거나 환경이 좋지 않아 썩거나 변질될 수 있다. 그렇기에 쌀 맛을 유지하는 데 저장은 아주 중요하다. 가장 쉬운 방법은 전혀 도정하지 않고 벼알 자체로 보관하고 먹을 때마다 도정하는 것이다. 두터운 왕겨가 쌀알을 보호하고 있어서 안전하기 때문이다. 덧붙여 통풍이 잘되고 약간 서늘한 그늘이 있는 장소로 쥐 같은 짐승의 피해를 막을 수 있는 곳이라면 보관 장소로 별 문제가 없을 것이다.

벼알은 현미보다 부피가 두 배나 커서 벼 자체로 보관하는 데 부피가 부담스럽다면 백미보다는 강한 현미로 저장하는 것이 좋다. 먼 거리로 유통시킬 때도 좋은 방법이다. 그때그때 도정하기 힘든 조건이라면 어느 정도 필요한 만큼 도정한 것을 한겨울 추운 곳에 보관해두는 것도 한 방법이다. 그러면 벼 속에 숨어 있던 해충의 알이나 애벌레를 얼어 죽게 하여 해충 피해를 줄일 수 있다.

19. 종자 수확

어쩌면 먹을거리를 수확하는 일보다 더 중요한 것이 다음 해에 쓸 종자를 거두는 일일 것이다. 종자는 그 지역에 잘 적응하는 것이어야 하므로 지역에서 가장 잘된 벼의 종자를 수확하도록 한다. 기본적으로 수확은 음력으로 그믐 때가 좋지만, 종자를 거두는 것은 특히 그믐 때를 맞추도록 한다. 대개 종자 수확은 본 수확하기 열흘이나 보름 전이 좋은데, 그러다 보면 본 수확을 그믐에 맞출 수 없으나 종자 수확을 우선한다. 논두렁에 가까운 벼가 바람도 잘 통하고 햇빛도 잘 들어 다른 곳보다 충실하게 자라니 이를 종자로 쓰는 것이 좋다.

20. 수확 후 본답 관리

화학비료에 의존해 재배해 온 관행농 토양은 유기질 함량이 매우 낮다. 이런 논을 유기농 토양으로 만들기 위해 한꺼번에 많은 유기질 퇴비를 넣는 것은 좋은 방법이 아니다. 좋은 토양은 유기질뿐 아니라 그 속에 살아 있는 다양한 미생물과 벌레들이 어울려 있어야 한다. 미생물과 벌레들이 유기질을 숙성시킨 것을 벼가 먹기 때문에 유기질만 잔뜩 주게 되면 질소 과잉 피해를 볼 수 있다. 그래서 관행논 토양은 적어도 2~3년간 꾸준히 살린다 생각하고 관리해야 좋은 토양, 안전한 토양을 만들 수 있다. 건강한 토양을 만들기 위해 실천하고 있는 몇 가지 방법을 소개하며 마치려고 한다.

첫째, 생 볏짚을 최대한 활용한다. 콤바인으로 수확할 경우 생 볏짚은 당일이나 바로 다음 날 논에 갈아엎는 게 좋다. 어느 정도 녹색기가 남은 생 볏짚엔 영양분이 많기 때문이다. 이 생 볏짚을 무게로 치면 단보(300평)당 1~1.5톤 정도 되기 때문에 이것이 부숙되어 퇴비가 되면 밑거름으로 적지 않은 효과를 낸다.

그러나 갈아엎는 시기가 늦을수록 효과가 떨어진다는 것을 명심해야 한다. 콤바인을 쓰지 않은 벼는 볏단으로 말려야 하기에 바로 갈아엎지 못하는 것이 아쉽지만, 늦더라도 탈곡한 다음 바로 볏짚을 논바닥에 깔아 갈아엎도록 한다.

둘째, 생산된 부산물은 논에 모두 되돌려준다. 벼를 수확하고 도정하게 되면 왕겨, 쌀겨 등의 부산물이 나오는데, 이들을 되도록 모두 논에 돌려주도록 한다. 또한, 일반 관행농의 것이 아니고 유기농으로 키운 내 것을 구해야 한다. 그중에도 수확 후 쌀겨를 단보당 20~30kg 정도 넣고 로터리를 쳐주는데, 앞에서 말한 생 볏짚 갈아엎기를 같이 해주면 더욱 좋다. 이렇게 해주면 밑거름 효과를 내는 모든 거름은 완성된다.

셋째, 녹비 자원을 활용한다. 대표적인 것으로는 자운영과 호밀 또는 보리다. 자운영은 콩과 식물로 뿌리혹박테리아가 있어 땅을 거름지게 해주는 대표적인 녹비작물이다. 자운영은 원래 우리 논에 항상 자리 잡고 있던 야생초인데, 제초제와 화학비료 농법에 의해 사라져버렸다. 그러다 다시 자운영의 거름 효과가 알려지면서 녹비작물로 사용되고 있다.

자운영은 벼 수확하기 전에 파종해야 하나 늦으면 볏짚을 갈아엎은 뒤에 파종해도 괜찮다. 양은 300평에 3kg이면 적당하다. 자운영을 매년 새로 파종하지 않으려면 모를 약간 늦게 내면 된다. 즉 자운영 꽃이 지고 씨를 맺고 나서 로터리를 치면 가을에 새로 파종하지 않아도 되는데, 이때가 대략 6월 초순 무렵이다. 남부지방의 경우 모내기는 6월 하순까지도 가능하니 늦는다고 문제가 될 것은 없다. 물론 조생종이냐, 만

강대인 선생의 뒤를 이어 우리원농장을 이어 가고 있는 부인 전양순 씨와 딸 강선아 씨

생종이냐에 따라 조정은 되어야 할 것이다.

넷째, 광물질을 넣는다. 맥반석이나 제올라이트, 게르마늄 등 미량 성분이 든 광물질 분말을 4~5년 주기로 단보당 120~150kg을 한 번씩 넣어 준다.

다섯째, 숯을 넣는다. 숯은 균근균의 활성화와 미생물의 집 역할을 한다. 먼저 논에 30m 간격으로 1m 깊이로 삼각형 구덩이를 파고, 치수 10kg에 물 40ℓ를 부은 다음 흙으로 덮는다. 숯은 매년 논에 넣는 게 아니고 평생 한 번만 넣으면 된다. 숯은 음이온을 발생시켜 벼에게 쾌적한 환경을 제공해 준다.

여섯째, 겨울에는 논에 물을 담아 철새가 날아들게 한다. 일모작 논일 경우 겨울에 물을 가둘 수 있으면 일석이조의 효과를 얻을 수 있다. 나의 경우 이렇게 물을 담아두면 청둥오리가 떼 지어 날아와 똥을 싸주어 퇴비 효과를 높여 주고 또 잡초 발생도 줄여 준다. 이렇게 하면 논의 친환경적 기능도 더욱 높여 주어 논농사의 보람을 느끼게 해준다.

III. 마무리하며

농법이란 농사짓는 기술을 말하지만, 무릇 농사란 기술로만 짓는 게 아니다. 말 그대로 기술은 기술일 뿐, 그것으로 모든 걸 대신할 수 없다. 앞에서 말했지만 농사는 하늘과 땅이 짓는 것이고, 그중 사람의 기술이란 아주 일부에 불과하다. 그렇다면 기술보다는 하늘과 땅과 하나 된 마음을 가질 줄 아는 것이 더 중요하다. 그래서 자연스레 벼와 하나 된 마음을 익힐 줄 알아야 한다. 자식 대하듯 온갖 정성으로 벼를 대하다 보면 벼가 뭘 필요로 하는지 알 수 있다. 벼와 사람 그리고 자연을 사랑하는 마음으로 농사를 짓는 성농(聖農)이 되기를 바란다.

유기농 고추 농사 짓기

임기도 ı 농부 목사, 충북 괴산

I. 고추 개요

고추의 원산지는 날씨가 더운 중남미 지역(미국 남부부터 아르헨티나 사이)으로, 고온성 작물에 속하며 우리나라에는 임진왜란(1592~1598년) 전후 시기에 들어온 것으로 알려져 있다. 전 세계적으로는 크게 다섯 종류의 고추가 재배되는데, 우리나라에서는 Capsicum annuum*을 상업적으로 가장 많이 재배한다.

한국농촌경제연구원 2025 농업 전망 발표에 따르면 "최근 30여 년간 전 세계 건고추 및 풋고추 생산액은 지속적으로 증가 추세이다. 2022년 현재 건고추 생산액은 79억 7천 6백만 달러, 풋고추 생산액은

---

* 고추의 학명(學名)으로 가지과(Solanaceae) 고추속(Capsicum)에 속한다. 페루, 멕시코 등 중남미가 원산지이며 우리나라에는 임진왜란 때인 16세기 후반에 일본을 통해 들어온 것으로 알려져 있다(편집자 주).

383억 3백만 달러"라고 발표하였는데 한화(1$=1,350원)로는 건고추 10조 7,868억 원, 풋고추 51조 7,100억 원이다.

세계적인 추세와는 반대로 우리나라는 농업인 고령화로 인해 고추 재배 면적은 연평균 5.1%씩 감소하고 있다. 고추는 국민 식생활에 없어서는 안 될 중요한 부식 채소로 한때는 13만여ha까지 재배되어 전체 채소 재배 면적의 35%까지 차지했으나, 현재는 3만ha로 줄었다. 2024년 건고추는 6만 1천 톤 생산되었다. 그래도 우리나라는 여전히 고추 소비량이 1인당 3kg 정도로 전 세계 1위 국가이다.

고추 생산량의 감소로 외국(주로 중국)에서 수입해 오는 고추가 점점 늘어나고 있다. 전체 소비량의 60%는 수입에 의존하며 자체 생산은 40% 정도이다. 반가운 것은 원물 가공 기술 발달로 떡볶이, 불닭소스 등 소스 제품의 수출이 전년 대비 1만 6천 톤으로 조금씩 증가하는 것이다. 소스 수출국은 중국(25%), 미국(16.5%), 일본(9.1%), 대만(5.6%), 러시아(1.4%) 등인데 전년 대비 증가 추세이다.

최근 고추의 특성을 살려 항노화헬스케어 연구의 일환으로 미용, 건강, 의료 부분에서 토종 고추의 기능성을 살린 연구가 산학연구소 등에서 진행 중이다. 이런 면에서 특히 기능성 고추나 토종 고추는 농산물의 단위 면적당 소득 측면으로 볼 때 아직도 중요한 농가의 소득 작물이다.

II. 고추의 생장과 환경

1. 고추의 생장에 미치는 온도의 영향

(1) 고추 다수확을 위한 온도 관리

구분	낮 온도(℃)	밤 온도(℃)	지온(℃)
발아 단계	28~30(최저 20℃ 이상)		
가식 단계	25~27	15~17	18~20
정식 단계	22~23	14~15	15
재배 단계	25~28	18~22	18~24

※ 개화 및 착과 적정 온도: 18~23℃
※ 접목 후에는 26~28℃, 습도 90%를 7일간 유지하는 것이 필수 사항이다.

고추 육묘를 할 때 밤낮의 온도 차이는 10℃ 정도가 가장 이상적이다. 밤에는 보온 이불을 덮어 주고 낮에는 이불을 벗겨 햇빛을 많이 받을 수 있도록 한다. 고추 열매 맺는 데에는 15℃에서 화분 발아율이 가장 높고 30℃에서 착과율이 최적이다.

(2) 생육기(개화~착과기) 적정 온도: 22~28℃

고추의 생육이 가장 왕성한 시기이며 적정한 온도는 뿌리의 양분 흡수와 줄기 및 잎의 생장을 촉진한다. 착과기에 토양 온도가 28℃를 초과하면 과실 품질이 떨어질 수 있다.

(3) 수확기 적정 온도: 20~25℃

수확기에는 과실 품질 유지와 저장성을 높이기 위해 적정 온도와 습도 유지는 중요하다. 고온에서 과실이 손상되거나 저장성이 저하될 수 있다.

2. 고추의 생장에 미치는 햇빛의 영향

고추는 잎사귀를 통하여 햇빛과 이산화탄소, 물을 흡수하고 광합성 작용으로 포도당을 생산하여 녹말은 체내에 축적하고 산소는 기공을 통해 배출한다. 고추의 광포화점*은 3만 룩스(lux)**이다(오이 6만 룩스, 수박 8만 룩스). 다른 작물에 비하여 광포화점이 낮다. 광보상점***은 2~3천 룩스이며 광합성 능력은 오전에 70~80%, 오후에 20~30% 진행된다. 한낮의 뙤약볕은 10만~12만 룩스 정도인데 뜨거운 햇볕으로 고추가 타버리는 일소 현상이 일어나기도 한다. 오전 9~10시경의 햇빛이 3만 룩스 정도인데 고추 생장에 가장 이상적이다. 햇볕이 따가운 오전 11시~오후 2시에는 차광막을 활용하면 생육 환경에 도움이 된다.

3. 고추 생장에 미치는 수분의 영향

고추는 천근성 작물로서 전체 뿌리의 70%가 표토 30cm 이내 존재한다. 고추는 물을 좋아하면서도 싫어한다. 한편, 건조에는 어느 정도 견

---

* 식물의 호흡 작용에서, 빛을 더 강하게 비추어도 광합성량이 증가하지 않는 시점에서의 빛의 세기를 말한다. 이 지점에서는 빛의 세기가 증가해도 광합성 속도가 더 이상 오르지 않으며, 광합성량은 일정하게 유지된다.
** 빛의 밝기를 나타내는 단위로 조명도(照明度)라 한다.
*** 식물의 광합성량과 호흡량이 같아지는 빛의 세기를 의미하며, 이 지점에서는 식물이 광합성을 통해 산소와 포도당을 생산하는 양과 호흡으로 이산화탄소와 산소를 소비하는 양이 정확히 일치한다. 이 지점에서는 광합성으로 흡수하는 이산화탄소의 양과 호흡으로 방출하는 이산화탄소의 양 그리고 광합성으로 방출하는 산소의 양과 호흡으로 흡수하는 산소의 양이 같아진다. 광보상점 이하의 빛에서는 식물이 성장하지 못하고, 광보상점 이상의 빛에서만 순 광합성(순 산소 발생)이 일어나 성장에 필요한 에너지를 얻을 수 있다.

디지만 과습에는 약한 작물이다. 큰비로 인해 고추밭 전체가 물이 잠기면 이틀 만에 거의 다 고사한다.

요즘은 노지에도 점적관수 시설이 잘되어 있다. 관수량은 농가 포장의 토성(土性)에 따라 다르다. 한번 관수할 때 충분한 양을 관수하며 약간 건조하다 싶을 때 관수한다. 두둑의 흙을 손으로 잡아 보았을 때 약간 촉촉한 느낌의 정도가 적당하다.

우리나라의 고추 농사에서는 장마를 어떻게 극복하는가가 중요하다. 예로부터 고휴재배(高畦栽培)라 하여 밭 두둑을 거의 20cm까지 높인다. 고추는 토양에 습기가 많으면 뿌리를 통해 토양병이 자주 발생한다. 그러나 발아부터 육묘, 정식에 이르기까지 물은 항상 촉촉한 상태를 유지해야 한다. 고추밭은 흙 50%, 물 25%, 공기 25% 구성이 이상적이다.

1) 발아 및 초기 생장 단계(파종~초기 생장기)

뿌리가 아직 깊게 형성되지 않아 토양의 수분 유지가 매우 중요하다. 이 시기 과도한 수분 부족은 발아 실패와 초기 생육 부진을 초래하므로 상대습도를 60~70%로 유지하고 물은 토양이 항상 약간 촉촉한 상태를 유지하도록 관수한다. 점적관수를 활용하여 물이 균등하게 공급되도록 관리하는 것이 좋다.

중부지역(충북 괴산군)의 파종 시기는 노지 재배의 경우는 음력 설날 기준으로 5~7일 전에 파종하고 시설 재배는 1월 중순에, 접목 재배는 12월 20일경에 한다. 최근 온난화 영향으로 파종 시기가 점점 빨라진다.

2) 생장기(초기 생장기~꽃눈 형성기)

식물 생장이 빠르게 진행하여 수분 및 양분 요구량이 증가하므로 과도

한 수분 부족은 생장 저하와 기형 발생의 원인이 되기도 한다. 상대습도를 50~60%로 유지하고, 적절한 증산작용을 유도하여 관개 주기를 줄이고 관수량을 증가시켜 토양 수분을 균일하게 유지해 준다.

3) 개과 및 착과기

꽃의 착과율과 과실 형성이 중요한 단계이므로 물이 부족하면 꽃이 떨어지고 착과에 실패한다. 그러나 지나친 관수는 병해 발생 가능성을 높인다. 상대습도를 50~55%로 유지하여 적절한 수분 상태를 조성해 준다. 아침에 관수를 하여 과습을 피하고 식물 체온 관리에도 유의한다.

4) 과실 비대기

과실 크기가 증가하는 시기이므로 안정적인 수분 공급이 필수적이다. 불균형 수분 공급은 과실 비대 불량과 품질 저하를 초래한다. 상대습도를 45~50%로 유지하여 적당한 증산을 통해 당도 및 품질을 개선한다.

5) 성숙 및 수확기

과실이 성숙할 때 과도한 관수는 품질에 부정적인 영향을 미친다. 특히 수분 과잉은 저장성과 색택을 저하할 가능성이 있다. 상대습도를 40~45%로 과실 내부 수분 함량을 적정 수준으로 유지하여 관개량을 점진적으로 줄여 과실의 저장성을 향상시킨다. 종합적으로 볼 때 스프링클러나 점적관수 시설이 된 밭들은 괜찮으나 노지의 경우는 건조할 때는 물을 자주 주고 비가 와서 습해일 때는 물이 잘 빠지도록 배수로를 확보해 주어야 한다. 이것은 노지 고추 농사에서 매우 중요하다. 또한 물은 일정 시간에 일정한 양을 주어야 하는데 오전 10시 이전에 완료해야 한다.

4. 고추 생장에 미치는 토양의 영향

고추는 다비성 작물이어서 비분을 많이 필요로 한다. 그렇다고 한꺼번에 다량이 비료를 줄 경우 용탈이 일어나 하천수, 지하수의 오염 원인이 되기도 한다. 양질의 유기물이 다량 함유되어 있는 좋은 토양은 많은 비분을 갖고 있어서 서서히 영양을 공급할 수 있다. 토양 유기물 함량이 2.5~3.5% 정도만 되어도 화학비료를 적정하게 사용하여 좋은 결과를 얻을 수 있다. 다만 유기재배를 할 경우 화학비료는 사용해서는 안 되므로 퇴비를 만들 때부터 설계를 잘해야 한다.

토양 유기물 함량 2.5~3.5%라 함은 밭의 흙 1kg당 유기물이 25g~30g 포함되어 있다는 말이다. 우리나라의 토양 유기물 함량 평균은 1.8~2.1%이다. 시중에 유통되고 있는 가루 포대 퇴비에는 양질의 유기물이 매우 부족하다. 따라서 주변에서 쉽게 구할 수 있는 볏짚, 풀, 톱밥, 버섯 배지 등으로 자가 퇴비를 만들어 사용하는 것이 좋다. 퇴비의 유기물은 토양 속에서 공기 구멍을 만들어 작물이 뿌리를 잘 뻗을 수 있도록 해주기 때문에 뿌리가 튼튼해져 토양병, 바이러스 등을 방지할 수 있다.

전국 토양분석 자료가 농업진흥청 '흙토람'(https://soil.rda.go.kr)에 있다. 내 토지 지번을 입력하면 토양에 대한 상세한 정보를 얻을 수 있다. 또한 각 지역의 농업기술센터에서는 토양 검사를 무료로 해준다. 외국의 경우는 수수료를 지불해야 한다(미국 12만 원, 베트남 10만 원, 에콰도르 4만 5천 원 등). 토양 검사를 하면 '토양 시비 처방서'를 발급해 준다. 이를 자세히 보면 내 땅의 부족한 요소들과 과도한 부분들을 확인할 수가 있다. 토양 시비 처방서를 볼 때에 눈여겨볼 사항은 다음과 같다.

1) 토양 유기물 함량

유기 농사를 지으려면 평균 5.0% 이상 되어야 정상적인 유기농을 할 수 있다. 따라서 화학비료를 사용하지 않고 농사를 지으려면 매년 거친 퇴비 즉 톱밥 발효 퇴비를 300평당 3톤을 4~5년 꾸준히 투입하여 토양 유기물 함량을 5%로 향상시켜야 한다.

2) 양이온 치환용량(CEC: Cation Exchange Capacity)[*]

양이온 치환용량이란 쉽게 말하면 '토양 속에 있는 창고 크기'라고 말할 수 있다. 토양에 비료를 주면 뿌리가 한꺼번에 다 먹는 것이 아니기 때문에 비료를 쌓아두는 창고가 필요하다. 그 창고에서 필요할 때마다 조금씩 꺼내어 먹는데 그 창고를 '양이온 치환용량'이라 부르는 것이다. 창고가 크면 먹을 것이 많지만 창고가 작으면 아무리 많은 비료를 줘도 효과가 없게 된다. 따라서 창고를 키워 주는 것은 곧 유기물을 많이 넣어 주는 것인데 유기물 중에서도 거친 퇴비를 많이 넣어 밭의 창고를 키워 주는 노력이 중요하다. 오랫동안 분해가 되는 리그린 성분이 많은

---

[*] 양이온 치환용량(CEC)이란 토양이 보유할 수 있는 치환 가능한 양이온의 총량을 말한다. 토양이 식물에게 필요한 영양소를 갖게 되는 것은 CEC 때문이다. CEC는 산성 물질에 의해 산성화가 되지 않게 하는 버퍼를 제공하기도 한다. 식토(점토)는 상대적으로 CEC가 높고, 유기물이 많이 있는 토양은 매우 높다. 사토의 경우 표층을 덮고 있는 유기물의 CEC가 상대적으로 높기 때문에 사토에서 자라는 식물은 표층의 영양분에 의존하는 경향이 있다. CEC는 토양이 영양소를 보유할 수 있는 능력을 제공할 뿐 아니라 비료나 토양개선제를 주었을 때 토양이 어떻게 반응하느냐를 결정하는 데 중요한 요소가 된다. 토양의 점토를 구성하는 광물질이나 유기물의 입자 표면은 음전하를 띠기 때문에 양전하를 띠는 양이온을 정전기력에 의해 붙잡게 된다. 마그네슘이나 칼륨 또는 칼슘과 같은 영양소는 양전하를 띠기 때문에 식물에 영양분을 제공하는 데에 토양의 전하는 매우 중요한 요소이다. 일반적으로 음전하를 많이 띤 토양일수록 양이온을 많이 보유할 수 있기 때문에 더 기름진 토양이 된다(출처: 토양의 양이온치환용량(CEC), 작성자 테라포머).

거친 유기물을 많이 넣어 주면 창고가 커지고 넓어져 작물이 잘 자라게 된다. 생명(유기)농업에서는 흙의 창고를 크게 만드는 것이 핵심이다.

3) 전기전도도(EC: Electrical Conductivity)[*]

우리 밭에 비료 성분이 얼마나 있는지 아는 방법으로 전기가 통하는 정도를 측정하는 것이다. 흙은 -전기를 띠고 있고 비료는 대부분 +전기를 띠고 있다. 어떤 비료인지는 알 수는 없지만 비료가 많다 적다를 알 수 있는 방법이다. EC 2.0 이상이면 비료가 너무 많다는 것을 의미한다. 토양 EC가 너무 높으면(즉 염류 농도가 높으면) 삼투압이 증가하여 식물이 뿌리를 통해 수분을 흡수하기 어려워진다. 이는 마치 식물이 소금물에 담긴 것과 같은 상태가 되어 생육이 저해되고 심하면 고사할 수 있다. 또 특정 염류의 과다 축적은 다른 필수 양분의 흡수를 방해하여 양분 불균형을 초래할 수 있다. 높은 EC는 토양 미생물의 활동을 저해하여 유기물 분해 및 양분 순환에 부정적인 영향을 줄 수 있다.

〈토양의 pH와 비료의 유효도〉

pH	질소	인산	칼리	평균
7.0	100	100	100	100
6.0	89	52	100	80
5.5	77	48	77	67
5.0	43	34	52	46
4.5	30	23	33	29

[*] 토양 전기전도도는 토양 내 수분에 녹아 있는 물질이 전류를 얼마나 잘 전도(傳導)하는지 나타내는 지표이다. EC 값은 토양 내 염류의 총 농도를 간접적으로 측정하는 것으로, 토양 비옥도 및 식물 생육 환경을 평가하는 데 중요한 지표다. 염류농도가 높을수록 EC 값은 높아진다.

중성 땅은 비료 흡수도가 높지만 산성 땅은 흡수도가 낮다. 그러므로 항상 작물에 적합한 토양 pH 농도를 맞춰 주는 것이 좋다. 정부에서 지원하는 석회고토를 뿌려 적정 산도를 유지해야 한다.

5. 고추가 자라는 데 비료는 얼마나 필요한가?

보통 1톤의 풋고추를 생산하는 데 필요한 비료 요구량은 질소 5.8kg, 인산 1.1kg, 칼리 7.4kg, 마그네슘 0.9kg 정도이다. 고추는 재배 기간이 길어서 상대적으로 비료가 많이 필요하다(토양 검정에 의한 비료 시용량 추천, 성분량/ 10a, 2022. 5차 개정판). 혼합 가축 퇴비 평균 혼합 비율은 우분 25%, 돈분 14%, 계분 26%, 톱밥 21%이다.

〈퇴비 종류별 시용량〉

(실량 kg/10a)

퇴구비(우분)	볏짚 퇴비	돈분 퇴비	계분 퇴비	혼합가축분 퇴비
2,000(100%)	2,000	440(22)	340(17)	760

위의 표는 우분을 기준으로 볼 때 돈분 퇴비는 22%, 계분 퇴비는 17% 투입해야 힌다는 의미이다. 이와 같이 퇴비 생산시 삭물의 비분 요구에 따른 맞춤 퇴비를 설계할 수가 있다.

<고추 재배 시 질소, 인산, 칼리, 석회 투입량>

(성분량, kg/10a)

구분	비종	밑거름(기비)	웃거름(추비)	합계	사용 방법
노지 재배	질소	10.3	8.7	19.0	웃거름(추비) 주는 횟수 질소: 2~3회 칼리: 2회 점질 토양이 60% 이상인 노지 고추는 20~30% 더 준다. 석회는 석회석 기준
	인산	11.3	0	11.2	
	칼리	9.1	5.8	14.9	
	석회	200	0	200	
시설 재배	질소	12.2	10.3	22.5	
	인산	6.4	0	6.4	
	칼리	6.1	4.0	10.1	
	석회	200	0	200	
밀식 재배	질소	10.3	8.7	19.0	
	인산	12.3	0	12.3	
	칼리	9.4	6.1	15.5	
	석회	200	0	200	

※ 전국 평균치 '흙토람' 자료 토양시비 적정 수준의 시비

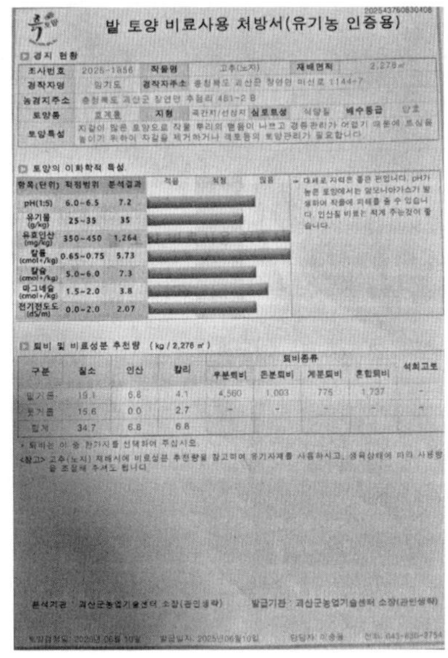

6. 고추의 개화 생리

고추 관리를 잘하는지 못하는지는 고추꽃을 보면 알 수가 있다. 잘 관리된 고추는 암술머리가 뚝 튀어나와 있다. 관리가 잘 안 되면 암술머리가 안으로 들어간다. 꽃봉오리가 발육, 성숙한 후 개화하는데 오전 8~10시 사이 개화되어 2~3일간 유지한다. 꽃가루는 고온에서 빨리 터지지만 품종에 따라 차이가 있다. 묘의 상태가 불량해지면 암술의 머리가 짧아져 수분이 어려워진다. 꽃가루가 암술머리에 떨어지면 공기 중의 습도를 흡수하여 화분관이 발아하는데 화분관의 발아와 생장 적정 온도는 20~25°C이다.

7. 파종에서 수확까지

1) 파종과 관리

고추묘를 기르기 위해 파종하는 시기는 보통 음력 설날 기준 5~7일 전이다. 정식 기준으로는 90일 묘가 좋다. 시설 재배에서 접목묘는 12월 중순 무렵에 파종한다. 시중에서는 보통 70일 묘를 생산하지만 90일 이상 묘를 키우면 증수 효과가 있다. 부직포 터널 재배로 정식 시기를 일찍 당기면 재래종 18%, 개량종 24%의 증수 효과가 있다.

　고추 입장에서는 측지를 따지 않는 것이 더 좋다. 고추 1개가 달리려면 잎 5개가 있어야 한다. 그렇기에 1분지(방아다리)에 12개 잎이 있어야 한다.

〈측지 제거 방법별 특성 및 수확량〉

처리	과장 (cm)	과경 (cm)	과육 두께 (mm)	과중 (g/개)	수량 (kg/10a)
무제거	10.0	1.86	1.83	14.4	380.5(100)
1회 제거	10.2	2.02	2.30	15.8	271.7(57%)
2회 제거	10.9	1.95	1.64	14.6	286.7(75%)
3회 제거	11.4	2.18	2.51	15.3	354.8(93%)

〈고추 비가림 하우스 측지 제거 방법별 특성 및 수확량〉

측지제거 횟수	과장 (cm)	과경 (cm)	건과율 (%)	수확량 (kg/10a)	수량지수
무처리	15.7	20.8	18.5	780.1	100
1회 처리	15.7	21.3	20.0	713.0	91
2회 처리	16.4	22.3	17.1	731.1	94
3회 처리	16.5	22.7	18.3	834.5	107

고추 수량은 3회 제거가 가장 많고 무제거, 2회 1회 제거 순이다. 상품성도 측지 3회 제거구가 좋았다. 고추 절간 거리가 짧은 것이 수확량이 많다. 고추 초장이 2m 정도일 때 1.5m 위치에서 수평으로 적심을 하게 되면 새로운 측지가 발생하여 수량이 줄어들지 않으면서 수확이나 유인 관리가 편해진다.

2) 가식(옮겨심기)

넓은 스티로폼 상자에 흩뿌린 묘는 파종 후 30~35일 지나면 본잎이 1~2장 될 때 포트(pot)로 옮겨 심는다. 포트는 뿌리 엉킴이 좋은 50구가 좋다. 50구 포트에 상토를 담을 때는 뿌리 활성을 돕는 미생물 입제를 상토(50*l*) 5포에 늘푸른세상 5kg 1봉지*를 넣고 잘 혼합하여 담는 것이 좋다. 나의 경우 이때 왕겨 훈탄**을 5*l* 정도 넣는다. 가식 작업은 바람이 없고 따뜻한 날을 택하고, 반그늘에서 작업을 해야 한다. 바로 볕에 내어놓기보다는 차광막 등으로 반그늘 상태에서 뿌리를 활착시킨 다. 뿌리 활착이 된 묘는 빳빳하게 수직으로 서 있고 떡잎에서 싱싱함을 확인할 수 있다. 이때부터 포트 표면이 건조해지지 않도록 물 관리에 신경을 써야 한다.

특별히 주의해야 할 점은 상토에 접하는 줄기 부분이 잘록해지면서 쓰러져 말라 죽는 모잘병이다. 이 병은 지온이 낮거나 묘상이 다습할 때 주로 발병한다. 묘상은 25°C로 유지하며 과습하지 않도록 주의하여야 한다.*** 옮겨 심은 뒤 20°C 정도의 미지근한 물을 조루로 충분히 주어야 하는데 조금씩 자주 주는 것보다는 한 번에 뿌리 밑까지 젖도록 충분히 주는 것이 좋다. 물주는 작업은 오전 11시에서 오후 1시 사이에 기온이 상승했을 때 해야 한다. 이 모든 작업은 어린아이 기저귀 갈아 주는 자세로, 즉 세심하게 관찰하며 관리해야 한다.

3) 정식 전에 할 일, 밭 만들기

(1) 경운과 로타리 작업

농업기술기술센터의 토양시비처방서를 꼭 받아서 그 처방대로 하는 것이 좋다. 주로 퇴비, 석회 등을 3주 전에 골고루 뿌린 후 깊이갈이를 하

---

* 잔뿌리 뻗음을 좋게 하는 트리코마 하지아눔 균으로 만들어진 제품들이 많다. 나는 (주)제일그린에서 제조한 '늘푸른세상'을 주로 사용한다.
** 왕겨 훈탄에 대해서는 이 책의 "강대인 농부의 유기농 벼농사"를 참조하라(편집자 주).
*** 나는 주로 (주)제일그린의 '토리골드'를 1,000배액으로 뿌려준다.

고, 정식 10~15일 전에 비료를 뿌리고 로타리 작업으로 골고루 펴준
다. 단, 유기농 인증을 받은 농가는 화학비료 사용을 할 수 없으므로 퇴
비는 300평당 3톤을 뿌리고 퇴비가 없을 경우 유기농 자재* 등을 사용
한다. 토양병충해 방제 목적으로 님(Neem)과 피마자 등으로 제조된 제
품 '충격탄', 대유 '보락스그린' 등을 뿌려 준다.

(2) 이랑 만들기

이랑의 넓이는 토양의 비옥도나 고추 품종에 따라 다르지만 터널 재배
는 폭이 150~160cm가 적당하다. 고추의 관점에서 보면 폭이 넓을 경
우 뿌리 뻗음이 자유로워 생육이 왕성해진다. 이랑의 높이는 배수가 잘
안 되는 곳은 20~30cm 이상으로 하여 장마시 침수 피해가 없도록 해
야 한다.

(3) 비닐 피복하기

피복 비닐에는 투명 비닐, 배색 비닐, 흑색 비닐, 초록색 비닐 등이 있다.
투명 비닐의 경우 햇빛으로 지온을 높여 초기 활착이 왕성하여 조기 수
확을 할 수는 있으나 4월 이후 투명 비닐 안으로 많은 풀이 올라와 비닐
이 벗겨지는 경우가 있어 사후 관리가 어렵다. 배색 비닐은 주로 감자
재배에 많이 사용되지만, 고추 재배에도 선호하는 농가가 있다. 일정 부
분 지온을 높여 초기 생장에 유리하다. 단, 풀이 올라오는 경우 흙으로
덮어 주는 사후 관리를 해야 한다. 흑색 비닐은 투명 비닐에 비해 지온
이 평균 2~3°C 낮아 초기 생육이 느리지만 풀 관리에는 아주 좋다. 초

---

* 유기질비료 유박이나 구아노, 계분 등으로 만들어진 제품들이 있다(NK1211, 유기토왕 등).

록색 비닐은 최근 개발된 제품으로 빛은 통과되지만 풀은 자라지 않는다. 단점은 비싼 가격이다. 결과적으로 보면 투명 비닐의 사후 관리 품값이나 초록색 비닐의 비싼 자재비 값 등을 고려할 때 흑색 비닐로 피복하는 것이 경제적이다.

(4) 터널 만들기

재료는 투명 비닐이나 일라이트 부직포 등이 있다. 아주 심기 후 바로 터널을 씌울 수 있도록 준비를 철저히 해야 한다. 강철 1.8m, 두께 4mm 자재로 80~120cm 간격으로 꽂고 유인줄로 철상의 상부, 좌우 측면에 고정시킨다. 터널 재배는 비닐이나 부직포를 씌우기 때문에 아주심기 시기를 앞당길 수 있지만, 노지에서 밤 기온이 0°C 이하로 떨어지면 터널 재배로도 서리 피해를 당할 수 있다. 단, 비닐하우스 안에서는 터널 재배를 시도해 볼 만하다. 밤 기온이 영하로 떨어질 때 고체 알코올 연료를 밤 11시부터 피우면 어느 정도의 냉해는 피할 수 있다. 이 또한 품이 많이 들어 비경제적이다. 4월 중에 정식을 하면 중부지방의 경우 서리나 우박으로 인해 냉해 피해를 볼 가능성이 있지만, 5월 초순에 심으면 냉해 피해가 거의 없어서 터널을 설치하지 않고 재배할 수 있다.

(5) 점적 호수 작업

요즘은 점적관수를 위한 자재들이 많다. 일명 '드립 시스템'은 전기 모터를 활용하여 일정한 압력으로 호스 처음과 끝에 일정한 양의 물방울이 떨어지도록 만들어졌다. 간격은 10cm, 15cm, 20cm 등 다양하게 있으나 10cm를 추천한다. 고추를 중심으로 양쪽으로 설치하면 사후 관리가 편리하다.

4) 정식(아주심기)

피복된 비닐 안으로 점적 호스가 있는 경우에는 구멍을 뚫고 모종을 심은 뒤 전체적으로 물을 준다. 점적 호스가 없을 때는 물을 주면서 구멍을 뚫고 모종을 심는다. 고추 간의 심는 거리는 40~45cm 간격이 적당하다. 간격이 좁으면 과밀하여 공기 소통이 원활하지 않고 햇볕 쪼임이 불량하여 병 발생의 원인이 되기도 하며, 수확시 작업이 불편하다. 1열 심기와 2열 심기가 있는데 1열 심기가 편하다. 2열 심기는 수확은 많을 수 있으나 일손이 많이 들고 관리가 어렵다.

5) 정식 후 관리

고추 농사는 물 관리가 90%라고 말할 정도로 중요하다. 과습하면 안 주는 것만 못하므로 과습은 피해야 한다. 노지는 배수 관리가 잘되도록 배수로 확보에 주의한다. 활착 후에는 하루가 다르게 자란다. 이때부터 충해 관리에 신경을 써야 한다. 노지의 경우 세포벽을 단단히 막을 수 있는 칼슘제를 10~15일 간격으로 5~6회 정도 엽면시비를 해주면 좋다. 이는 노지의 탄저병 방제를 위함이다. 꽃 피고 가지가 무성해지면 벌레들이 꼬이기 시작하는데 주기적인 방제가 필요하다. 담배나방, 파방나방은 꽃에 알을 까서 고추 열매 안에서 파먹고 자라나기 때문에 고추꽃이 활짝 피기 전부터 주기적으로 방제해 주어야 한다. 친환경 약제로는 작물보호제란 이름으로 시판되고 있는 제품들이 많다.* 최근에는 바이러스 감염이 우려되고 있다. 처음부터 내병성 종자로 생산하여 판

---

* 님 나무 씨에서 추출한 님(Neem), 제충국 씨방에서 추출한 프레드린(Phrethrin), 고삼에서 추출한 마트린(Matrin), 황, 규산 등 광물질에서 추출한 제품인 자닮오일, 자닮유황 등이 있다. 이는 햇빛에 분해되는 속도가 빠르기 때문에 아침 일찍이나 저녁 늦게 방제해 준다.

고추 가지 유인하기

매하는 것을 선택하여 심으면 좋지만 1봉에 12~15만 원까지 하므로 경제적으로 부담이 된다.

토종 종자를 선택할 때는 자가 채종을 하며 이런 바이러스 방제를 위해 접목 방법을 사용한다. 뿌리가 강한 대목에 열매의 맛이 독특한 토종 접순을 접목하는 방법도 있다. 이는 전문적이며 손이 많이 가는 작업이다. 그러나 토종 고추 분석 결과 암에 강한 성분들이 기존 고추보다 25배 이상 들어 있어 항암 및 항노화 헬스케어에 유익하다는 사실이 알려져 향후 제품 개발에 많은 연구가 진행될 것으로 보인다.

정식 후에는 유인 관리를 해준다. 고추 재배의 핵심 요인은 광합성이다. 분지(일명 방아다리)가 4~5분지일 때 가지를 좌우로 유인하여 중앙에 햇볕을 많이 받게 하여 그늘 없이 광합성 작용을 원활하게 한다. 4~5분지일 때 좌우로 유인하게 되면 영양생장에서 생식생장으로 전환되어 절간 거리가 짧아지고 화분화가 왕성하게 된다. 이것이 다수확 방법이다.

III. 유기물 함량이 높은 농지 만들기

1. 땅심(지력)을 높이려면 어떻게 해야 할까?

앨버트 하워드 경은 다음과 같이 말한다. "모든 생물은 태어날 때부터 건강하다. 이 법칙은 토양, 식물, 동물, 인간 등 모두 예외가 아니다. 이 네 종류의 건강은 하나의 사슬로 연결되어 있다. 최초의 고리(토양)의 결함은 최후의 고리, 즉 인간에게까지 미친다. 근대 농업의 파괴 원인이 되는 식물이나 동물의 해충이나 질병은 이 사슬의 제2 고리(식물) 및 제3 고리(동물)의 건강에 큰 결함이 있어서 발생하는 것이다. 뒤의 3개 고리의 결함은 제1의 고리인 토양의 결함에 원인이 있다. 토양의 영양 불량 상태가 모든 것의 근원이다. 건강한 농업을 유지할 수 없으면 우리의 위생이나 주거 환경의 개선, 의학상의 발견에서 얻은 모든 이익의 전부를 없애버린다. 우리는 자연의 지시에 따라 첫째, 모든 부산물을 토지에 환원시키고 둘째, 동물과 식물을 동거시킨다. 이와 같이 스스로 자연의 법칙에 따르면 농업의 번영이 지속될 뿐만 아니라 자손의 건강이라는 커다란 보상을 받을 수 있다."[*]

내가 담임하고 있는 괴산 소마교회에서는 2023년 1월 31∼2월 2일에 지속적 고품질 다수확의 유기농업을 위한 토양 관리 심화교육을 실시하였다. 총 154명이 수강하였으며 그 열기가 대단하였다. 톱밥 퇴비 자가 제조를 시도하면서 주변 자료들을 모았다. 주재료의 종류에 따른

---

[*] Sir Albert Howard, 『흙과 건강』(*The Soil and Health*). 앨버트 하워드 경은 최초로 유기농업 실험을 통해 학문적으로 이론을 정립한 인물이다.

지속적 고품질 다수확의 유기농업을 위한
토양 관리 심화학습

발효 방법은 대동소이하였다. 따라서 연초에 교육했던 내용을 정리해 본다.

농가에서 만드는 퇴비는 흙살림의 시작이다. 농사에 쓰이는 자재 중 가장 기본이 되는 퇴비와 유기질 자재의 자가 제조는 흙을 살리는 농사 기술의 시작이며, 농업경영 비용을 낮추는 지름길이다. 살아 있는 흙은 하루아침에 이루어지지 않는다. 비옥한 토양은 3~5년의 관리 계획에 의해 완성된다. 토양 유기물 함량이 2.0%라고 할 때 1년 부숙된 톱밥 퇴비를 300평당 1톤을 투입하면 유기물 함량은 0.5% 증가한다. 5년이 걸려야 4.5%가 된다. 따라서 유기물 함량을 4.5% 이상 유지하기 위해서는 자가 제조한 부식질이 풍부한 완숙 톱밥 발효퇴비를 연간 2~3톤/300평을 투입해야 한다. 유기물 함량이 2.0% 이하의 토양은 유기물 함량이 낮다. 거친 완숙퇴비를 충분히 넣어야 하며, 3.0% 전후 토양도 완숙퇴비로 꾸준히 높여 나가야 한다. 4~5년 정도 꾸준히 거친 퇴비를 투입하면 유기물 함량이 4.5%에 이르게 된다. 모든 농지는 유기물 함량 4.5% 이상을 목표로 해야 한다. 그래야 흙이 살아나기 시작한다.

시중에 판매되는 가축분퇴비는 발효가 덜 된 퇴비로 가스가 많이 발생한다. 또한 리그닌(lignin) 함량이 적어 가성비가 매우 낮다. 유기질 비료로 유통되고 있는 유박 또한 유기물 함량이 70~80% 라고는 하지만 리그닌 함량이 매우 낮고 저급한 유기물로서 오랫동안 지속되지 못하고, 토양 개선이나 작물의 영양 공급에도 크게 효과적이지 못하다.

톱밥 퇴비 제조는 리그닌 함량이 높은 톱밥을 축분(우분)과 1:1로 섞고, 질소 함량을 높이기 위해 계분을 더 추가하는 방식으로 진행하였다. 유기물 중의 탄소와 질소의 비율(탄질율 또는 C/N율*이라고 함)을 1/20~1/30으로 조절하여 토양 내에서 급격한 분해로 인한 작물의 질소기아(질소 부족 현상)을 방지하였다. 유기물에 함유된 유기화합물질(수용성 당분과 질소) 등 유해 성분을 미리 분해하여 시비 후 작물의 생육 장해를 미연에 방지하고, 유용한 미생물(천적 미생물)을 퇴비 속에 대량 번식시켜 토양 속에 넣어 줌으로써 병원균을 억제 또는 포식하고 해충 방제 효과도 얻을 수 있었다. 퇴비가 고온으로 발효될 때는 유기물 중의 유해 병원균과 해충 및 잡초의 종자가 사멸한다.

---

* 탄질율은 유기물이나 토양에 포함된 탄소와 질소의 비율을 나타내는 지표로써 탄소의 양을 질소의 양으로 나눈 값(C/N)이다. 탄질율이 20:1이라면 탄소가 질소보다 20배 많다는 뜻이다. 따라서 탄질비가 높을수록 탄소 함량이 많고 질소 함량이 적다는 의미이다. 탄질율이 높으면(탄소가 많으면) 미생물의 증식이 느려져 유기물 분해가 더디게 진행되고, 낮으면 그 반대가 되어 질소가 토양에 축적되고 용탈될 수 있다. 퇴비나 비료, 토양 관리 등에서 미생물의 적정 탄질율은 20:1~30:1 정도이다.

2. 퇴비화 과정

퇴비화 과정이란 볏짚류, 가축분, 톱밥, 왕겨, 나뭇가지 등과 같은 신선 유기물을 미생물이 번식하기에 좋은 조건을 만들어 주어 유해 성분과 조직 등을 미리 분해시켜 작물 생육에 좋게 하도록 하는 것이다. 실험해 본 결과 퇴비 재료에 따라 다소 차이는 있지만 최소한 6~7개월 이상 반드시 호기성 발효에서 얻어진 완숙퇴비라야 농사에 도움이 된다.

〈퇴비 재료별 부식 비율〉

재료	퇴적시	완전부식시(%)
볏짚	100	10.8
왕겨	100	12.8
보릿짚	100	13.2
유채대, 채종대	100	15.4
청초, 낙엽	100	15.8
갈대	100	20.0
톱밥	100	48.5

※ 톱밥의 경우 볏짚과 동일한 야이라도 4.5배 정도의 부식이 더 생긴다.

〈발효 온도에 따른 균과 기생충 사멸 관계〉

발효 온도(℃)	균사멸 관계	비고
50	유해선충	
60	다수 식물의 병원균	
70	나수의 박테리아	
80	다수의 잡초 종자	
90	내열성 잡초 종자	
100	내열성 바이러스	

※ 70℃ 이상 고온 발효를 해야만 잡초 종자와 잡균들을 없앨 수 있다.
※ 약 1개월 정도 고온 발효가 안 될 때는 유해한 균들을 길러서 토양에 넣어 주는 결과가 된다.

〈가축분과 톱밥의 탄질율 계산 예〉

(성분: 건물 %)

구분	수분(%)	탄소(%)	질소(%)	C/N 비
가축분	70	38	4.5	8.4
톱밥	35	48	0.1	480

※ 가축분은 우분, 돈분, 계분을 동일한 양으로 혼합

〈가축분 1톤과 톱밥 1톤을 혼합했을 때의 성분량과 C/N 비〉

탄소(C)	가축분	(1-0.70) × 0.38 × 1,000 = 114kg
	톱밥	(1-0.35) × 0.48 × 1,000 - 312
	소계	426
질소(N)	가축분	(1-0.70) × 0.045 × 1,000 = 13.5
	톱밥	(1-0.35) × 0.0001 × 1,000 = 0.07
	소계	13.6
C/N 비		탄소(426) ÷ 질소(13.6) = 31.3

※ 톱밥과 가축분 1:1의 비율이 가장 안정적인 황금비율이다.

〈각 유기물의 탄질비(C/N율)〉

구분	탄질비
각종 토양미생물(사상균 10, 방선균 6, 세균 5)	5~10
토양 부식	10
각종 퇴비	20~30
볏짚	67
대두유박(채종박 5.6, 면실박 4.5, 피마자박 4.5, 미강유박 15.0)	5.4
톱밥	400~1,200

※ 토양에 들어가자마자 분해가 시작되는 탄질율은 10 정도이다.

톱밥 퇴비 제조 과정

IV. 맺는 말

지난 반세기 동안 정부는 농약과 화학비료를 중심으로 증산 위주의 정책을 펼쳐 왔다. 그리하여 식량 증산은 이루어졌지만 안타깝게도 현재 식량 자급률은 26%를 밑돌고 있다. 농사 기술의 수준은 세계적이지만, 우리 농촌은 살기 어려워 다 떠나고 노인들만 남아 있다. 참으로 이율배반적인 현실이다. 그동안 정부의 농업정책은 화학비료와 화학농약 중심의 소위 화학농법이었고, 석유 에너지에 의존하는 기계화 농업이었다. 그 결과 노동력이 감소하는 편리함과 생산량이 어느 정도 증가하는 효과는 가져왔지만, 그에 비례하여 농산물 생산비는 증가되었고, 화학물질은 생태계를 파괴하고 교란하고 있으며, 생태계 생존의 필수 조건인 물과 흙과 공기를 오염시키고 있다. 또한 흙 속의 미생물들에게 좋은 먹거리는 주지 않고 계속 수탈하여 빼앗아 먹기만 하여 지력을 감퇴시켰다. 작물을 빨리 키우고 생산량을 증가시키기 위한, 인간 중심의 이기적인 목적으로 흙의 생명력을 무시하는 농사를 지어 온 것이다.

이제 우리는 농법을 바꾸지 않으면 안 되는 시대에 살고 있다. 작물을 재배하고자 할 때 가장 먼저 해야 할 일은 땅심(지력)을 높이는 일이다. 이것은 생명 농사 농민의 우선적인 실천 과제이다. 이제 우리는 하나님이 창조하신 이 자연생명계의 신음을 듣고 예민한 생태감수성으로 농사에 임해야 한다. 농업 생산과 유통이 농민들의 생존과 건강한 삶을 위해 무엇보다 중요하지만, 교회와 기독 농민은 흙으로 지음 받은 존재로서의 신앙 고백을 우선하여야 한다. 생명농업은 하나님과 함께 그의 나라를 이루어 가는 동반자로서 구체적이고 실천적인 신앙고백 운동이다.

유기농 사과 한 알을 위하여

윤석원 | 양양로뎀농원 농부, 전 중앙대 산업경제학과 교수

I. 머리말

농부가 유기농 사과 한 알을 생산한다는 것은 어떤 의미가 있을까. 유기농사를 지으려는 농부는 과연 어떤 자세와 문제의식으로 농사를 지어야 하고, 그 의미는 무엇일까. 21세기 현재 온 인류와 지구가 겪고 있는 기후·환경·생태 재난의 원인과 본질은 무엇일까.

인간중심주의에 함몰된 근·현대 기독교 신학으로 지금 우리에게 닥친 이 문명적 위기를 해결할 수 있는 비전을 교회는 제시할 수 있을까. 물질만능·성장제일주의가 만연한 전 지구적 신자유주의 경제관·세계관은 언제까지 지속 가능할까. 화학농약, 화학비료, 고투입·에너지 집약적이며 자본 집약적인 대규모 관행 기술농업은 과연 인간을 살리고 기후·환경·생태를 살리는 농사가 될 수 있을까. 이론적·학문적 논쟁만으로 코앞에 닥친 전 지구적, 전 인류적 위기를 극복할 수 있을 것 같지

않다는 데 문제의 심각성이 있다. 이제 인류는 문명의 전환을 위해 말보다는 행동으로 나서야 할 때가 아닌가 싶다.

유기농 사과 농사를 짓는다는 것은, 농부 자신이 의식하든 의식하지 않든, 단순히 화학농약이나 화학비료를 사용하지 않는다는 의미만은 아니다. 자연과 생태 환경에 순응하고 인간과 함께 공존하며 먹거리를 생산하는 농사라 할 수 있다. 인간이 자연을 지배하는 종속관계로 이해하는 인간중심주의적 신학을 비판적으로 인식하고, 성장과 경쟁력 지상주의에 함몰된 물질만능의 자본주의 경제관을 탈피하려는 작은 실천적 몸부림이다. 결국 유기 농사는 자연과 생태계와 인간의 건강을 지속 가능하게 하는 생산 시스템으로서 생태적 순환, 생물다양성 그리고 지역적 자연환경을 존중하는 농사라 할 수 있다.

유기 농사를 짓는 방법은 품목에 따라 어찌 보면 천차만별 자연의 물질을 다양한 방법으로 활용하기 때문에 정형화하기가 쉽지 않은 것 같다. 이 글은 유기농 사과 농사를 직접 지어 본 작은 농부의 체험을 기반으로 아주 단순하고 쉽게 정리해 본 것이다. 농학이라는 학문에 기반한 것이 아니라는 의미이다. 유기농 사과 농사는 이렇게 하면 된다고 단정 짓는 것도 물론 아니다. 여러 가지 유기농 사과 농사 방법이 있을 수 있음을 전제로, 그중 10여 년간 내가 경험을 개괄적으로 적어 본 것이다. 어디까지나 초보 유기 농사꾼에게 참고가 되었으면 하는 바람에서 용기를 냈다는 점을 양해해 주기 바랄 뿐이다.

II. 나는 왜 유기 농사를 짓는 농부가 되었나?

1. 말로만 먹고살았으니

나는 평생을 농업·농촌·농민 문제를 연구하고 가르쳐 온 연구자로 지내고 2016년 2월 정년 2년을 앞두고 명예 퇴임했다. 중앙대를 두산그룹이 인수하면서 제1차 구조조정으로 40여 년의 전통을 가지고 있었던 산업경제학과(농업경제학과)를 순식간에 폐과하고 남은 교수들을 경제학부로 재배치하였기 때문이다. 이에 사표를 내고 30여 년 정들었던 교정을 미련 없이 떠났다. 재벌이 대학을 인수하면 제일 먼저 폐지하는 학과가 농업경제학과라는 사실에 실망했고, 그것은 우리 사회의 농업·농촌·농민 경시 풍조와 맞물려 있다는 생각에 씁쓸했다. 30여 년 전 삼성그룹이 성균관대학을 인수했을 때도 농업경제학과를 제일 먼저 폐과했었다.

나는 공부하는 시간까지 합치면 50여 년을 농업경제와 농업정책을 연구하고 고민해 왔다. 그러나 그 오랜 세월 동안 나름대로 연구하고 대안을 제시했다고 생각하나, 우리의 농업·농촌·농민의 현실은 암담함 그 자체였다. 그 본질적 가치는 폄훼되고 소외되었다. 왜일까? 많은 이유를 거론할 수 있겠으나 제일 먼저 떠오르는 생각은 나에 대한 회한이었다. 나름대로 연구도 하고 교육도 했으니 이만하면 할 만큼 했다는 생각보다는, 스스로에 대한 한계와 농업·농촌·농민에 대해 미안함이 더 컸다. 그리고 나는 그들에게 빌붙어 살아온 기생충이라는 생각이 몰려왔다.

그렇다면 이제 은퇴 후에라도 건강이 허락하는 한, 수도권을 떠나 농

2016년 은퇴식을 끝으로 학교를 떠났다.

촌 지역으로 내려가 농사짓는 농민으로 사는 것도 나 스스로에 대한 사죄의 의미가 있지 않을까 하는 생각을 하게 되었다. 농촌 지역이 소중하고 중요한 내재적 가치가 있다고 말만 할 것이 아니라, 이제 은퇴 후 스스로 작은 실천이라도 하고 사는 것이 좋겠다는 생각에서였다. 평생 말로만 먹고살았으니 은퇴 후에라도 직접 행하며 사는 삶을 선택하고 싶었다.

기왕 농사를 지으려면 기후·환경·생태 위기의 시대에 자연과 생태 지향적인 유기 농사를 짓는 것이 평생의 주장과도 일치한다고 생각했다. 그렇게 시작된 유기농 사과 농사가 우여곡절을 겪으면서 어느덧 2025년 현재 10년 차 유기 농부가 되었다.

2. 작은 밀알이 되어

개신교인으로서 나는 늘 한국교회, 특히 대부분의 도시교회는 왜 농업·농촌·농민 문제에 관심이 없느냐는 생각을 하곤 했다. 교단 차원에서 일부 목회자와 성도들이 관심과 애정을 가지고 활동하고 있다는 사실을 알고는 있었으나, 대부분의 개교회에서는 관심조차 없음을 몸으로 느끼곤 했다. 맥추감사절이나 추수감사절 설교에서도 우리의 먹거리를 생산하는 농민이나 농업에 대한 감사는 거의 듣지 못했다. 아무리 하나님이 주신 물, 공기, 땅, 자연이라 하더라도 그 자원을 활용하여 농사를 짓는 농민이 있어야 우리의 먹을거리를 생산할 수 있다는 것을 모를 리 없음에도 농민에 대해 진정으로 감사하는 설교는 거의 없었다.

농업경제학을 연구하는 사람으로서 늘 아쉽고 의아했다. 구약 시절 만나와 메추라기처럼 우리의 먹거리가 하늘에서 떨어진다고 생각해서일까. 우리나라의 기독교회에서만 그런 것인지는 알 수 없으나 유독 심하다는 생각을 늘 해왔다. 현대 기독교 신학은 인간중심주의 신학이라고 알고 있는데, 그 인간은 어떤 인간을 말하는 걸까. 잘사는 자, 많이 공부한 자, 지위가 높은 자를 말하는 걸까.

신학적인 논의를 하기엔 턱없이 부족하지만, 한국교회가 물질주의와 성장 이데올로기에 함몰된 근현대 자본주의의 시류에 천착하면서 예수 사상의 본질이 훼손되고 말았다고 생각하게 되었다. 영성의 성숙보다는 눈에 보이는 가식과 교회 성장이라는 세속적 가치에 함몰되고 말았다. 기독교회의 정체성마저 사라져 가고 있는 이 시대에, 한국교회가 기후 재난 시대에 가장 먼저 소멸적 위기 상황으로 내몰리고 있는 농촌, 지역, 농업 그리고 농민의 본질적 가치를 이해하리라 기대하는 것은 애당초 요원할지도 모르겠다는 생각도 하게 되었다.

그렇다면 농업·농촌·농민의 가치와 그 소중함을 지식으로 알고 있는 나는, 이제 남은 생은 말만이 아니라 몸으로 실천하는 종으로서의 사명을 조금이나마 실천하는 밀알이 되면 좋지 않을까 하는 생각을 했다.

III. 유기농 사과 한 알을 위하여

1. 유기 농사의 4원칙(챗GPT 참고)

국제유기농업운동연맹(IFOAM)은 유기농의 4원칙(IFOAM 4원칙)을 제시하고 있는데 유기 농사뿐만 아니라 유기 농사의 생태적·윤리적 가치를 제안하고 있다. 이 네 개의 원칙은 유기 농사를 지으려 하거나 짓고 있는 우리 농부들이 늘 마음속에 담고 있어야 할 가치이며 철학이어서 간략히 소개하고자 한다.

첫째, '건강의 원칙'으로서 유기 농사는 토양, 식물, 동물, 지구 전체 자원의 건강을 유지하고 증진해야 한다. 건강이란 인간과 자연의 육체적·정신적·사회적·생태적 건강성을 총체적으로 일컫는 의미이다. 예컨대, 화학비료 대신 퇴비나 유기질 비료 그리고 미생물 사용으로 토양 생명력을 증진하고, 병충해 방제시 천적 곤충 또는 자연 유래 자재(유황, 석회보르도액 등)를 사용하고, 적정 수세와 전지 전정으로 예방 중심 병해충을 관리하는 농사를 들 수 있다.

둘째, '생태의 원칙'으로서 유기 농사는 살아 있는 생태계와 순환에 기초해야 하며 생태계를 활용하고 생태계의 원리를 모방하며 생태계가 균형을 이루고 유지될 수 있도록 돕는 역할을 해야 한다. 예컨대, 사과밭에 풀을 제거하지 않고 관리하여 생물다양성을 유지하고, 혼작 사이 짓기로 해충을 저감하고 생태계를 안정시키며 주변 숲, 곤충, 토양 미생물과 조화로운 농업생태계를 유지하고 기후와 지역 여건에 맞는 수형과 수세를 관리하는 일 등이다.

셋째, '공정의 원칙'으로서 유기 농사는 지구의 구성원이 공유하고 있

사과원을 일구는 필자와 아내

는 환경과 삶의 현장에서 공정성을 보장하는 관계를 기반으로 해야 한
다. 공정성은 사람과 사람 사이, 사람과 다른 생명체 사이의 관계에서
평등, 존중, 정의를 바탕으로 관리하는 것을 의미한다. 예컨대, 농업 노
동자에게 정당한 임금과 노동환경을 제공하고 지역사회와 협력하여 소
비자와 직거래하며, 지구와 다음 세대를 위한 책임 있는 농사를 실천하
는 것이다.

넷째, '배려의 원칙'으로서 유기 농사는 현재와 미래 세대의 건강과
복지, 환경을 보호하기 위해 예방적이고 책임감 있는 방식으로 수행되
어야 한다. 과학적 지식뿐만 아니라 실천적 경험, 윤리적 가치를 바탕으
로 한 의사결정을 존중한다. 예컨대, 새로운 농약이나 자재를 사용해야
할 때는 환경과 생명에 미치는 영향을 신중하게 고려하고, 과잉생산보
다 품질과 생태 균형을 우선 고려하는 일 등이다.

2. 유기농 사과 농사 작업별 농작업

1) 멘토(Mentor)*

유기농 사과 농사 교본이나 가이드북이 우리나라엔 거의 없는 것으로 알고 있다. 다만 2015년 국립원예특작과학원이 사과연구소에서 「사과 유기재배 매뉴얼」을 발간한 것이 유일하다. 농학에 기반을 둔 것이어서 초보 농부가 이해하기에는 어려움이 있는 것 같다. 그리고 많은 유튜버가 사과 농사에 대해 올리고 있으나 대부분 관행 사과 농사 중심이어서 유기농 사과 농사에는 크게 도움이 되지 않는다. 물론 단편적인 지식을 얻을 수는 있으나 유기 농사에 그대로 적용하기는 어렵다. 그렇다고 하여 혼자의 힘으로 유기농 사과 농사법을 체득하기는 생각보다 쉽지 않고 시간도 오래 걸린다. 나의 경우 10년 차 유기 농사를 짓고 있으나 아직도 멘토의 도움을 받고 있다. 따라서 유기농 사과 농사에 처음 도전하기 위해서는 좋은 멘토의 지도와 도움을 받는 것이 좋다.

나도 8년 차에서야 처음으로 유기농 사과(시나노골드와 후지)를 생산할 수 있었는데 멘토의 지도 아니었으면 불가능한 일이었다고 확신한다. 10여 년 전 귀농 초기에는 아무것도 모르는 초보 농사꾼이었으며 당연히 이웃 농민의 도움을 받으며 친환경 사과 농사를 시작하였다. 그러나 3년 만에 실패하고 4년 차에 지금의 시나노골드와 후지 묘목을 다시 식재했다. 그때부터 지금까지 한연수 회장이 멘토 역할을 맡아 주고 있다. 한 회장은 충북 단양에서 30년 이상 유기농 사과 농사를 짓고 있

---

* 유기농 사과 농사 경력 30년인 농민 한영수 회장의 기술지도와 철학이 큰 힘이 되었음을 밝힌다.

는 농민이고, 유기농 사과 농사가 어렵기는 하지만 반드시 가능하다는 소신과 철학을 가지고 있는 소신파이기도 하다.

2) 위치 선정, 규모, 땅 만들기

(1) 위치 선정

유기농 사과 농사를 짓기 위해서는 재배 적지를 선정해야 한다. 원론적으로 사과 재배를 위해서는 물 빠짐이 좋고 약간 경사가 지며 종일 햇볕이 잘 드는 양지바른 곳이 좋다. 가능하면 주변 농지도 유기 농사를 짓거나 관행 농사를 짓는 농장하고는 멀리 떨어져 있는 곳을 추천한다. 그렇지 않으면 농약이 날아들어 오지 않도록 세심한 주의가 요구된다.

온난화와 관련하여 사과 재배 주산지가 점차 북상하고 있다는 것도 고려해야 한다. 이미 강원도 철원, 화천, 양구, 머지않아 북한 지역으로 올라갈 것으로 예상된다. 이곳 영동 지역은 충북 북부 지역과 비슷한 기온으로 현재는 그런대로 사과 재배가 가능한 지역이나 장기적으로는 어려울 것으로 판단된다. 그런데도 이곳 양양군 강선리에 농지를 마련한 것은 고향이기 때문이었고, 언젠가 통일이 된다면 이곳 양양에서 조금만 올라가면 금강산이니 그 금강산 자락에서 사과 농사를 지으며 여생을 마치고 싶은 꿈도 있었기 때문이었다.

(2) 재배 규모

유기농 사과 재배 규모는 처음에는 1,000평 또는 300그루 내외로 작게 시작하다가 어느 정도 익숙해지면 조금씩 늘려 가는 것이 좋다. 친환경 농사 초기부터 농장 규모가 크면 일도 많고 익숙지 않아 힘들 수 있으며 유기농 사과 농사 자체를 포기할 수 있기 때문이다.

　농사 경험이 전혀 없는 나는 500평에 150그루 정도로 시작했는데 이 규모조차 쉽지 않았다. 10여 년이 지난 지금은 농사 일머리도 조금은 생겨 할 만할 정도가 되었다. 지금도 동력분무기 외에는 모든 농기계를 사용하지 않고, 사용할 필요도 없다. 노동력만으로 가능한 규모이기 때문이다. 규모를 좀 늘리고 싶으나 나이와 체력의 한계 때문에 더 늘리지는 않고 있다.

(3) 땅 만들기

초생재배한 호밀을 베어 밭에 덮어 준다.

사과원을 조성할 땅은 1~2년 동안 풀이나 녹비작물을 키워 갈아 주거나, 유전자변형농산물(GMO)이나 항생제를 사용하지 않은 가축분으로 제조한 유기질 퇴비를 살포하여 점차 유기물 함유가 많은 땅으로 바꿔 주면 좋다. 처음부터 유기농사라 하여 자가 퇴비나 영양분을 직접 만드는 작업은 권하고 싶지 않다. 특히 소규모일 경우에는 더욱 그렇다. 유기농 사과 키우는 기술도 아직 부족할 때 퇴비까지 직접 만들어 사용하는 것은 무리이기 때문이다. 2, 3년 지난 후 어느 정도 익숙해진 다음에 직접 만들어 사용하기를 권한다.

　유기농 사과원은 기본적으로 초생재배를 통해 땅을 관리하는 것이 좋다. 과원 조성 초기에는 호밀을 11월에 고랑에 파종하여 다음 해 5월에 베어 밭을 덮어 주면 좋다(사진 참조). 나무가 어렸을 때는 적어도 나무 주변 풀은 자주 예초해 주면 좋고 농장 전체로는 7, 8월에 두세 번, 수확기에 한 번은 예초를 하는 것이 좋다. 여름에는 풀이 너무 무성하게 자라 발 디디기가 힘들 정도이기 때문이고, 수확기에는 수확 작업에 수월하기 위함이다. 아무튼 풀도 유기 농사의 일부분이라 생각하고 풀을 너무 두려워하지 않는 자세가 필요하다.

3) 생산 시설

(1) 친환경적으로 조성

유기농 사과원 시설은 가능하면 친환경적으로 조성해야 한다. 관행농 사과원처럼 지나친 밀식재배 시설보다는 조금 넓게 하는 것이 친환경적이다. 예컨대 후지와 같이 수세(樹勢)가 좋은 품종은 3×4(나무와 나무 사이 3m, 골 너비 4m) 정도면 어떨까 한다. 다만 시나노골드와 같이 수세가 약한 나무는 2×4 정도가 좋을 듯싶다. 골 사이를 4m로 잡은 것은 기계 사용을 염두에 둔 것이어서, 기계 사용을 하지 않을 때는 4m보다 조금 좁아도 괜찮다. 이처럼 먼저 나무식재 방식을 결정한 뒤 지지대 시설 등을 해야 한다.

(2) 배수시설·유공관

유공관을 설치하면 좋으나 비용이 많이 드는 단점이 있다. 물 빠짐이 나쁜 과원에는 유관공을 설치할 수도 있다. 그러나 기왕 친환경 농사를 지으려 하는 것이니 가능한 한 유공관을 설치하지 않더라도 재배가 가능한 농지를 골라야 한다. 참고로 나의 농장은 언덕배기에 약간 경사가 진 땅이어서 유공관은 묻지 않았다. 그 대신 두둑을 좀 높이고 밭 가장자리로는 수로를 1m 정도 파주었는데 아직은 큰 문제가 없다.

(3) 관수시설

관수시설은 가능한 한 설치하는 것이 좋다. 물도 공급할 수 있고 영양제
(생선 액비 등)는 토양 시비할 수도 있기 때문이다. 특히 나무가 아직 어
릴 때는 관수(灌水)가 필요한 경우가 많다. 그러나 성목이 되면 관수 횟
수도 줄어들기 때문에 필요성이 점차 떨어진다. 특히, 유기 농사의 경우
과원 전체의 나무가 성목이 되면 나의 경험으로 보면 거의 자연 농사에
가까워지는 느낌이 강하게 들기 때문에 인위적인 시설의 필요성이 감
소하게 된다. 물론 기후변화의 영향으로 한발과 폭우가 예측불허의 시
대이니 관수시설이 필요할 것 같기는 하다.

(4) 지지대

요즈음 사과나무는 대부분 왜성화되어 있어 뿌리가 깊지 않고, 밀식재
배로 수고(樹高)는 상대적으로 5m까지 크게 키우므로 나무 지지대의
설치는 필수적이다. 지지대에 의해 나무가 고정되어 바람이나 땅 물러
짐으로 인해 넘어지는 피해를 막아 준다. 유기농 사과 농사라 하더라도
적정 지지대 설치는 필수이며 식재 방식, 수형(樹形) 등을 고려하여 묘
목식재 이전에 완성해야 한다. 직접 할 수도 있고 전문가의 도움을 받을
수도 있다.

4) 묘목·대목 선택

사과 묘목 선정은 초보자에게는 어려운 일이다. 묘목상에 직접 가거나
선도 농가의 도움을 받아 선정하는 것이 좋다. 사과나무 대목은 왜성대
목인 M9, 중간 왜성대목인 M26 등이 있는데 M9은 초 밀식재배에 적당
하며 M26은 밀식재배나 친환경 농사에 적합할 것으로 보인다.

이중(二重)접목묘와 자근묘(自根苗) 등은 나무의 뿌리 구조와 번식 방법, 병충해 저항성 등에서 차이가 있다. 이중접목묘는 아래 첫 번째 대목은 실생과 같은 강한 대목, 위에는 M9이나 M26 같은 왜성대목을 접목한 후, 그 위에 시나노골드나 후지와 같은 사과 품종을 접붙인 3단 구조로 되어 있다. 사과 묘목을 보면 접붙인 곳이 두 군데로 되어 있으며, 식재할 때는 두 번째 대목의 절반 정도가 땅속에 묻히도록 해야 한다. 땅속에 묻은 곳에서 뿌리가 발생하여 품종을 강하게 한다. 이중대목은 뿌리 활착이 강하고 병충해에 강하며 쓰러짐이 적은 장점이 있어 유기농 사과 재배에 적절하다. 특히 시나노골드 등 약한 품종의 유기농을 위해서는 이중접목묘가 유리하다.

자근묘는 한 가지 대목(M9이나 M26)만으로 만든 묘목을 말한다. 자근묘는 이중접목묘와 비교해 생산 시기가 빠르나 뿌리 활착이나 병충해에 약할 수가 있어 유기농에는 망설여진다. 관리를 잘 해야 하는데 유기농은 인위적인 관리보다는 자연 상태에서 농사를 지어야 하기 때문이다.

결국 유기농 사과 묘목 선택은 품종, 입지, 땅심 등에 따라 달라질 수 있으나 일반적으로는 자연환경에 강하고 인위적인 관리를 최소화해야 하므로 특히 유기농 초보자에게는 M26 이중접목묘를 권하고 싶다.

5) 품종 선택

사과 품종은 조생종(아오리, 썸머킹 등), 중생종(홍로, 아리수 등), 중만생종(시나노골드, 감홍), 만생종(후지)으로 구분할 수 있다. 판매 계획을 고려하여 선택하면 된다. 중생종은 주로 추석 출하를 목표로 하며, 중만생종과 만생종은 저장성이 비교적 좋아 연중 판매가 가능하다. 사과 품종 중

시나노골드와 홍로는 아리수나 후지에 비해 비교적 수세가 약하고 관리하기가 어려운 특성이 있다. 그래서 유기농 사과 농사 초보자의 경우 소비자의 선호도가 높은 감홍과 후지를 선택하는 것이 좋다. 나무 키우기가 비교적 수월하고 병충해에도 강한 편이기 때문이다. 시나노골드는 맛과 식감이 뛰어나 최고 인기 품종이므로 재배 기술이 좀 더 생기면 키워 보는 것이 좋을 것이다.

6) 나무 심는(식재) 방법

나무는 지주대 등 시설이 완성된 후 묘목을 심는 것이 좋다. 그래야만 줄이 맞고 관리하기에 좋으며 보기에도 좋다. 식재(植栽) 거리는 시설을 설치할 때부터 고려해야 할 사안이다. 시나노골드나 아리수 같은 품종은 수세(樹勢)가 왕성하지 않아 식재 거리를 좁게 하는 것이 필요하고, 후지같이 수세가 센 품종은 식재 거리를 조금 넓게 하는 것이 좋다. 최근 많이 보급하고 있는 이축 또는 다축형 수형을 염두에 둔다면 4~5m 이상으로 식재하는 것이 좋다.

7) 나무 형태(수형) 세력

사과 수형(樹形)은 관행 밀식재배일 경우 세장방추형과 나리다형이 대세이지만 친환경 사과 농사는 조금 넓게 식재했기 때문에 꼭 세장방추형일 필요는 없다. 개심형과 세장방추형의 중간 형태로 해도 좋다.

8) 묘목 고르기와 심기

묘목은 특묘를 구입하는 것이 좋다. 특묘란 뿌리가 잘 발달하여 있고 가지(측지)가 잘 나온 건강한 묘를 가리킨다. 특묘를 식재할 경우 보통묘

보다 1년 정도 수확이 빠르기 때문이다. 묘목 식재는 봄(3월 말경)이나 가을(10월 말경)에 하게 되는데 초보 농부에게는 아무래도 봄에 할 것을 권한다. 겨울 식재는 관리를 잘하지 못하면 동해를 입을 수도 있기 때문이다.

묘목을 심을 때는 구덩이에 거름(퇴비, 유박 등)을 넣지 않는 것이 일반적이다. 그러나 밭의 유기물 함량이 너무 낮거나 비옥하지 않을 때는 구덩이에 퇴비 한두 삽 정도를 흙과 섞어서 심으면 그해 묘목 성장에 유리하다. 물론 2년 차 이후에는 퇴비 등 유기물을 투입하는 것이 좋다.

묘목을 심을 때는 가로, 세로, 깊이 모두 약 50cm 이상 파고 묘목의 대목 부분이 땅표면에서 20cm 이상 드러나게 심어야 한다. 보통 묘목의 대목 부분은 이중대목일 경우 40~50cm, 자근묘일 경우 30~40cm 정도 된다. 대목 부분 중 땅에 묻히는 부분에서는 묘목이 성장하면서 뿌리가 나오는데 이 뿌리가 자라서 나무를 먹여 살린다.

대목 부분을 너무 깊게 심으면 수세가 강해지고, 너무 낮게 심으면 수세가 약해지는 현상이 나타난다. 예컨대 M26 이중대목 후지를 심을 경우, 후지 품종 자체가 수세가 강하기 때문에 대목 부분을 최소한 20cm 이상 땅 위로 나오게 심는 것이 좋다. 그러나 수세가 약한 시나노골드나 아리수 등은 15cm 정도 나오는 것이 좋다.

묘목을 심은 즉시 물이 흘러내리지 않도록 나무 주변을 약간 오목하게 하여 충분히 물을 주어 물이 중력에 의해 내려가면서 뿌리 사이에 흙은 채워지게 되고 공기를 빼주게 되면 묘목은 95% 이상 산다고 볼 수 있다. 식재한 후 한두 주 정도는 물을 주지 않아도 되며, 그 후에는 비가 오지 않으면 두 주에 한 번씩 두 달 정도는 물을 흠뻑 주는 것이 좋다.

9) 나무 성장 도와주기

수형을 미리 정해두고 시설 및 식재를 하였기 때문에 수형도 이에 맞추어 생각하면 된다. 특히 유기 농사를 목표로 하기 때문에 지나치게 수형에 집착하기보다는 나무 스스로 커가는 모습을 최대한 존중하여 수형을 잡아 가는 것이 필요하다고 생각한다. 그렇다고 하여 현재 관행 밀식 농사에서 많이 사용하고 있는 세장방추형으로 키우면 안 된다는 것은 아니다. 다만 지나치게 밀식재배에 맞는 수형을 고집할 필요는 없다는 것이다.

열매를 맺기 전 2~3년의 유년기는 사과를 생산한다기보다는 최소한으로 나무를 키우고 수형과 수세를 잡아 가는 일이 중요하다. 유기 농사라 화학비료를 시비하는 것이 아니니 땅심과 기후 환경 여건에 맞게 농사지어야 하므로 나무가 처음부터 왕성하게 자라기를 기대해서는 안 된다. 조금은 생육 상태가 저조하더라도 나무 스스로가 주어진 자연 여건에 적응하며 자력으로 커나갈 수 있도록 도와주고 기다려 줘야 한다. 참고로 관행 사과 농사의 경우 특묘를 심으면 2년 차부터 열매를 네댓 개 이상씩 열리게 하기도 하지만, 유기농 사과 농사에서는 최소한 3년 차부터 조금씩 열리게 하는 것이 바람직하다.

나무가 청장년이 되어 갈수록 인간이 해야 할 역할은 극히 제한될 수밖에 없다는 현실을 직시할 필요가 있다. 예컨대 땅심을 돋울 수 있도록 초생재배를 한다든가 유기질 퇴비를 넣어 주는 일 등이 고작일 수밖에 없고, 최소한의 유기 약재를 이용하여 병충해를 이길 수 있도록 도와주는 일밖에 없기 때문이다. 결국 인간이 나무를 키운다는 생각보다는 자연이 나무를 키우는 데 인간이 도와준다는 자세로 유기 농사에 임해야 한다.

10) 전지 전정

(1) 동계 전정

사과나무 전지 전정은 보통 동계와 하계로 구분할 수 있으나 이는 가장 바람직하다는 것이지 언제든 할 수는 있다. 먼저 동계 전정은 수확이 끝나고 나무가 완전히 휴면기에 들어갔을 때 이루어진다. 주로 12월부터 2월 초까지 시행하는데 2월 말 이후가 되면 벌써 뿌리가 활동하기 시작하여 물이 오르기 때문에 그 이전에 끝내는 것이 좋다.

사과나무는 2년 차 결과지에서 열매를 맺기 때문에 이 결과지를 어떻게 최대한 확보할 것인가가 중요하고 이를 달성할 수 있도록 인간이 도와주는 일이 수형을 잡아 주거나 전지 전정을 하는 이유이다.

사과나무는 가운데 기둥을 주간(主幹)이라 하고 주간에서 나온 가지를 측지(側枝)라하며 측지에서 결과지(結果枝)가 나와 이 결과지에 꽃눈이 형성되면 그 다음 해에 열매를 맺게 된다. 어린나무는 전정할 것이 별로 없으므로 측지를 90도 각도로 자랄 수 있도록 이크립이나 추등을 이용하여 아래로 유인하는 것이 중요하다. 측지에서 나오는 결과지도 90도 이상 아래로 유인해 주는 작업을 2, 3년은 중점적으로 실시하여 측지와 결과지를 봄부터 여름까지 관리해 주면 동계 전정 때는 크게 할 일이 없다. 다만 주간의 끝인 상단은 곧게 자랄 수 있도록 해주고 주간 상단의 측지들은 결과지 정도로 생각하고 가볍게 가져가는 것이 좋다.

성목(成木)이 되어갈수록 전정은 햇빛을 골고루 많이 받도록 하는 것이라는 기본 원리는 같다. 측지는 주간의 굵기에 1/3을 넘지 말아야 하고, 측지는 햇빛이나 약재가 잘 들어갈 수 있도록 복잡하지 않게 해야 하며, 나무의 상단부는 간명하고 단순하게 하여 중간부와 하단부의 측

동계 전정

지나 결과지에 그늘이 지지 않도록 해야 하는 등의 기본 원리가 모든 나무에 적용될 수 있을 것이다.

그러나 동계 전지 전정은 나무의 수세, 식재 방식, 품종 등에 따라 조금씩 다양해질 수밖에 없다. 수세가 약한 나무는 꽃눈을 적게 남기는 강전정을, 수세가 강한 나무는 꽃눈을 많이 남기는 약전정을 통하여 수세를 안정시키는 것이 좋다.

식재 방식, 즉 밀식재배일 경우에는 수고를 약 5m 정도로 높게 하고 측지를 짧게 하는 전정을 해야 한다. 그러나 밀식재배가 아니거나 조금 넓게 식재한 경우에는 수고는 좀 낮게 하고 측지는 길게 하는 전정을 해야 한다.

품종에 따라서도 전정은 조금 달라져야 하는데 시나노골드나 아리수와 같이 수세가 약한 품종은 꽃눈을 살리거나 꽃눈 발생 가능성이 커지도록 약하게 전정해야 하며 측지도 가능한 한 잘라내지 않는 것이 좋다. 한편 홍로나 후지같이 수세가 비교적 강한 품종은 복잡한 측지는 과감하게 잘라내는 등 전정을 좀 세게 해도 된다.

(2) 하계 전정

하계 전정은 보통 6월 말에서 8월경까지 이루어진다. 유목(幼木)은 주간에서 나오는 측지나 측지에서 나오는 결과지를 이크립 등을 이용하여 수평이나 수평 이하로 유인하는 작업을 해주면 된다. 성목은 수관이 복잡하여 바람이나 약재 공급을 막는 측지나 결과지 중에서 하늘로 솟아오른 도장성 가지(도장지)는 손으로 뜯어내는 것(완전 제거)이 좋다. 그래야만 그 자리에 새 가지가 올라오지 않고 햇볕과 바람과 약제가 잘 살포된다. 하계 전정 때도 당연히 내년도에 필 꽃눈이나 결과지 형성 가능성을 염두에 두어야 한다.

실제로 전정하다 보면 나무의 세력이나 측지 생김새, 결과지 등이 나무마다 매우 다를 경우를 수없이 마주친다. 어디를 얼마만큼 잘라야 하는지 자르지 말아야 하는지, 어디를 전정해야 하는지 등 판단이 잘 안 서는 경우를 초보자일수록 수없이 맞닥트린다. 도저히 판단이 서지 않는 경우가 부지기수다. 이럴 때 가장 좋은 방법은 인간보다는 나무 스스로가 더 잘 알 수도 있기 때문에 나무가 스스로 해결하도록 맡기는 것도 좋은 방법이다. 즉, 판단이 서지 않을 때는 그냥 그대로 두라는 것이다. 그렇다고 하여 농부는 아무것도 하지 말라는 의미가 아니라 확실한 자기 나름의 소신과 지식을 가지고 판단하되, 애매한 경우에는 나무에 맡기는 것도 중요한 판단이 된다는 뜻이다.

(3) 가을 전정

가을 전정은 9월 초에 도장지와 도장성 과대지를 전지해 주는 정도가 좋다. 과일을 키우고 햇빛을 잘 받도록 해주기 위함이다.

11) 유인

전정 작업 못지않게 중요한 작업이 유인이다. 유인은 측지나 결과지를 원하는 방향으로 잡아당기거나 눕혀 바람직한 수형으로 만드는 작업이다. 측지 유인은 햇빛을 잘 받게 하고 바람이 잘 통하게 하기 위함이고,

병충해 방제시 약이 전체 나무에 잘 들어가도록 하기 위함이다. 결과지 유인은 이크립이나 추, 끈 등을 이용하여 수평보다 아래쪽으로 낮추는 작업으로 꽃눈 분화를 촉진하기 위함이다.

유인 시기는 가지가 아직 연하여 부러질 위험이 없는 5~6월경에 한다. 후지의 경우 결과지 유인은 꽃눈 분화에 매우 효과적이며, 시나노골드같이 세력이 비교적 약한 나무는 결과지 유인을 5월부터 서두르지 말고 6, 7월경 결과지가 좀 자랐을 때 시행하는 것이 좋다. 너무 어린 결과지를 유인했을 경우 오히려 꽃눈 분화에 어려움이 있기 때문이다.

나의 경험에 비추어 보면 후지·홍로 같은 품종은 결과지 유인으로 좋은 꽃눈이 만들어질 확률이 높으며, 시나노골드·썸머킹·아리수 같은 품종은 결과지 유인을 하되 모든 결과지를 대상으로 할 필요는 없다고 생각된다. 수세가 약한 품종은 결과지를 지나치게 많이 유인하면 오히려 꽃눈 분화가 더디고 약해지기 때문이다. 보통 장마 전까지는 결과지 유인을 마치는 것이 좋다.

12) 적뢰·적화·적과

봄에 꽃눈이 너무 많을 때 꽃눈을 따주는 작업을 적뢰라 하고, 꽃을 따주는 작업을 적화라 하며, 열매를 따주는 작업을 적과라 한다. 적뢰는 많이 하는 작업이 아니기 때문에 적화와 적과에 대해서만 정리해 보고자 한다.

(1) 적화

꽃눈이 많다고 판단되면 한 결과지에 한두 개의 꽃눈, 가능하면 정화를 남기고 액화는 따주는 적화 작업을 해준다. 정화는 결과지의 끝에 있는 꽃눈이고 액화는 중간에 있는 꽃눈으로 정화에 맺히는 사과가 크고 맛도 좋으며, 액화에서 열리는 사과는 크기도 작고 맛도 떨어진다.

(2) 적과

4월 20일경(양양 지역의 경우) 꽃이 만개한 이후 5월이면 수정이 이루어졌는지를 알 수 있는 계절이 된다. 수정이 되면 꽃은 떨어지고 작은 열매들이 드러나기 시작하며 빠른 속도로 굵어진

적화

다. 이때부터 과일을 솎아 주는 적과 작업이 시작된다. 보통 메추리알만 해졌을 때 시행하는데 조금 일찍 할 수도 있고 조금 늦어질 수도 있다.

적과는 꽃눈 하나에서 5~6송이의 꽃이 피고 열매 맺음으로 이들 중 가능하면 중심화에 맺힌 열매(중심과) 하나를 남겨두고 나머지는 모두 따내면 된다. 보통 중심과가 가장 크고 꽃대도 굵기 때문이다. 만약 중심과가 없거나 빈약할 경우 나머지 중에서 가잘 튼실한 열매를 남겨두고 나미지는 모두 따내민 된다.

적과는 조생종, 중생종, 만생종 순으로 실시한다. 일차 적과 이후 이차 적과를 실시할 수도 있으며 6월까지 지속할 수도 있다.

적과를 통하여 측지별, 결과지(결과모지)별 열매 개수를 배치한 다음 2~3주가 지나서부터는 거리적과라고 하여 과일 간 거리가 20cm에 하나 정도씩 남기고 따주는 작업을 해준다. 이때 수세가 강한 나무는 열매 간 거리를 조금 짧게 하여 좀 많이 남겨두고, 수세가 약한 나무는 열매

를 적게 남겨두어야 한다. 그래야만 수세 조정도 되고 해걸이를 피하면서 이듬해 농사를 정상적으로 지을 수 있기 때문이다. 관행 사과 농사에서는 적화, 적과 작업을 기계나 약물(호르몬제 등)로도 하지만, 친환경 농사에서는 직접 손으로 해주는 것이 좋다. 그러나 시간이 많이 소요되는 어려움이 있다.

13) 양분전환기

지난해 탄소동화작용으로 뿌리 등에 축적했던 저장양분을 이용하여 나무는 봄부터 움트고 꽃피고 열매 맺으며 키우게 되는데 보통 6월 말에서 7월 초까지 지속된다. 그 이후로는 그해 새로 나온 새잎으로 양분을 만들어 과일을 키우고 내년을 위해 뿌리에 양분을 다시 축적하게 되는데 이 시기를 양분전환기라고 한다. 이때는 나무의 성장이 일시적으로 멈추었다가 다시 자라거나 꽃눈을 더욱 분화시키고 과일을 빠르게 키우게 된다.

14) 초생재배와 예초

초생재배를 한다고 하더라도 한 해에 서너 번은 예초작업을 해주는 것이 좋다. 특히 나무 밑의 키가 큰 풀은 가끔 잘라 주어 바람이 잘 통할 수 있도록 해주어야 한다. 유기농 초생재배에서 풀에는 각종 천적도 공생함으로 뽑아내거나 제거의 대상이 아니다. 생물다양성을 위해서라도 20~30종의 잡초가 공생하는 것이 좋다는 연구도 있으니 조금은 미관상 보기 싫더라도 그냥 놔두는 것이 좋다. 개구리, 메뚜기, 땅강아지 등도 함께 서식한다. 서너 번 예초를 하더라도 과원에는 풀들이 엄청나게 자란다.

15) 적심

적심은 새순이 20~50cm 정도 자랐을 때 가지 끝 성장점의 여린 잎 한 두 장을 손이나 전지가위로 잘라 주는 작업으로 성장을 억제하거나 가지의 방향을 유도하고 수세 조절, 꽃눈 형성 등을 목적으로 하는 작업이다. 가지의 끝 성장점을 자르면, 즉 적심을 하면 약 15일 동안은 가지가 성장을 멈추는 대신 영양이 가지 안쪽에 집중되어 가지를 더 단단하게 하거나, 가지 내의 꽃눈이나 잎눈을 충실하게 해준다. 적심은 유인과 효과가 비슷하지만, 나무 세력이나 수형에 따라서 적절히 혼용해야 한다. 적심을 하게 되면 가지가 굵어지는 경향이 있으나 유인은 그렇지 않은 것 같다.

16) 봉지씌우기와 봉지벗기기

사과 봉지는 이중으로 되어 있으며 겉봉지는 두꺼운 크래프트 종이로 되어 있고, 속 봉지는 얇고 반투명인 왁스지(파라핀으로 처리된 종이)로 만들어져 있다. 병충해를 예방해 주는 효과가 확실히 좋으며 사과 표면이 비교적 깨끗하고 얇아 껍질째 먹을 때 식감이 좋아 소비자들의 반응도 좋다.

친환경 사과 농사에서 봉지(이중봉지)씌우기는 필수적이라고 봐야 한다. 초보 농부뿐만 아니라 기존의 농부들에게도 반드시 봉지를 씌우기를 권하고 싶다. 대농의 경우 인건비와 재료비가 많이 드는 단점이 있으나, 병충해에 직접 노출되지 않도록 하고 소비자에게 전달됐을 때 품위가 비교적 깨끗하여 보기에도 좋고 껍질도 비교적 얇아 껍질째 먹기에 좋기 때문이다.

유기농 사과 농사의 핵심이라 할 수 있는 봉지씌우기는 수정이 끝나

| 사과 봉지씌우기 | 후지의 속봉지를 벗기고 있다 |

고 열매 직경이 1∼2cm 정도 되는 5월경에 시행하는데 빠를수록 좋다고 생각한다. 열매가 커질수록 씌우는 작업이 더딜 수 있기 때문이다. 봉지벗기기는 수확 예정일 30∼40일 전쯤에 겉봉지를 벗겨 주고 그 후 일주일 후에는 속봉지까지 벗겨 준다.

17) 병충해 방제

(1) 방제 일반

친환경 사과 농사에서 가장 어려운 과제 중 하나가 병충해를 어떻게 해결할 것인가 라고 해도 과언이 아니다. 관행 사과 농사의 경우 방제 기술이 거의 매뉴얼화되어 있다. 무슨 병충해에 무슨 약을 쓰고 언제쯤 무슨 약을 써야 하는지가 오랜 연구와 임상시험으로 품목별로 잘 알려져 있다.

　그러나 친환경 농사의 경우 병충해 방제 기술이나 약제가 농가별로 매우 다양하여 수십, 수백 가지에 이르기 때문에 이를 매뉴얼화하기란 현실적으로 쉽지 않다. 그래서 초보 농부의 경우 온갖 좋다는 자연 약제를 만들어 사용도 해보고, 자닮유황이나 자닮오일을 써보기도 하며, 유기 인증을 받은 약제를 구입하여 사용해 보기도 한다.

　이 과정에서 재배 기술도 부족하고 병충해 관리도 매우 어려워 초보 과수 유기 농민들은 5년을 넘기지 못하는 경우가 많은 것이 현실이다. 특히 유기 사과 농사의 경우 이웃 농가들로부터 조언을 받아 보기도 하나 초보 농부와 크게 다르지 않아 실망하는 경우가 많다. 그래서 단순하게 생각하는 것이 필요하다. 즉 자기 밭에 맞는 유기 살균제 한두 가지, 유기 살충제 한두 가지만을 엄선하여 사용하는 것이다.

　사과의 경우 살균제로는 석회보르도액, 석회유황합제(황+생석회), 자닮오일·자닮유황이 좋다. 그런데 석회보르도액도 본인이 직접 제작할 수도 있고, 전문회사에서 제조한 것을 구입하여 사용할 수도 있다. 석회유황합제도 마찬가지다. 자닮오일과 자닮유황은 원재료를 구입하여 소량이라도 직접 쉽게 만들어 사용할 수 있다.

　살충제로는 자연에서 얻은 약제(백두옹, 은행 열매와 잎, 돼지감자, 님오일, 제충국, 고삼 등)를 달여 만들 수 있는 살충제도 수십 기지가 있다. 이 모든 약제의 효과를 직접 만들어 비교하거나 분석하기란 쉽지 않고 힘들다. 초보지의 경우 규모가 그리 크지 않다면 모범 농가의 추천을 받아 효과가 확인된 살충제 한두 가지만 엄선하여 사용하기를 권한다. 나는 고삼추출물로 전문 제조사가 만든 청충불패와 BT2를 사용한다.

　규모가 작거나 처음 시작하는 농가의 경우 전문회사 제품을 구입하여 사용하는 것도 좋은 방법이다. 유기 농사 초창기부터 약제 제조까지

하려면 시간이 너무 많이 소요되고 힘들어 포기하기 쉽기 때문이다. 유기 농사 시작부터 너무 힘들면 초기 5년 이내에 포기할 확률이 높다.

(2) 시기별 주요 방제

시기별 주요 방제로는 3월 중순쯤 꽃눈이나 잎눈이 아직 움직이지 않을 때 친환경 기계유제 또는 자닮오일과 자닮유황, 또는 친환경 석회유황합제를 엽면시비해 주는 것이 일반적이다. 4월 중순에는 꽃피기 직전 석회유황합제(규산황 또는 자닮유황·자닮오일)를 엽면시비하는 작업이 필수적이다. 겨우내 잠복하고 있던 병균을 예방하는 효과가 있기 때문이다. 그리고 4월 중하순경 꽃이 피면서 모엽이 거의 동시에 나오는데 만개 이후 7~10일 후에 반드시 살충제(청충불패와 BT2)를 엽면시비해 줘야 한다. 이때 혹진딧물 방제에 효과가 좋은 약을 사용하는 것이 중요하다. 이파리가 나올 때 혹진딧물 피해를 입게 되면 잎이 동그랗게 말려 그 후로는 방제가 잘 되지 않아 고생하기 때문이다.

6월 중하순경 장마가 시작되기 전에는 반드시 석회보르도액을 살포하여 갈반증이나 점무늬낙엽병 같은 세균성 질병을 적극적으로 예방해야 한다. 6월 이후 8월까지는 살균제와 살충제를 10~15일 간격으로 살포하여 방제에 최선을 다해야 한다.

18) 나무 세력 판단

과수나무의 세력을 판단하는 것은 농부에게는 매우 중요한 일이다. 세력이 세면 나무가 소위 생식생장은 하려 하지 않고 영양생장만 하려 해서 나무만 무성하게 자라고 과일을 잘 맺지 않게 된다. 센 나무에는 영양분 공급을 자제해야 하고 전정도 약(弱)전정을 해야 하며, 결과지 유인을 적극적으로 해야 한다. 약한 나무에는 영양분을 공급해 줘야 하고 강전정을 해야 하며, 결과지 유인은 소극적으로 해야 한다.

사과나무 세력은 사과 품종별, 땅의 조건별, 지역별로 차이가 있을 수 있기 때문에 자기 농장만의 나무 세력 판단기준을 정립하는 것이 바람직하다. 나무 세력이 약한지 강한지를 판단하는 일은 과수 재배 농민이면 반드시 알아야 한다. 그러나 초보 농부에게는 그리 쉽지 않으며 최소한 5~6년은 지나야 감을 잡을 수 있다.

19) 영양 관리

유기 농사의 경우 가장 중요한 영양 관리는 토양 관리라 할 수 있다. 초생재배를 통해 유기물 함량을 높인다든지 미생물을 투입하기도 하고 유기질 퇴비 등을 투입하기도 한다. 유기재배 초창기부터 가장 신경을 많이 써야 하는 부문이 어떻게 하면 땅심을 높일 수 있을 것인가이다. 화학비료와 화학농약 없이 자연생태 친화적인 유기농업을 위해서는 경축순환농업을 통하여 퇴비를 생산하기도 한다. 아무튼 땅심은 하루아침에 좋아지는 것이 아니기 때문에 10, 20년 이상 한곳에서 꾸준히 오랫동안 끈기 있게 농사지으며 서서히 땅을 바꿔 나가야 한다.

단기적으로는 수확이 모두 끝나는 11월 하순쯤 퇴비를 살포하기도 하고, 생선액비나 유기 4종 복비를 만들어 살포하기도 하며, 석회고토도 한 그루에 반 포씩 3년에 한 번 정도 살포해 주기도 한다. 바다가 가까운 곳인 이곳 양양에서는 바닷물을 40~50배 희석하여 한 해에 서너 번 엽면시비함으로써 미량원소를 제공하거나 사과 발효액을 희석하여 미생물을 관주하거나 토양에 살포하는 것이 전부이다. 이처럼 유기농 사과 농사의 영양 관리는 관행 사과 농사와는 달리 거의 자연에 맞기되 사람이 도와줄 수 있는 일을 찾아서 하는 정도이다.

영양 관리에서 물은 가장 중요한 요소이다. 식물은 물 없이 자랄 수 없으므로 오염되지 않은 물을 공급해야 하며 가끔 수질검사도 해야 한다. 유기농 인증을 받기 위해서는 5년에 한 번씩 수질검사를 의무적으로 받아야 한다. 유기약제를 물과 풀어 살포해 주는데 이때 사용하는 물은 pH 5~6 정도가 좋으며 이를 벗어 난 물은 연수화하여 사용해야 약효가 좋다. 빗물을 받아 사용하기도 하는데 이 빗물이 연수이기 때문이다.

20) 수확 및 저장

수확은 직접 손으로 한다. 시기는 지역별, 품종별, 농장별 며칠씩의 차이가 있어서 일반적인 수확 적기를 앞뒤로 하여 7일 정도로 잡으면 된다. 예컨대 조생종, 중생종, 만생종으로 구분하여 조생종은 7월 하순에 수확하는데 고이조라, 아오리 등의 품종이 있고, 중생종은 8월 하순에 수확하는데 썸머킹 등이 있다. 또한 9월 초순에 수확하는 중만생종인 아리수 등이 있고, 10월 초에는 중만생종인 시나노골드가 있으며, 11월 초가 되면 만생종이 나오는데 후지가 대표적이다. 수확은 일 년 농사를 마무리하는 작업임으로 상처가 나지 않도록 천천히 신중하게 작업해야

◀ 친환경 상자에 포장한 시나
노골드
▶ 친환경 상자에 포장한 후지

한다.

　수확한 사과는 선별한 후 저온 저장고에 입고하고 판매 일정에 따라 출하한다. 유기농 사과의 경우 저장에 따른 품질 저하를 막기 위해서는 수확 후 가능한 한 이른 시일 내에 판매하는 것이 좋다. 나는 옆의 사진에서 보는 바와 같

택배 상자 안에 넣어 주는 명함

이 사과 상자 안에 작은 명함을 넣어서 소비자에게 보낸다. 명함에는 환경과 건강을 생각하는 유기농 사과에 대한 소개 내용이 담겨 있다.

21) 국가 인증

유기 농사 시작부터 국가가 인정하는 인증 절차를 밟아 볼 것을 권한다. 친환경 인증이 어떻게 이루어지고, 농지 관리는 어떻게 해야 하는지, 농업용수는 적정한지, 어떤 농자재를 이용할 수 있는지, 친환경 농사는 어떤 것을 유의해야 하는지 등을 배울 수 있기 때문이다.

　처음부터 유기농 인증 절차를 밟는 것이 아니라 무농약 인증을 3년 정도 하고, 그 후 유기농 전환기 인증을 또 3년간 하게 되면, 그다음에 유기농 인증을 신청할 자격이 생기게 되니 유기농 인증까지는 최소한 7년 이상이 걸린다.

　유기농 인증을 위해서는 품질관리원이 지정한 민간인증기관에 신청하면 된다. 인증기관이 요구하는 신청 서류를 모두 준비하면 되는데 신청서 접수 이후 인증서가 나오는 기간은 보통 두 달 정도 소요되며 중간에 인증 요원이 실제로 농장을 방문하여 조사·확인하는 절차를 밟는다.

유기농 인증 농가에 지급하는 푯말

인증에 필수적인 토양 검정표는 농지가 있는 지역의 농업기술센터에서 무료로 검증해 주며, 인증 비용은 농사 규모에 상관없이 매년 50만 원 정도 소요된다. 대부분의 지역농업기술센터에서 인증비의 70~90% 정도를 보조해 준다.

3. 월별 주요 농작업

이상에서 살펴본 유기농 사과 농사를 월별로 요약 정리하면 〈표〉 '유기농 사과 월별 주요 농작업 요약'과 같다. 1, 2월엔 동계 전지 작업, 3월엔 친환경 기계유제 살포, 4월엔 꽃피기 직전 석회유황합제(자닭유황·자닭오일, 규산황 등) 살포, 1차 흑진딧물 방제(청충불패, BT2), 적화, 5월엔 적과, 봉지씌우기, 결과지 유인, 방제, 6월엔 장마 전 석회보르도액 살포, 방제, 7월엔 조생종부터 겉봉지벗기기, 10일 간격으로 집중 방제(석회보르도액, 석회유황합제, 청충불패, BT2), 8월엔 집중 방제 지속, 조생종 수확, 9월엔 시나노골드 봉지벗기기, 집중 방제, 10월엔 시나노골드 수확·판매, 11월엔 후지 수확·판매, 12월엔 퇴비, 석회고토 등 살포이다. 이렇게 한 해 사과 농사는 마무리된다.

<유기농 사과 월별 주요 농작업 요약>(양양 로뎀농원 기준)

월별	주요 농작업
1	- 2월 초까지 동계 전지전정(2월 중하순부터 뿌리가 움직인다)
2	- 동계 전지전정 완료(뿌리 활동이 재개되기 전까지는 끝내야)
3	- 친환경 기계유제 살포(40:1, 싹트기 전)
4	- 유인 시작 - 꽃피기 직전 석회유황합제(규산황 또는 자닮유황·오일) 살포 - 적화(적정 과일 수의 1.5배 정도만 남김) - 청충불패(살충제) 살포(1회 실시) - 토속 사과 미생물 토양 살포
5	- 적과(조생종, 중생종, 만생종 순으로 실시) - 청충불패(살충제) 살포(1, 2회 실시) - 장마 전까지 결과지 유인 지속 - 석회유황합제 또는 자닮유황·오일 살포 - 봉지씌우기 시작(조생종부터) - 예초 - 토속 사과 미생물 살포
6	- 청충불패(살충제) 살포(1, 2회 실시) - 장마 전 석회보르도액 살포 - 예초 - 토속 사과 미생물 살포
7	- 석회유황합제 또는 자닮유황·오일 살포 - 청충불패(살충제) 살포(1, 2회 실시) - 석회보르도액 살포 - 조생종부터 겉봉지 벗기기 시작 - 바닷물 살포 - 예초 - 토속 사과 미생물 살포
8	- 석회유황합제 또는 자닮유황·오일 살포 - 청충불패(살충제) 살포(1, 2회 실시) - 석회 보르도 살포 - 바닷물 살포 - 조생종(고이조라, 썸머킹) 수확 - 예초

9	- 석회유황합제 또는 자닭유황·오일 살포
	- 석회 보르도 살포
	- 청충불패(살충제) 살포(1, 2회 실시)
	- 후지 겉봉지 벗기기
	- 시나노골드 속 봉지 벗기기(수확 일주일 전)
	- 시나노골드 수확 시작
10	- 후지 속 봉지 벗기기
	- 시나노골드 수확·판매
	- 바닷물 살포
	- 자닭오일·유황이나 석회유황합제 살포
11	- 후지 수확·판매
12	- 퇴비 살포(눈 오기 전)
	- 석회고토(3년에 한 번씩) 살포

IV. 맺는말

유기농 사과 농사는 유기 농사 중에서도 어렵다고 알려져 있다. 관행 사과 농사도 재배 기술이 까다롭고 복잡하여 일이 많으며, 방제 또한 연간 20회 이상 해줘야 한다. 하물며 유기농으로 사과 농사를 짓는다는 것은 더 어려운 일이라고 생각할 수 있다. 그러나 유기농 사과 농사도 마음만 먹으면 쉬울 수도 있다. 유기 농사의 철학과 자세를 마음 깊이 늘 새기면 조금은 편안한 마음으로 유기농 사과 농사에 임할 수 있을 것이다.

첫째, 자연과 더불어 자연에 맡기고 농사를 짓는다는 자세가 필요하다. 관행 농사처럼 너무 많이 생산하려 하지 말고, 너무 많이 투입하려 하지 말며, 벌레와 세균들에 조금은 관대해야 한다.

둘째, 사과 농장의 사과나무 한 그루 한 그루를 사랑의 언어로 애정을 표시하고 자식처럼 돌보아야 한다는 자세를 가져야 한다. 모든 농사가 그렇지만 특히 유기 농사는 풀과 벌레와 바람과 함께하면서 인간에게 먹거리를 제공하는 사과나무에게 사랑을 표하고 격려하는 일은 당연하다. 어디 아픈 곳은 없는지, 어제와 비교하여 오늘은 어디가 다른지 등을 세심하게 살펴야 한다.

셋째, 농장뿐만 아니라 자연에서 살아가고 있는 모든 생명체, 즉 풀과 곤충, 동물, 미생물 그리고 사람에 대해서도 사과나무 못지않게 사랑과 애정으로 대해야 한다. 해를 끼치는 생명체가 있는 반면에 이들을 견제하는 생명체도 함께 공생하고 있는 곳이 자연이고 생태계의 질서이기 때문이다.

넷째, 유기농 사과 농사의 단순화가 필요하다. 본문에서 유기농 사과 농사가 얼마나 복잡하며 다양한 기술을 필요로 한다는 사실을 정리해 보았다. 그러나 10여 년간 농사를 지으며 얻은 결론은 유기농 사과 농사는 결국 거의 자연농법이 아닐까 하는 생각을 하게 되었다. 인위적으로 농약과 기계로 농사짓는 관행 농사와는 완전히 다르다는 것을 요즈음 절실히 느낀다. 과학이 다 하는 농사가 아니라 유기 농사는 자연과 함께하는 농사이기 때문에 인간으로서는 덜 피곤하고 덜 힘들다. 인간의 욕심을 조금만 내려놓으면 된다.

다섯째, 유기농 사과 농사의 핵심기술은 봉지를 씌우고 벗기기, 살균제로는 석회보르도액과 자닮오일·자닮유황, 석회유황합제, 살충제로는 청충불패·BT2, 자닮오일·자닮유황이면 되고, 영양공급원으로는 퇴비, 생선액비, 토착미생물발효 사과액비, 석회고토, 바닷물 등이면 충분하다. 처음부터 너무 거창하게 계획하지 말고, 가벼운 마음으로 소규모 유기농 사과 농사에 도전해 볼 것을 권한다.

생명농업에 대한 학문적 실험과 결과

— 블루베리를 통한 자연과학농업과 무농약 재배 비교 연구*

이상기 | 건국대학교 농학박사

I. 들어가며

블루베리는 풍부한 항산화 성분으로 인해 세계적으로 건강식품으로 주목받는 과일로, 안토시아닌, 폴리페놀, 비타민 등이 풍부하게 함유되어 있다. 이러한 성분은 항산화 작용, 시력 보호, 심혈관 건강에 도움을 주며, 블루베리를 뛰어난 건강 식재료(super food)로 자리매김하게 했다. 현대 식생활의 변화와 건강에 대한 관심이 증가하면서, 친환경 재배 방식의 필요성이 대두되고 있다.

자연 유래 자재와 미생물을 활용하는 자연과학농업**은 환경 보전과

---

* 이 글은 김두환 명예교수(건국대 원예학과)가 지도한 이상기 박사의 박사학위 논문을 김두환 교수가 요약한 것이다.

** '자연과학농업'은 조한규 씨의 '자연농업'을 김두환 교수가 수용하여 학문적으로 연구 발전시키면서 조한규 씨와 상의하여 과학이라는 말을 추가한 명칭이며, 자연농업에 대한 과학적

지속가능한 농업의 대안으로 부상하고 있다. 무농약 재배는 농약을 사용하지 않고 유기질 비료, 미생물 제제 등을 사용하는 방식이며, 자연과학농업은 자연에서 유래한 자재만을 사용하고 토착미생물의 생태적 순환을 강조하는 방식이다.

이 연구 결과 블루베리 재배시 자연과학농업 방법이 무농약 재배 방법보다 토양 환경 개선, 생육 증진, 과실의 기능성 향상, 해충 및 잡초 방제, 상품성 확보 등 전반적인 성과 면에서 우수하다는 사실이 나타났다. 특히 유기자재의 다양성과 토착미생물의 복합 활용은 작물 생리에 긍정적인 영향을 주었고, 농약 및 화학비료를 전혀 사용하지 않고도 수익성을 확보할 수 있는 지속가능한 농업 방식임을 알 수 있었다.

지난 10여 년간의 실험 및 농가 재배에서 자연과학농업이 블루베리 외에 고추, 토마토, 벼, 옥수수 등 다수 작물에서도 유사한 결과를 보였으며, 라오스, 캄보디아, 동티모르, 스리랑카, 필리핀 등 해외에서도 실험포장 또는 농가에 적용되어 유사한 결과를 보여주었다.

II. 연구 방법

1. 실험 재배 조건

(1) 장소: 충청북도 증평군 도안면 송정리
(2) 대상 작물: 4년생 하이부시 블루베리 200주

인 연구가 뒷받침되어 체계적으로 발전시킨 농업을 말한다.

(3) 재배 기간: 2015~2020년

(4) 재배 방법 구분:

① 자연과학농업: 토착미생물(IMO-4, IMO-5), 한방영양제, 천
혜녹즙, 생선아미노산, 담배, 백두옹, 제충국 등 자연자재,
볏짚 멀칭 사용

② 무농약 재배: 유기질 비료, EM미생물, 해조 추출물, 우두칩
멀칭과 고랑에 제초 배트 사용

2. 분석 항목

① 토양의 이화학적 분석(pH, EC, 습도, 유기물, 무기성분)

② 식물 생육 특성(수고, 엽수, 엽장, 엽폭, 줄기 및 뿌리 직경, 마디 수 등)

③ 블루베리 과실의 품질 특성(당도, 경도, 과중, 과색 등)

④ 기능성 성분 분석(총 폴리페놀, 안토시아닌, 비타민 A, C, E 등)

⑤ 해충 방제 효과(백두옹, 제충국 추출물의 진딧물 치사율 분석)

⑥ 잡초 발생 빈도(주요 발생 종, 중요치 분석)

⑦ 수확량 및 상품성과 매출 비교

또한 연구 설계의 정밀도를 높이기 위해 각 처리구는 동일한 관수(灌水), 전정, 해충관리 일정을 기반으로 관리되었으며, 실험군 간 비교의 신뢰성을 확보하였다.

III. 결과 및 고찰

1. 토양 이화학적 특성 비교

자연과학농업 방법에서 무농약재배보다 유기물 함량, 습도, 토착미생물 밀도가 높고, 염류농도(EC)가 낮은 안정적인 환경을 유지하였다. 특히 토착미생물(IMO-5)은 방선균, 유산균, 광합성균 등을 포함해 병해 억제와 토양 개량에 긍정적인 영향을 미쳤다. 자연에서 유래한 발효자재는 토양 내 균형을 맞추는 데 도움이 되었으며, 장기적으로 토양 자생력을 증진하는 것으로 관찰되었다.

〈표 1〉 토양 간이 측정 결과

항목	무농약	자연과학농업
pH	5.9	5.1
EC(ds/m)	0.9	0.4
토양 습도(%)	55	70

연차별로 토양 내 이화학적 성분을 분석한 결과 유기물과 칼륨 및 칼슘 함량은 첫해에는 무농약 재배와 자연과학농업 재배한 토양에서 큰 차이가 없었으나, 2~3년 차에는 자연과학농업으로 재배한 토양에서 높게 나타났다. 이는 자연과학농업 자재 중 토차미생물과 볏짚, 수용성 칼슘, 수용성 인산칼슘을 주기적으로 사용한 결과이다.

자연과학농업으로 재배한 토양의 이화학적 성분 함량이 농촌진흥청에서 제시하는 기준치에 대체적으로 준하게 유지되었으나, 무농약 재배 토양에서는 인을 제외한 대부분의 성분과 EC가 적정범위에서 크게 미달하는 결과가 나타났다. 그 이유는 무농약 재배지에도 우드칩, 화학 비료, 유기질 비료, EM 미생물 등을 활용하였으나 자연과학농업에서 활용하는 자재와 비교해 볼 때 효과의 차이를 보였다.

<표 2> 실험 전후 자연과학농업과 무농약 재배의 이화학적 분석비교

구분	농촌진흥청	2018.12		2019.12		2020.12	
		무농약	자연과학농업	무농약	자연과학농업	무농약	자연과학농업
pH(1:5)	4.8	4.8	5.6	5.7	5.1	4.2	4.6
Organic matter(g/kg)	45	25	26	14	40	25	47
P(mg/kg)	500	616	557	535	862	640	463
K(cmol+/kg)	0.8	0.25	0.28	0.43	0.59	0.04	0.19
Ca(cmol+/kg)	5.0	4.4	4.8	3.7	5.6	1.0	3.6
Mg(cmol+/kg)	2.0	0.8	0.8	1.0	1.1	0.2	1.0
EC(ds/m)	0.8	0.3	0.3	0.3	0.9	0.2	0.3

토착미생물 IMO-5의 시료를 분석한 결과 곰팡이균(Fungi)보다 박테리아 개체 수가 상당수 높은 수치를 나타내었다. 그중 방선균(Actino-mycetes)은 곰팡이균과 박테리아의 중간적인 미생물로서 방선균의 밀도가 증가할수록 유기물 분해 능력이 빨라지고 토양 내의 병해충 밀도가 줄어든다. 세균이 증가함에 따라 사상균이 감소하는 것은 긍정적인 결과라 하겠는데 이는 작물 재배시 병원균의 대부분이 사상균이며, 사상균이 많이 존재한다는 것은 병해 발생률이 높다고 말할 수 있기 때문이다. 특히 IMO-5의 처리구에서 방선균의 밀도가 더 증가하였다. 이는 방선균이 생존할 수 있는 토양 환경이 변화되었다는 것을 알 수 있다.

〈표 3〉 토양 내의 방선균(Actinomycetes) 밀도 분석(CFU/g)

연도	무처리	IMO-4	IMO-5
2019	5.6×10^5	4.3×10^5	9.7×10^6
2020	9.5×106	8.5×106	1.6×107

2. 생육 특성 분석

자연과학농업 방법에서 무농약재배보다 생육 전반에서 뚜렷한 우위를 보였다. 결과지의 직경, 결과지 길이, 마디수, 엽수 등에서 유의미한 차이를 보였으며, 엽장의 경우 평균 2.1cm, 엽폭은 평균 0.9cm 더 크게 나타났다.

〈표 4〉 블루베리 결과지의 생육 조사 결과

구분	무농약	자연과학농업
직경(cm)	34.38	45.13
엽수	15.25	29.88
엽장(cm)	6.00	8.13
엽폭(cm)	3.06	3.96
엽병장(cm)	6.13	7.50
마디수	7.00	8.00

뿌리 발달 또한 자연과학농업 방법에서 무농약 재배보다 주근은 28cm 이상 깊이 뻗어 있었고 훨씬 촘촘하였다. 뿌리 총중량은 자연과학농업 4,044g, 무농약 3,239g으로 큰 차이를 나타냈다.

〈그림 1〉 무농약 재배와 자연과학농업의 생육 조사 비교

〈표 5〉 블루베리 뿌리 생육 조사 결과

구분	무농약	자연과학농업
직경(cm)	18.50	28.13
무게(g)	1,875.88	2,531.38
크라운(cm)	12.63	26.50
주근(cm)	61.00	71.25
세근(cm)	20.88	31.38
주근갯수	13.25	14.63
중량(g)	3,239.25	4,044.75

〈그림 2〉 자연과학농업에 의한 수박의 왕성한 말기 성장

관행농업 - 고사

자연과학농업 - 생육 왕성

3. 잎과 과실의 품질 및 기능성 성분 분석

농업기술실용화재단을 통해 블루베리 잎에 함유된 항산화 성분을 분석
한 결과 총 폴리페놀, 안토시아닌, 플라보노이드 함량이 무농약 재배보
다 자연과학농업 재배에서 더 높게 나타났다. 이는 자연과학농업이 기
존의 관행농업, 친환경농업과 비교하였을 때 영양 주기별 기반 조성과
적절한 자재의 활용으로 토양의 다양한 미생물의 기능으로 뿌리에 활
력을 주어 기능성 물질도 무농약 재배보다 높았다고 분석된다.

〈표 6〉 블루베리 잎의 항산화 성분 분석 결과(mg/100g)

구분	무농약	자연과학농업
Total Polyphenols	6,114	7,096
Anthocyanins	70.47	119
Total Flavonoids	3,291	3,289

블루베리 열매에 함유된 항산화 성분 중에 총 폴리페놀, 비타민A, 비
타민C, 플라보노이드 함량이 무농약 재배보다 자연과학농업으로 재배
한 블루베리가 더 많았으며, 자연과학농업 처리구의 열매는 외형, 무게,
당도, 기능성 성분에서 모두 더 나은 품질을 보여주었다.

〈표 7〉 블루베리 열매의 항산화 성분 분석 결과(mg/100g)

구분	무농약	자연과학농업
Total Polyphenols	232.72	313.79
Anthocyanins	181.70	177.91
Vitamin A	21.53	77.39
Vitamin B_1	0.03	0.04
Vitamin B_2	0.03	0.03
Niacin	0.40	0.45
Vitamin C	2.07	2.26
Total Flavonoids	112.57	133.10

장마 전에 수확된 블루베리의 경도 및 당도는 무농약 재배한 블루베리보다 자연과학농업으로 재배한 블루베리가 높았으며, 특히 당도가 크게 높았다. 이는 항산화 성분 결과와 마찬가지로 자연과학농업은 기존의 관행농업, 친환경농업과 비교하였을 때 영양 주기별 기반 조성과 적절한 자재의 활용으로 토양의 다양한 미생물의 기능으로 뿌리에 활력을 주어 경도와 당도가 높아지는 것으로 판단된다.

〈표 8〉 경도 및 당도 분석 결과

구분	경도(g/∅3mm)	당도(%)
농촌진흥청 기준	2.12	12.00
무농약	2.45c	11.50c
자연과학농업	2.59b	16.10a

4. 수확량 및 매출 분석

수확량은 무농약 재배가 다소 앞섰으나 작은 열매의 비율이 높았다. 반면 자연과학농업은 대과(大果) 중심의 수확 구조로 고가 판매가 가능해 매출은 오히려 더 높았으며, 시장성 있는 대과의 비율이 60% 이상으로 소비자의 구매 선호와 유통 적합성이 모두 우수하였다.

〈표 9〉 10a(300평) 당 생산량 및 매출액

항목	무농약	자연과학농업
수확량(kg/10a)	52.4	43.4
대과 비율	38%	61%
매출액(천원)	1,163	1,249

5. 해충 방제 및 잡초 억제 효과

블루베리 해충인 목화진딧물을 대상으로 해충 실험을 2일 동안 실내에서 실시한 결과 백두옹과 제충국 추출물은 6ppm과 4ppm으로 희석하였을 때 가장 치사율이 높았으며, 이는 합성농약 수준의 효과와 유사하였다.

<표 10> 백두옹과 제충국 추출물의 진딧물 방제 실험 결과

구분	처리(ppm)	치사율(%)		치사율
		1일 차	2일 차	
백두옹	무처리	0^a	0^a	0^a
	2	12^b	11^b	23^b
	4	23^c	12^c	35^c
	6	51^d	10^d	61^d
제충국	무처리	0^a	0^a	0^a
	2	26^b	20^b	46^b
	4	45^c	36^c	81^c
	6	71^d	25^d	96^d

자연과학농업과 무농약 재배 포장에서 잡초의 종류와 빈도를 50개 지점을 정하여 조사한 결과 자연과학농업 처리구에서 주요 잡초(쇠비름, 바랭이, 명아주 등)의 발생 빈도가 무농약 대비 60% 이상 감소하였으며, 이는 볏짚 멀칭 및 미생물 활성에 따른 토양 피복 효과가 원인으로 판단되었다.

<표 11> 블루베리 재배 포장의 잡초 발생 빈도

생애주기	잡초명	발생빈도(%)	
		무농약	자연과학농업
일년생	쇠비름	62	0
	바랭이	46	10
	명아주	42	10
다년생	쇠뜨기	46	18
	미국자리공	10	14

IV. 맺는말

이 연구는 블루베리 재배에 있어 자연과학농업과 무농약 농법의 주요 특성과 효과를 비교한 결과, 다음과 같은 결론을 도출하였다.

첫째, 자연과학농업은 토양의 전기전도도(EC)를 낮추고, 습도를 높이며 안정적인 뿌리 생장을 유도하여 전반적인 생육 상태가 양호하였다.

둘째, 과실의 기능성 성분인 폴리페놀, 비타민 A, C 함량이 높고, 경도와 당도 면에서도 더 우수한 품질을 나타냈다.

셋째, 해충 방제 효과는 자연 자재를 활용한 자연과학농업이 더 높았으며, 잡초 발생도 멀칭과 토착미생물을 이용한 방식이 억제 효과가 뛰어났다.

넷째, 경제성 면에서도 대과 비율이 높아 상품성 있는 과실의 비중이 높았으며, 단위 면적당 매출에서도 앞서는 것으로 나타났다.

자연과학농업은 초기 자재 준비와 발효 과정 등의 노동력이 요구되나, 지속가능한 농업 생태계 조성과 고품질 농산물 생산이라는 면에서 충분한 가능성을 지닌 방법이다. 향후 연구에서는 다양한 지역과 토양 조건에서 자연과학농업의 효과를 입증하는 장기 실증 연구와 함께, 자재 표준화 및 교육 콘텐츠 개발, 정책적 지원 방안 모색이 필요하다.

참 고 문 헌

김경규.『블루베리 재배 및 식물 기능성 자료』(2018, 2019).
농촌진흥청.『기능성 식품 성분 연구』(2015, 2019).
유기농업연구소.『친환경 방제 실험 자료』(2018).
이재훈 외.『친환경 자재의 미생물 활성 효과. 농업환경과학회지』(2020).
제주특별자치도농업기술원.『농가 적용형 실험자료』(2019).
조한규.『자연과학농업 기초이론』(2008).
한국유기농업협회.『자연농법 사례집』(2021).

FAO. *Sustainable agriculture and biodiversity* (2019).

가축과 함께, 살아 있는 농장

자연양계의 실제

강동진 ι 자연양계 전문가, 경북 의성 보나콤

I. 자연양계의 기본

1. 닭의 신체 구조와 기관별 기능

닭의 형태와 몸의 구조는 포유동물과는 다르다. 그 주요 특징들은 다음과 같다.

머리가 작고 앞다리가 없는 대신 날개를 가지고 있다.

① 뼈에 기실(氣室, air chamber)이 있고, 몸속에 기낭(氣囊, air sac)이 있다.

② 이빨이 없는 대신 근위(모래주머니, gizzard)를 갖고 있다. 가루 사료보다는 굵고 거친 사료가 좋다.

③ 몸이 깃털로 덮여 있어서 추위에 강하다.

④ 피부에 땀샘이 없어서 더위에 약하다.

⑤ 방광이 없고 항문은 총배설강으로 되어 있다. 배설물에 대소변이 섞여 있어서 좋은 비료가 된다.

⑥ 항문에 지방 분비선(oil gland)을 가지고 있다.

⑦ 암탉의 난소와 난관이 왼쪽에만 있고 오른쪽 것은 퇴화되었다.

⑧ 수탉의 고환이 복강 내에 있어서 더위에 약하다.

1) 신체별 각 부위의 명칭

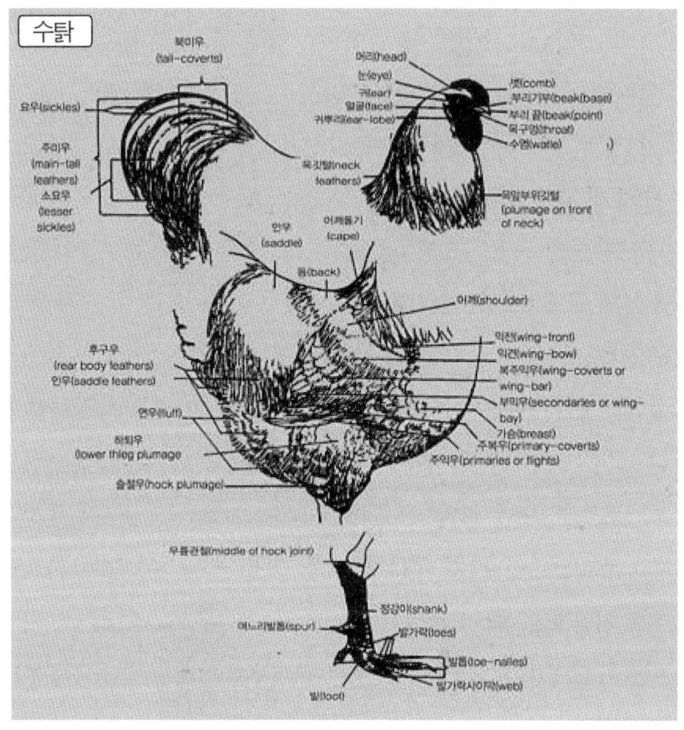

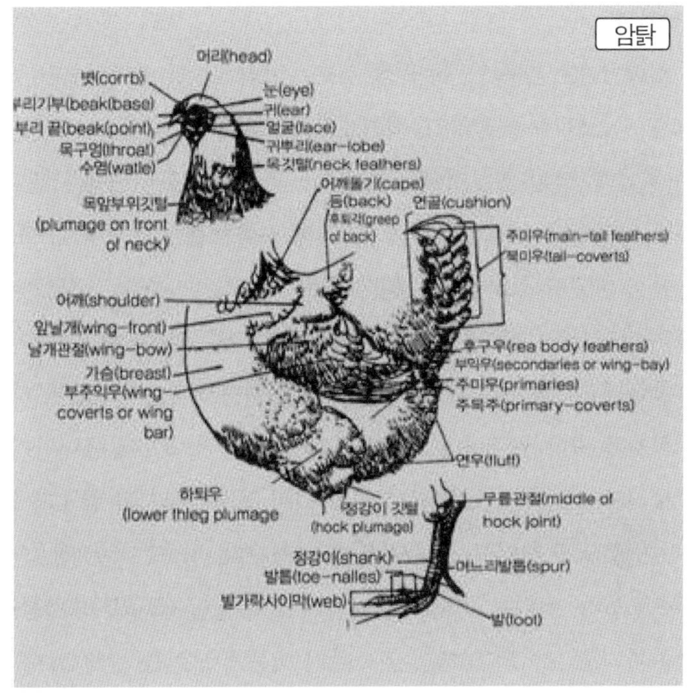

2) 뼈와 근육

닭의 뼈 무게는 체중의 5.5~7.5% 정도이다. 뼈는 수분 18.23%, 고형물 81.77%로 이루어졌으며, 고형물은 유기물 77.16%, 무기물 22.84%로 구성되었다. 근육은 체중의 50%에 달하는데, 날개, 목, 다리, 꼬리의 근육은 잘 발달되었으나 배 주위의 근육은 퇴화되었다. 날개 근육은 전체 근육에서 50%를 차지한다.

3) 소화기관

닭의 소화기관으로는 입, 목구멍, 식도, 소낭(=모이주머니), 선위(전위), 근위(사낭=모래주머니=닭똥집), 십이지장, 소장, 맹장, 직장, 총배설강, 항문 등이 있다. 닭의 소화기관은 육식동물과 초식동물의 소화기관을 합한 것과 비슷하다. 즉 육식동물을 닮아서 소화기관이 짧으며, 초식동물을 닮아서 위에서 소화작용이 일어난다.

닭은 이빨이 없고 입술 대신 부리가 있다. 혀는 뾰족하며, 포유동물처럼 발달되지는 않았으나, 모이를 식도로 내려보내는 역할을 한다. 모이가 식도를 지나면 주머니 모양으로 된 기관인 소낭으로 들어간다. 딱딱한 모이는 소낭에서 12시간 정도 불려서 부드러워지고 발효가 되며, 소화하기 쉬워진 모이는 곧바로 위로 내려간다. 위에는 선위와 근위가 연속하여 있다. 선위는 위액을 분비하여 소화를 돕지만, 부리 부분에서와 마찬가지로 모이의 지체시간이 짧기 때문에 모이를 잘게 쪼개는 작업은 근위에서 이루어진다. 근위는 원반형의 두텁고 강한 근육으로 되어 있으며, 안에 모래, 자갈 등의 연마 물질이 들어 있어 1분에 2~3회 규칙적으로 수축하면서 단단한 모이를 부수고 위액과 혼합하기에 알맞은 구조이다. 근위의 아래쪽에 체눈과 같은 여과장치가 있다. 가는 모이는 근위에서 몇 분간 머무르다가 소장으로 내려가지만, 굵은 모이는 근위에서 몇 시간 동안 잘게 부서져서 소장으로 내려간다. 닭이 정상적인 소화작용을 하게 하려면 흙, 모래가 있는 환경이 필요하고, 풀도 공급해주어야 한다. 밀집하여 기르는 축사의 닭의 소화기관은 길이 1.5m, 자연양계의 닭은 2.5m이다. 소화기관이 길면 모이의 영양분을 더 많이 흡수할 수 있다.

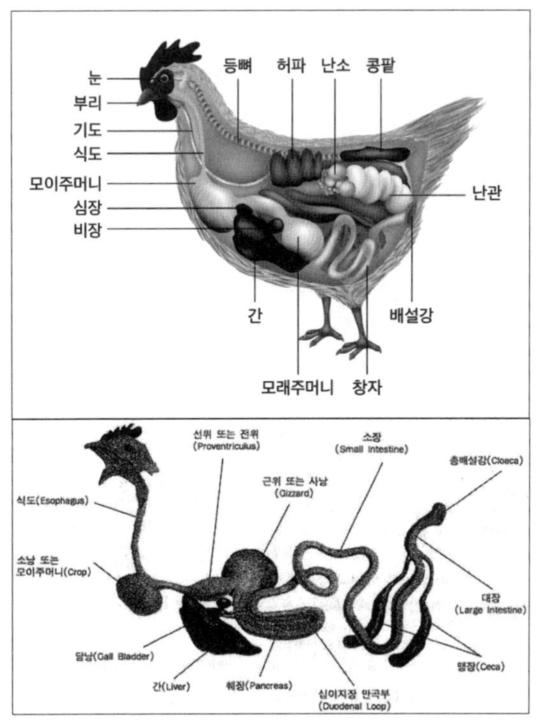

4) 감각기관

닭의 눈은 적색은 잘 볼 수 있지만, 청색 또는 자색은 잘 느끼지 못한다. 이는 눈의 망막에 적색의 기름과 같은 물질이 많기 때문이다. 적색을 잘 보기 때문에 적색이 앞에 보이면 쪼려고 드는 습성이 있다. 닭은 포유동물에 비해 멀리 볼 수는 있으나, 동공의 조절 작용이 없어서 야간에는 볼 수 없다. 그래서 닭을 잡거나 이동시킬 때는 어두운 시간에 하는 게 좋다. 또 닭은 청각의 범위가 포유동물에 비해 좁다. 이것은 닭이 소음이나 갑작스런 소리에 쉽게 불안해한다는 것을 의미한다. 코로 냄새를 맡는 능력도 저조하며, 혀에 미각이 있지만 맛의 구별 능력 또한 매우 약하다. 닭의 시각과 후각, 미각이 약하다는 사실은 닭이 음식물 찌꺼기를 잘 처리한다는 것(자연의 청소부)과 계사가 청결하거나 고급 시설일 필요가 없다는 것을 뜻한다. 그러나 공기와 물은 깨끗해야 한다.

5) 호흡기관

닭의 호흡기관은 비강, 인두, 후두, 기관, 명관, 기관지, 폐, 기낭 등으로 되어 있다.

6) 체온

닭은 일령에 따라 체온의 차이가 큰 온혈동물이다. 갓 부화된 병아리의 체온은 39℃인데 4일령 이후부터 체온이 점차 올라가서 10일경부터는 정상 체온인 40.6~41.7℃에 이르게 된다. 따라서 1일령~10일령은 면역력이 낮아 감기에 취약하므로 이 기간에 병아리를 특별히 잘 관리해 주어야 한다.

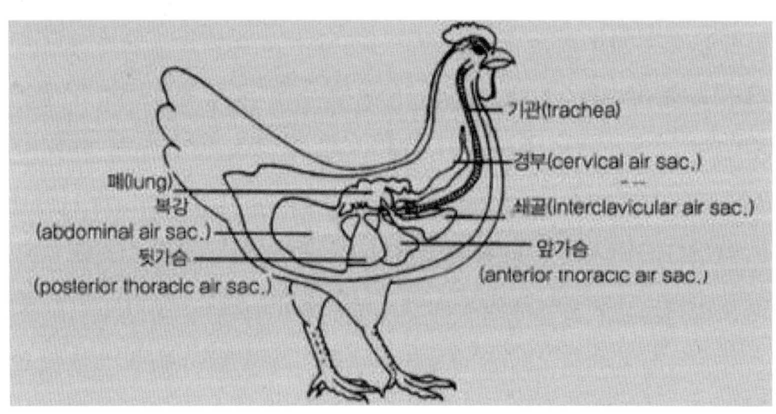

7) 깃털

닭의 깃털은 케라틴이라고 불리는 특수한 단백질로 구성되어 있다. 파손된 깃털은 쉽게 재생되며, 1년에 한 번씩 털갈이(換羽, molt)를 하여 묵은 털이 빠지고 새 털이 나온다.

계사 바닥에 깃털이 많이 남아 있으면 사료가 충분하다는 표시이다. 단백질 섭취가 부족하면 닭은 바닥에 떨어진 깃털을 쪼아 먹고, 그것도 모자라면 다른 닭의 항문(의 고운 깃털)을 쪼아 먹기 시작한다.

> 산란용 닭은 부화 후 5~6개월부터 알을 낳기 시작하여 1년 동안 최고의 산란 효율을 나타낸다. 그러나 부화 후 18개월(산란 경력 12개월)이 지나면서부터는 사료 대비 산란 효과가 계속 떨어진다. 그러므로 이 시점에서 기존의 닭을 처리하고 병아리나 어린 닭을 새로 들여놓는 것을 적극 권장한다. (자연양계의 닭은 건강한 환경에서 살기 때문에 늙어도 매각하거나 먹기에 다 이롭다.)

2. 자연양계의 환경

1) 공기

닭에게 공기는 물고기에게 물과 같아서 매우 짧은 순간에도 없어서는 안 되는 매우 중요한 생존 요소이다. 10일 동안 먹지 않아도 죽지 않지만, 공기는 단지 30초~1분만 결핍해도 죽는다. 공기에서 특히 유의할 점은 신선해야 한다는 것이다. 조류인 닭은 체온이 높으므로 산소 소비량이 많아서 오염된 공기에 사람보다 훨씬 취약하다. 닭은 맑은 공기를 더 필요로 한다. 추위에 길들 수는 있어도 탁한 공기에 길들지는 않는다.

자연양계의 경우 간혹 영하 20℃가 되어도 산란율에는 별 영향이 없다. 이보다 더 심한 추위 때문에 모이 효율이 낮아지거나 산란율이 떨어질 수는 있지만 나쁜 공기의 피해에 비할 바가 아니다. 조류독감(AI) 같은 호흡기 병원균이 외부로부터 바람에 실려 오더라도 개방형 계사라면 그 병원균은 바람에 실려서 외부로 다시 날아간다. 게다가 보통의 외부 공기에 평소 접촉하여 외부 저항력이 높은 닭은 웬만한 병원균에게는 꿈쩍도 하지 않는다. 사실 외부 공기와 단절된 내부에서 조류독감과 같은 병원균이 큰 위력을 발휘한다. 다른 것들이 잘 갖춰져 있어도 환기가 안 되어 공기가 나쁘면 닭은 반드시 병약하게 된다. 그러나 다른 것들이 좀 부족해도 환기가 잘 되고 신선한 공기와 물이 제대로 공급된다면 닭은 건강할 수 있다.

2) 물

좋은 물 역시 닭의 건강과 성장 및 산란에 매우 중요한 요소이다. 미네랄(mineral, 광물질)이 풍부한 상류 계곡물이 가장 좋고, 그다음이 천연 샘물, 지하수, 빗물 순이다. 흙탕물도 오염되지 않은 것이라면 괜찮다. 오염된 물은 닭에게 몹시 해롭다. 만약 어떤 물에 민물고기를 넣어서 하루 정도 살펴보아 물고기가 제대로 살지 못한다면 그 물은 닭에게도 주지 말아야 한다. 겨울철에는 공급한 물이 어는 것에 주의하여야 한다. 닭이 물을 충분히 못 마시면 산란율이 떨어진다. 물을 계속 흐르게 하면 어는 것을 예방할 수 있으며, 만약 양동이로 물을 줄 때에는 쉽게 얼지 않도록 물을 많이 담는다.

3) 땅

땅은 각종 미생물의 도움을 받아 자가 정화작용을 한다. 콘크리트 바닥은 땅의 정화작용을 방해하여 오히려 병원균의 온상이 되고, 이 문제 때문에 잦은 청소와 소독약을 필요로 하게 된다. 자연양계에서는 흙바닥에 계분을 쌓아둔 채로 두면 빗물이 아주 많이 들어오지 않는 한 미생물의 활동으로 계분이 건조해져서 분말 상태가 된다. 그러므로 청소나 소독을 하지 않고 새로운 닭을 들여놓아도 닭들은 전혀 병에 걸리지 않는다.

닭은 하늘을 날지 않고 땅과 밀접한 관계를 갖고 살아가는 동물이다. 직접 흙바닥을 쪼아 먹고, 거기서 모래(흙) 목욕을 하고, 땅에서 솟아나는 자연의 정기를 피부로 흡수하여 성장하며 건강을 유지한다. 약으로 땅의 효과를 낼 수 있다는 생각은 착각이다. 그리고 땅속의 온도는 늘 13°C로 지표와 통기를 하고 있는데, 닭은 그것을 통해 여름에는 신체를 시원하게 만들고 겨울에는 신체를 따뜻하게 만든다.

이런 땅을 닭과 차단해 놓으면 닭은 성장과 건강을 유지하는 큰 기둥 하나를 잃어버리게 되는 것이다. 포란을 할 때도 밑받침이 있는 포란 상자에서는 부화율이 낮지만, 밑받침을 없앤 포란 상자에서는 부화율이 높다. 부화를 위한 적당한 습기가 땅에서 올라와 직접 닿기 때문이다. 땅은 지표의 빗물이나 습기를 흡수하고 방출하는 능력이 있다.

4) 햇빛

닭은 한여름에도 일광욕을 즐긴다. 몹시 더운 날씨에도 닭은 밖에 나와서 날개를 펴고 다리를 뻗으며 일광욕을 즐기려고 한다. 밀집축사에서는 닭이 몸을 움직일 수 없어서 만약 직사광선을 5분 이상 쬐면 일사병으로 죽기도 한다. 그러나 자연양계에서는 햇빛과 그늘이 계사 내에 공존하기 때문에 닭들이 스스로에게 맞는 일광욕을 하고 충분해지면 그늘로 들어간다. 밀집사육에서는 햇빛을 차단하고 닭에게 인공 비타민D를 제공하며 소독제와 약품을 사용하는데, 햇빛에는 비타민D 외에도 좋은 성분들이 많이 있고, 생물인 닭은 그런 자연 햇빛의 혜택을 충분히 누리고 싶어 한다.

5) 풀(녹이사료)

풀도 닭에게 정말 중요하다. 풀을 모이에 섞어 주면 닭들은 제일 먼저 풀을 먹어 치운다. 계사 바닥에 풀을 뿌려 주면 서로 먹으려고 달려든다. 닭이 본능적으로 풀을 먹는 것은 자기 체질이 산성화하는 것을 막기 위한 생리적 욕구이다. 풀은 알칼리성이므로 풀을 잘 먹은 닭은 체질이 약알칼리성이 되어 건강하다. 풀 없이 배합사료를 먹어서 체질이 산성화된 닭은 만성 성인병과 유사한 산독증에 걸려서 호흡이 거칠어지고 물을 과다하게 마시며, 배설물에 수분이 많아지고 독한 냄새가 난다.

섬유결핍증을 방지하기 위해서도 닭에게 풀을 먹여야 한다. 가급적 풀을 매일 주는 것이 좋지만, 겨울철에 풀을 많이 확보하기란 어려운 일이다. 따라서 겨울에 주지 못한 양만큼 봄철에 많이 주어도 별 지장이 없다. 5~6월에는 논밭 둑이나 언덕에서 자라는 부드러운 풀들을 먹이고, 11월에는 무나 무청을 먹이면 좋다. 풀이 계절별로 각기 다른 종류가 나기 때문에 제철 풀을 먹이로 줄 수 있다면 좋다.

닭은 이빨이 없기 때문에 모이를 그냥 삼키고 위 속에서 모래나 작은 돌, 섬유소의 도움을 받아 소화를 시킨다. 만약 섬유소가 부족하면 닭은 다른 닭의 날개를 쪼기도 한다. 또 닭의 소화를 돕겠다는 마음으로 사료를 모두 가루로 만들어서 주면 닭은 섬유나 모래, 작은 돌은 필요하지 않다는 생각에 다른 닭들을 쪼게 된다. 그러나 계사 바닥에 풀을 충분히 뿌려 주면 그것을 늘 쪼게 되어 다른 닭의 날개를 쪼지 않는다. 풀을 줄 때는 자르지 말고 그냥 주는 것이 좋은데, 풀을 잘게 자를수록 풀이 공기에 접촉하는 부분이 많아져 비타민의 손실이 커진다. 풀에 흙이 묻어 있어도 털어내지 말고 그대로 바닥에 던져 주는 것이 좋다.

II. 자연양계의 계사(닭집)

1. 계사의 구조

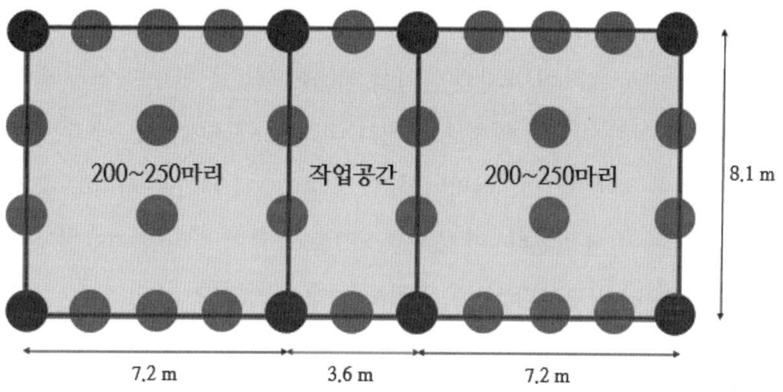

암닭과 수닭의 비율은 적정 범위(10:1~15:1)의 중간치인 13:1로 한다 (암닭 372마리, 수닭 28마리).

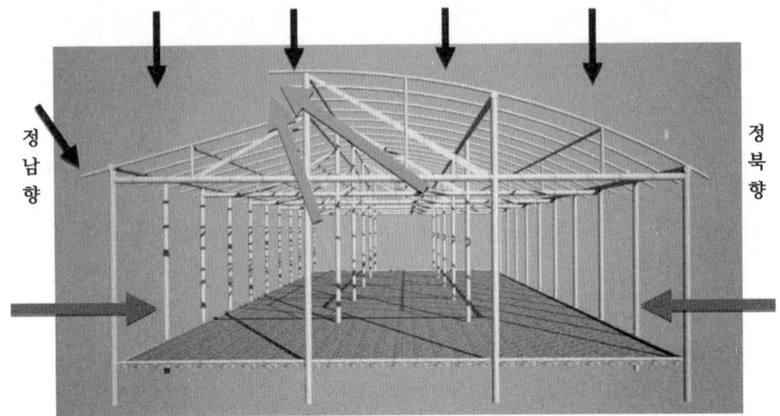

지구 북반구에서 계사는 전면이 정남향이 되도록 건설한다. 그러면 계사 전면과 천창을 통해 햇빛이 계사 바닥 전체의 30%를 계속 비춤으로써 30%의 양지와 70%의 그늘이 조성되고, 닭은 양지와 그늘을 오가며 적절히 햇볕을 쬘 수 있다.

위 그림에서 보듯이 계사의 골함석 지붕이 햇빛을 받으면 열을 내게 되고, 이로 인한 기압의 영향으로 계사 내 지붕 근처에 더운 공기는 개방된 천창을 통해 밖으로 빠져나가고, 상대적으로 차가운 바깥쪽 공기가 계사 안으로 유입된다. 이 대류현상으로 통풍이 잘되어 여름철에도 실내의 기온이 바깥보다 5~7°C 정도 낮게 유지된다.

2. 계사의 바닥 만들기와 관리

1) 계사 바닥의 핵심 원리: 숲의 땅을 계사 내에 재현한다고 생각하자

자연양계에서 계사의 바닥은 발효가 된 상태여야 한다. 발효된 바닥에서 사는 닭은 기본적으로 건강하다. 잘 조성된 계사의 바닥을 파보면 온

기가 느껴진다. 그런 계사 바닥은 다음 그림처럼 다섯 층으로 구성되어
있다.

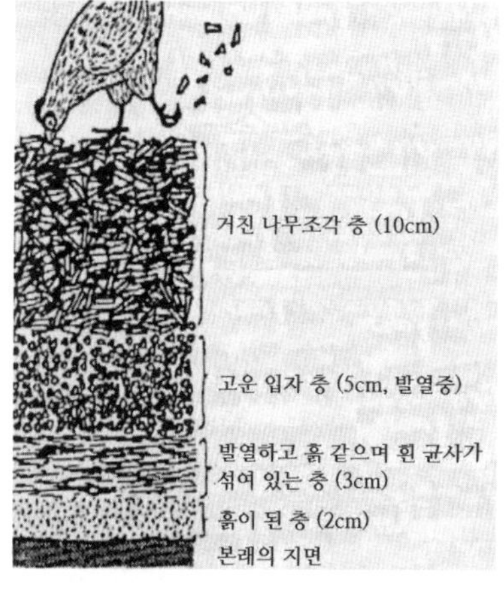

① 가장 위층에 나무 조각(2cm 정도 크기로, 나뭇가지를 잘게 파쇄한 것), 나뭇잎, 긴 채로 마른 풀 줄기들이 있다. 어느 것도 흙이 되기에는 먼 상태이다. 이 층에서 중요한 점은 습하거나 단단해서는 안 된다는 것이다. 이 층에서는 닭이 발로 차 줄 수 있으면 좋다.

② 다음 층은 조금 작아진 모래 모양의 것들이 섞이고 습하게 되어 간다. 이 층이 제일 습기가 많다. 열도 나지만 냄새도 조금 있다.

③ 그 아래층은 발열이 있고(이것이 중요!), 흰 균사들이 섞여 있으며, 숲에서 맡을 수 있는 냄새가 난다. 느낌이 좋은 층이다.

④ 그 아래층은 흙이 되어 가고 있다. 약하게 발열하고 있어 마치 흙처럼 보이는데 아주 부드러운 층이다(맨 위층부터 여기까지 깊이는 20cm가량 된다).

⑤ 가장 아래의 층은 본래의 지면으로, 습하고 조금 발열하고 있다. 그보다 위에 있는 층보다는 단단한 상태를 유지한다.

2) 계사의 특성

계사의 바닥 위를 걸으면 탄력이 느껴지며, 바닥이 부드러워서 손가락으로도 팔 수 있는 상태이다. 계분은 그날 나온 것 외에는 보이지 않는

다. 냄새는 중요한 점검 사항이지만, 바람이 잘 통하는 상태라면 닭이나 계분 냄새가 거의 나지 않는다.

계분은 1년 후 한꺼번에 파내서 퇴비로 써도 되지만, 매월 1회 정도 바닥 면적의 10%씩 파내는 편이 좋다. 한 계사에서 다소 계분이 많은 구역도 있고 발효 진행이 늦은 구역도 있기 때문에 이를 고려하여 계분을 파낸다. 계분을 파낸 곳에는 나무 조각이나 볏짚, 낙엽을 파낸 분량만큼 채워준다. 이후 한 주가 지나면 어느 구역을 파냈는지 모를 정도의 상태가 된다.

3) 계사 바닥 만들기

① 계사가 완성되면 우선 볏짚을 넣는다. 볏짚이 구하기가 제일 쉽겠지만, 밀짚이나 갈대, 두툼한 낙엽을 넣어도 된다. 바닥에 30cm 두께로 깔도록 한다.

② 이 상태로 계사에 닭을 넣는다. 그러면 닭은 볏짚을 헤집으며 먹을 것을 찾으러 돌아다닌다. 햇병아리의 경우는 다르다. 햇병아리를 넣어서 기를 경우, 병아리를 넣기 한 주 전에 계사의 일부를 구획 지어서 볏짚을 3cm 크기로 잘라서 축축하게 하여 깔아 준다. 이때 두께는 5cm 정도가 좋다. 그 구획의 주위에는 볏짚 뭉치 그대로 두껍게 놓아둔다. 그리고 병아리들이 노는 바닥에는 왕겨를 깔아 발이 빠져 다치지 않도록 만들어 준다. 한 달 정도 지나 볏짚이 계분과 섞이면서 다소 분해되면 나뭇가지를 잘게 파쇄한 것들을 넣어 준다.

③ 볏짚을 넣고 한 주 정도 지나면 바닥이 상당히 평평하게 되고 계분도 섞여 간다. 아직 물을 뿌릴 필요는 없다. 발열이 점차 시작된다. 볏짚 속으로 손을 넣어 보아서 열이 느껴지면 계분이 눈에 띄는 장소를

중심으로 나무 조각들을 5cm 정도 두께로 덮이도록 넣어 준다. 그 후 나무 조각들을 매일 조금씩 더해 간다. 볏짚은 날마다 부서지고 얇아지므로 얇아진 곳에는 나무 조각들을 채워 준다.

④ 3개월 동안 이 작업을 지속하면 바닥은 20cm 정도의 두께가 되어 안정 상태로 들어간다. 그 후에는 나무 조각 넣는 양을 줄여 간다. 나무 조각 외에 낙엽을 넣어도 좋기는 하지만 쉽게 부스러지는 단점이 있다. 톱밥은 밟히면 딱딱해져서 계분과 잘 혼합되지 않는 문제가 생기므로 적합하지 않다. 왕겨는 톱밥보다는 좋지만 발효가 어렵고 그것만 사용하는 것은 부족하다. 적어도 나무 조각과 왕겨를 반반 섞어서 만드는 것이 좋다. 대팻밥은 톱밥보다 효과가 좋은 소재이다.

⑤ 그 후 1개월 정도 지나면 바닥이 건조해지기 시작한다. 이때부터 물을 한 주에 한 번씩 뿌려 주어서 바닥을 촉촉하게 만들어 준다. 표면이 젖어도 바닥 속까지 전체는 좀처럼 습해지지 않으므로 물을 듬뿍 뿌려야 한다. 그러면 바닥에 발효가 일어나고, 한겨울에는 바닥 발효열이 계사의 난방 효과를 낸다. 특히 미생물이 들어간 물을 사용하면 발효가 훨씬 잘 이루어진다. 바닥의 발효를 더 촉진하려면 닭에게 바닥 여기저기를 다 돌아다니며 파헤치도록 하면 효과적이다. 모이를 바닥에 약간씩 골고루 뿌려 주면 닭은 바닥에 먹을 것이 있다는 것을 알게 되어 바닥을 자주 파헤치게 된다.

계사 바닥이 건조하여 계분이 모래 상태가 되고 먼지가 날리면 닭이 호흡기 계통의 질병에 걸릴 수 있다. 눈곱과 콧물도 나온다. 계사에 드나드는 사람도 호흡기에 불편을 느낄 수 있다. 그러므로 바닥이 마르지 않도록 주해야 한다. 계분을 파낼 때는 마스크를 착용하도록 한다.

⑥ 바닥의 발효가 항상 고르게 진행되지는 않는다. 볏짚이 원래 상태로 남아 있는 경우도 있고, 이미 퇴비로 변한 경우도 있다. 그러므로 바닥 전체에 계분의 양을 균일하게 해주는 것이 중요하다. 이를 위해서 횃대를 적어도 한 달에 한 번씩 이동시켜 준다.

3. 계사 내 설비 관리

1) 물 공급

숲에서 조금씩 흘러나오는 석청수가 있으면 가장 좋다. 자연 미네랄과 무한의 미생물 그리고 효소가 풍부하게 함유된 물이기 때문이다. 이런 물이 주변에 있다면 소독하지 말고 PVC 물관을 통해서 닭에게 그대로 공급하여 마시게 한다. 닭에게 줄 물이 혹시 농약이나 공장, 가정의 오폐수 등으로 오염된 것이 아닌지 꼭 확인해야 한다. 그리고 수돗물은 염소로 소독한 물이므로 사람에게는 괜찮지만 닭처럼 미생물과 함께 살아가는 생물에게는 권장할 수 없다.

흐르는 자연수를 구하기 어려운 곳이라면 빗물을 모으거나 지하수를 끌어올려서 닭에게 먹일 수 있는 수조(물탱크)를 만드는 것도 좋다. 이 경우에도 물이 PVC 물관을 통하여 조금씩 끊임없이 흐르게 해주어야 물의 신선도와 청결도를 잘 유지할 수 있다.

닭에게 공급되는 물의 양이 충분한지, 상태가 청결한지 각별히 주의하여야 한다. 물때와 오염 여부를 수시로 점검하고, 수조와 PVC 물관을 때때로 청소해 주어야 한다. 물관 맨 끝에 부착된 연결구는 수량 조절과 아울러 물청소에도 유용한 장치이다.

2) 모이통

모이가 계분이나 닭발에 오염되지 않도록 수시로 점검하고, 모이통의 위치를 가끔 옮겨 놓는다. (모이통 위에 닭이 올라서지 못하게 하기 위하여 상단의 가로대가 회전하도록 만들어야 한다.)

3) 횃대

닭은 밤에 횃대에 올라가 자는데, 횃대에서 80%의 똥을 눈다. 그러므로 계분이 계사 바닥에 고르게 떨어져서 바닥 발효가 균일하게 일어날 수 있도록 횃대를 한 달에 한 번씩 주기적으로 이동시켜 준다.

4) 산란상자

산란상자는 닭칸과 작업공간 사이에 설치한다. 그래야 사람이 닭칸 안으로 들어가지 않고도 작업공간에서 쉽게 달걀을 수거할 수 있으며, 닭의 소란을 줄일 수 있다. 산란상자는 청결이 중요하다. 산란상자 안에서 자는 닭이 있어서 안에서 배설을 하는 경우가 종종 있다. 닭의 더러운 발에 의하여 산란상자에 오물이 묻기도 한다. 닭이 설사를 하거나 변이 묽으면 산란시 달걀과 산란상자에 변이 묻는다. 먼지도 쌓인다. 이 모두는 달걀의 오염으로 이어진다. 그러므로 빗자루와 헝겊, 물을 사용하여 산란상자를 매일 청소하도록 한다.

날샬 보관을 위한 적정 온도는 8~9°C, 적정 습도는 70~80%이다. 산란상자 및 보관실이 덥고 습하면 달걀의 열화를 촉진해 상하게 만든다. 그러므로 온도계와 습도계를 설치하여 관리하는 것이 도움이 된다. '산란일지'를 정확하고 꾸준히 작성하는 것이 필요하다. 닭칸별로 일지에 암탉과 수탉의 숫자를 기재하고, 달걀을 수거할 때마다 그 수를 기록

한다. 그리하여 산란량, 산란율, 닭의 상태 등 양계 상황을 체계적으로 파악할 수 있다. 아래는 '산란일지' 예시이다.

〈제1동 동칸 산란일지〉

- 입추일자: ________년____월 ___일
- 마리수: 　　　　　마리(암　/수　) 전월 일평균 산란율:　%

주령	월/일	금월 산란량					전월일산란량	특이사항
		1차 수거	2차 수거	3차 수거	불량	총산란량		
1	4/1							
	4/2							
	4/3							
	4/4							
	4/5							
	4/6							
	4/7							
2	4/8							
	4/9							
	4/10							
	4/11							
	4/13							
	4/14							
3	4/15							
	4/16							
	4/17							
	4/18							
	4/19							
	4/20							
	4/21							

※ 산란율 = 당일 총산란량 / 당일 암탉 숫자
※ 특이 사항에는 닭이 죽거나 아프거나 닭을 추가로 넣은 것 등을 기재

4. 계사 및 양계 관리 요령

1) 매일 아침 1시간(동트는 시각)

① 날이 밝아오면 먼저 계사로 간다. 이때 계사에서 풍겨 오는 냄새에 각별히 주의를 기울인다. 발효 냄새와 부패 냄새를 구분할 수 있어야 한다.

② 남향측 창, 천창, 북향측 창의 순서로 천막을 열어 주며 닭들을 하나씩 살핀다.

③ 계사 문을 열고 안으로 들어간다. 어서 모이를 먹고 싶은 닭은 다가오는 속도가 빠를 것이다.

④ 전날 저녁에 산란상자 문을 닫았을 경우에는 산란상자 문을 열어 준다. 날이 밝아지면 달걀을 낳고 싶어 하는 닭이 있으므로 곧바로 산란상자를 열어 주어야 한다.

⑤ 계사 바닥의 상태를 관찰한다. 한 주에 한 번은 바닥을 파서 수분과 발효 상태를 확인한다. 습기가 적으면 (발효시킨) 물을 바닥에 뿌려 주어야 한다.

⑥ 계분(닭똥)의 상태를 확인한다. 정상적 환경에서는 횃대 아래에 새로 생긴 계분이 딱딱해져 있고 냄새가 아주 약하게 난다.

⑦ PVC 물관의 물을 점검한다. 물이 청결한지, 양이 충분한지 점검하고, 물판 주변이 질척거리지 않도록 관리해 준다. 이 점검과 관리는 저녁 시간에도 반복한다.

⑧ 모이통에 모이를 부어 준다. 이때 각 모이통에 골고루 모이가 배급되어야 한다. 모이가 모이통 밖으로 떨어지지 않도록 조심해서 부어 준다. 이렇게 모이를 주면서, 전날 저녁에 준 모이가 얼마나 남아 있

는지, 어떤 종류의 모이가 남아 있는지 확인해야 한다. 너무 많이 남아 있다면 전날 저녁에 너무 많이 주었거나 닭에게 뭔가 문제가 있다는 표시이다. 평소 모이의 양을 매일 일정하게 하는 것이 좋다. 그러려면 모이 운반용 양동이를 매일 같은 것을 사용하도록 한다. 모이는 하루에 두 번 주면 되는데, 대개 아침에 1/3, 저녁에 2/3 주면 된다. 모이는 충분한 발효가 이루어진 것을 준다. 호기성이든 혐기성이든 모이가 만약 발효가 되지 않았다면 먹이지 말고 하루 정도는 그냥 곡물류만 주는 것이 낫다. 가을과 겨울에는 청치(현미에 섞인 덜 익은 푸른 쌀알)가 있으면 모이통에 적당량 뿌려 주며, 모이통에 다른 사료가 많이 남아 있으면 청치를 따로 뿌려 주지 않아도 된다. 가끔은 바닥에 모이를 조금 뿌려 주어서 닭들이 바닥을 헤집도록 만들 필요가 있다. 그렇지만 다 마르지 않은 계분이 섞여 있는 횃대 아래나 근처에는 모이를 뿌리지 않도록 한다.

⑨ 산란상자를 깨끗하게 한다. 닭이 모이를 먹는 동안, 빗자루와 헝겊, 물을 사용하여 산란 상자를 먼지 하나 없을 정도로 깨끗이 청소한다. 산란상자가 청결해야 달걀의 오염을 방지할 수 있다.

⑩ 필요하면 바닥에 볏짚과 나무 조각들을 추가로 깔아 준다.

⑪ 마지막으로 2~3분가량 계사에 머물면서 닭과 시간을 함께한다. 닭도 생물이어서 자기를 기르는 사람과 친밀하게 되면 그 사람을 알아보며, 이는 닭의 안정과 성장 및 산란에 영향을 준다.

2) 매일 저녁 1시간(일몰 2시간 전)

① 발효사료를 준다. 아침과 마찬가지로 닭의 상태를 살피면서 모이를 준다. (발효사료의 좋은 점은 미리 만들어두는 일이 가능하다는 것이다.) 저

녁 사료의 양은 아침 것의 2배이다.

② 녹이(풀)사료를 준다. 그날의 필요량을 다 가져와서, 닭이 발효사료
를 먹는 동안에 바닥에 뿌려 준다. 이때 녹이를 자르지 말고 통째로
준다. 녹이를 줄 때 가급적 많은 양을 준다. 닭들의 상태에 따라 다양
한 풀을 주어도 좋다(미나리, 민들레, 뽕잎, 쑥, 질경이 등). 겨울에는 푸
른 풀이 없으면 건초를 준다.

계사 바닥에 닭 깃털이 보이지 않으면 풀을 더 많이 주어 섬유질을
보충해 준다. 깃털이 떨어져 있어도 닭들이 먹지 않으면 섬유질 공급
이 원활한 것이다.

③ 산란상자의 문을 닫는다. 우선, 산란상자 안에서 자고 있는 닭이 있
으면 조심히 꺼내거나 나가도록 한다. 달걀을 낳으려고 하는 닭은
사람의 손을 쪼거나 공격 자세를 취한다.

④ 아침과 마찬가지로, 물과 PVC 물관의 상태를 점검한다.

⑤ 계사를 돌아보면서 바닥에 낳은 달걀이 있는지 살펴본다. 수거 중에
깨진 달걀은 아까워하지 말고 도로 닭들에게 주면 된다.

⑥ 측창과 천창을 모두 닫아 준다. 특히 측창은 바람에 펄럭이지 않도록
끈으로 잘 눌러 준다.

3) 기타

① 산란일지: 매일의 달걀 산란과 수거 현황을 표에 기재한다. 달걀 수
거는 아침에 한 번, 정오에 한 번, 저녁에 한 번 하는 것을 권장한다.

② 양계일지: 하루 동안 닭을 관리하면서 관찰한 내용을 일지에 쓰면
좋다. 예를 들어, 산란 수, 닭 마리 수의 변동, 닭의 건강 상태, 사료량
의 변화, 계사 바닥의 상태 등을 기록해 나가면 차후 양계하는 데 귀

중한 참고 자료가 될 것이다.

③ PVC 물관이 막히거나 오염되지 않도록 점검하고, 한 주에 한 번은 물관을 완전히 청소해 준다. 수조(물통) 역시 오염되지 않도록 관리한다.

④ 횃대는 아래에 계분이 쌓이는 정도를 보고 수시로(적어도 한 달에 한 번씩) 앞뒤로 옮겨 주며, 바닥을 고르게 펴 주고 그 위에 미강(쌀겨)을 뿌려 준다.

⑤ 한 주에 하루를 '닭의 날'로 정하는 것도 필요하다. 예를 들어, 닭에게 먹일 사료를 준비하는 일, 외부로부터 부산물을 얻어오는 일, 계사 내·외부와 설비의 점검 및 보수, 재정장부 정리 등을 '닭의 날'에 집중하여 체계적이고 효율적으로 처리하는 것이다.

5. 병아리 입추 시기별 관리 요령

일령-월령	사육 특성	사료 급여	관리
1~10일	- 모계의 면역이 있다. - 다양한 균에 접촉시킨다. - 발효 바닥을 만든다. - 처음 3일간은 육추 상자의 내부 온도를 35°C로 한다.	- 녹이를 잘게 썰어 준다. - 생이(지렁이, 벌레)를 준다. - 3일간은 달걀의 노른자를 주고, 이후 7일간은 흰자도 섞어 잘게 으깨어 준다. - 사료에 싸라기 쌀을 50% 섞어서 준다.	- 첫 10일간의 사료로 향후 모든 것이 결정된다. - 압사와 동사에 주의한다. - 비에 맞지 않도록 한다. - 항문이 더러우면 미지근한 물로 씻어 준다.
10일~3주	- 육추상자의 내부 온도를 매일 1도씩 내리고, 21일 후에는 난방을 멈춘다.	- 녹이를 자르지 않고 준다. - 모이를 모계와 동일하게 준다.	- 놀이공간을 서서히 늘려 간다. - 무더위에 주의한다.

		- 감기에 걸렸을 때는 생이, 삶은 달걀, 마늘, 고추를 준다.	
3주~3개월	- 다른 병아리들과 경쟁시켜 씩씩하게 키운다. - 외부의 소리에 익숙하게 만든다.	- 모이가 부족하지 않도록 한다. - 모이의 변화는 점진적이고 순차적으로 한다.	- 스트레스에 익숙하게 한다. - 밖에서 충분히 놀게 한다. - 매, 까마귀, 고양이, 쥐에 주의한다. - 3개월 때 털갈이 무렵에 감기에 잘 걸린다(생이가 필요).
3개월 후	- 3개월이 되면 갑자기 성장 속도가 빨라진다.	- 처음에는 모이를 충분히 준다.	- 횟대에 전등을 단다(14시간 동안 빛이 있도록). - 닭은 120일이 지나야 횟대에 올라가기 시작한다.

II. 자연양계 사료

1. 사료의 분류와 영양학

잡식성 동물인 닭은 사람이 먹는 것을 다 먹을 수 있다. 사람이 남기거나 버린 음식 찌꺼기도 잘 먹는다. 이것은 닭에게 먹일 수 있는 먹이의 범위가 넓다는 것과, 닭의 먹이를 구하는 것이 별로 어렵지 않다는 것을 의미한다.

1) 사료의 분류

(1) 영양가에 의한 분류

① 조사료(粗飼料): 섬유소 함량이 높은 사료. 볏짚, 야초(들풀), 목초(꼴), 건초, 사일리지(silage) 등

② 농후사료(濃厚飼料): 단백질·지방·탄수화물이 풍부한 사료. 곡류, 강피류, 박류, 근피류, 어분 등

③ 보충사료: 광물질 사료(골분, 석회석, 패분, 인산칼슘 등), 비타민제, 아미노산제

(2) 주성분에 의한 분류

① 단백질 사료: 단백질 함량이 20% 이상인 사료
    ㉠ 식물성 단백질: 대두박, 호마박(참깻묵), 임자박(들깻묵), 채종박(유채박)
    ㉡ 동물성 단백질: 어분, 우모분, 육분, 육골분, 피혁분

② 전분질 사료: 전분의 함량이 놓은 사료(곡류 및 곡류 부산물)
    ㉠ 곡류: 옥수수, 쌀, 보리, 수수, 밀, 호밀, 귀리, 조, 피, 메밀 등
    ㉡ 강피류: 쌀겨(미강), 밀기울, 보릿겨, 옥수수피, 수수겨, 조겨, 면실피, 귀리겨, 해바라기피 등
    ㉢ 박류: 대두박, 참깻묵, 들깻묵, 채종박, 면실박, 고추씨박, 귀리박, 해바라기씨박, 아마박 등
    ㉣ 식품가공 부산물: 제과·제면·제당 부산물, 낙농 가공부산물, 두류 가공부산물, 과실류 가공부산물 등
    ㉤ 근괴류: 고구마, 감자, 돼지감자, 무, 당근 등

③ 지방질 사료: 지방 함량이 15% 이상인 사료

㉠ 생미강, 전지대두, 누에번데기 등

㉡ 유지사료(콩기름, 옥수수기름, 채종기름, 우지, 돈지)

④ 섬유질 사료(조사료): 섬유소 함량이 20% 이상인 사료

㉠ 볏짚, 보릿짚, 밀짚, 야초(들풀), 목초(꼴), 나뭇잎, 옥수수 속대,
사탕수수박, 사탕무우박, 커피박 등

㉡ 곡류 가공부산물, 임산 가공부산물, 양잠 부산물

⑤ 무기질 사료(광물질 사료): 소금, 골분, 패분, 인산칼슘 등

⑥ 비타민 사료, 아미노산 사료 등

(3) 배합상태에 의한 분류

① 단미사료(單味飼料): 식물성·동물성·광물성으로서, 사료로 직접 사
용되거나 배합사료의 원료로 사용되는 것(옥수수, 쌀겨, 밀기울, 대두
박, 채종박, 어분, 패분, 골분, 석회석 등)

② 보조사료(補助飼料): 사료의 효용 제고 또는 사료의 품질 저하 방지
를 위해 사료에 첨가하는 것

㉠ 효소제: 단백질 분해효소(펩신 등), 지방 분해효소(리파제 등), 당
분해요소(아밀라제 등), 섬유 분해요소(셀룰라제 등)가 있고, 사료
의 흡수율과 소화를 향상시키고 생산성을 높이며, 여름철 같은
고온 환경에 사료에 첨가하면 효과적이다.

㉡ 미생물: 건조효모균, 생효모균, 유산균, 납두균, 국균 등이 있는
데, 사료에 첨가하면 소화 효소를 분비하여 소화를 돕거나, 특수
한 영양소를 공급해 주고 사료의 보존을 돕는 기능을 한다. 자체
증식을 하지 않는 효소에 비해, 미생물은 살아있는 상태에서 증
식하면서 효과를 낸다.

③ 배합사료(配合飼料): 단미사료와 보조사료를 사료업체가 적정한 비율로 배합 또는 가공한 것으로 가축에게 필요한 에너지, 단백질, 비타민, 광물질 등의 영양소와 성장촉진제, 면역증강제 등이 배합되어 있다.

2) 가축 영양학

(1) 가축 영양소의 생리적 기능: 사료가 제공하는 영양소는 유기 영양소(탄수화물, 지방, 단백질, 비타민)와 무기 영양소(각종 무기물)로 구분된다.

(2) 유기 영양소
① 탄수화물의 기능: 에너지 공급원, 단백질 절약, 지방 합성, 기호성 증진
② 단백질의 대사: 단백질은 아미노산으로 구성된 고분자 유기 화합물로, 가축의 체조직 형성에 가장 중요한 성분이다. 모든 동물은 정상적 성장과 생산활동을 위해 단백질 또는 이를 구성하는 여러 종류의 아미노산을 음식 섭취를 통해 공급받아야 한다. 단백질 요구량은 어린 동물일수록 높으며, 이후 요구량이 서서히 감소하여 동물의 성장이 멈추면 체조직의 유지를 위한 양만을 공급받으면 된다.
③ 단백질의 기능
　㉠ 조직 합성: 새로운 조직의 합성은 단백질의 합성을 의미하는데, 정상적인 성장뿐만 아니라 상처의 치유에도 새로운 단백질의 합성이 이루어짐
　㉡ 체조직 유지: 단백질은 땀, 털, 손톱, 발굽, 피부, 분뇨의 형태로 손실되기 때문에 계속하여 보충이 요구됨

2. 자가배합사료 만들기

자가배합사료(=자가사료)는 축산업을 하는 사람이 자기가 사육하는 가
축에게 줄 목적으로 1차 사료(단미사료)들을 가지고 직접 배합하여 만든
2차 사료를 말한다. 이것은 축산의 여건과 가축의 생산성에 알맞게 만
드는 방법으로, 자가배합을 잘 활용하면 최적의 사료의 제조와 함께 사
료비 절감의 효과를 볼 수 있다. 자가배합의 기본은 다음과 같다.

사료		봄 가을	여름	겨울
사료의 분류	단미사료			
곡류	옥수수, 대맥, 소맥, 조, 수수, 청치, 감자 등	50.0%	55.0%	45.0%
겨류(강류)	쌀겨, 밀기울, 보리겨, 옥수수피, 발효사료* 등	28.0%	23.0%	33.0%
동물성 사료	어분, 생선뼈, 육분, 곤충, 지렁이 등	4.3%	4.3%	4.3%
식물성 사료	대두박, 유채박, 깻묵 등	8.0%	8.0%	8.0%
무기질	골분, 패분, 활성탄, 황토 등	5.0%	5.0%	5.0%
녹이사료*	잡초, 목초, 야채, 과일, 해초 등	4.7%	4.7%	4.7%

※ 발효사료: 전체 사료의 15% 이내로 제한한다.
※ 녹이사료: 초식동물이 안 먹는 것은 제외(독성 예방). 향이 아주 진한 것도 제외(달걀에 향 냄새
방지).
※ 계절 구분: 겨울은 첫눈이 올 때부터 매화가 필 때까지, 봄은 매화비가 내릴 때까지, 여름은 들
국화가 필 때까지, 가을은 첫눈이 올 때까지.

위의 기본 배합을 기초로 다음과 같이 별도의 배합을 하여 활용할 수
있다. 사료 종류나 배합 비율을 변경할 경우, 닭이 적응하는 기간이 필
요하기 때문에 단계적으로 서서히 해야 좋다(예: 주간별로 2개월간).

1) 성계용 자가배합사료

	사료 종류		투입량 (g)	비율 (%)		원재료 조단백 함량(%)	자가사료 조단백 함량(%)	원재료 조지방 함량(%)	자가사료 조지방 함량(%)
1	곡류	배합사료	2300	38	50	17	6.5	5.3	2.0
2		청치	700	12		11	1.3	4	0.5
3	겨류	호기발효사료	900	15	30	9	1.4	1.4	0.2
4		쌀겨	900	15		12.5	1.9	17	2.6
5	식물성	깻묵	600	10	10	43	4.3	4.2	0.4
6	무기질	석회석	100	2	5				
7		굴껍질	100	2					
8		황토	100	2					
9	기타	왕겨	300	5	5	3.6	0.2	0.7	
계			6000	100			15.5		5.7

2) 중병아리용 자가배합사료

	사료 종류		투입량 (g)	비율 (%)		원재료 조단백 함량(%)	자가사료 조단백 함량(%)	원래료 조지방 함량(%)	자가사료 조지방 함량(%)
1	곡류	배합사료	2000	33	47	17	5.7	5.3	1.8
2		청치	800	13		11	1.5	4	0.5
3	겨류	호기발효사료	900	15	32	9	1.4	1.4	0.2
4		쌀겨	1000	17		12.5	2.1	17	2.8
5	식물성	깻묵	500	8	17	43	3.6	4.2	0.4
6		대두박	500	8		40	3.3	2	0.2
7	무기질	석회석	100	2	5				
8		굴껍질	100	2					
9		황토	100	2					
계			6000	100			17.5		5.9

3) 햇병아리용 자가배합사료

		사료 종류	투입량 (g)	비율(%)		원재료 조단백 함량(%)	자가사료 조단백 함량(%)	원래료 조지방 함량(%)	자가사료 조지방 함량(%)
1	곡류	배합사료	2000	33	47	17	5.7	5.3	1.8
2		청치	800	13		11	1.5	4	0.5
3	겨류	호기발효사료	600	10	27	9	0.9	1.4	0.1
4		쌀겨	1000	17		12.5	2.1	17	2.8
5	식물성	깻묵	500	8	23	43	3.6	4.2	0.4
6		대두박	900	15		40	6.0	2	0.3
7	무기질	석회석	50	1	3				
8		굴껍질	50	1					
9		황토	100	2					
계			6000	100			19.7		5.9

3. 미생물의 활용과 발효사료

미생물은 현미경으로만 볼 수 있는 매우 작은 생물로, 대별하면 박테리아, 원생동물, 균류 등이 있으며, 미생물 중에 이로운 것과 해로운 것과 중립적인 것이 있다. 이로운 미생물 중에서 양계에 이용되는 것으로 효모균, 유산균, 납두균, 국균 등이 있다.

미생물은 또한 혐기성 미생물과 호기성 미생물로 구별된다. 호기성 미생물은 산소가 있어야만 생육이 가능한 미생물로, 사상균(곰팡이), 방선균 등이 이에 속한다. 혐기성 미생물은 생육에 산소가 아예 없어야 하거나 굳이 필요로 하지 않는 미생물로, 유산균, 광합성세균, 효모균 등이 이에 속한다.

양계에서 미생물은 사료를 발효시키는 작용을 한다. 즉 발효사료를 만드는 것이다. 미생물을 사료에 첨가하면 소화 효소를 분비하여 소화를 돕거나, 특수한 영양소를 공급해 주고, 사료의 보존을 돕는 등 유익한 작용을 한다. 따라서 발효사료가 그렇지 않은 사료보다 여러 면에서 훨씬 우수하다. 발효사료의 장점들을 구체적으로 설명하면 다음과 같다.

① 닭 체액의 약알칼리화: 산성인 농후사료에 많이 의존하면 닭이 병에 걸리기 쉽다. 발효사료를 먹은 닭은 병균 저항력이 높아지며, 따라서 백신이나 의약품을 사용할 필요가 없어진다.

② 묽은 변과 악취의 방지: 닭의 묽은 변과 그 악취는 체액의 산성화에 따른 부작용이다(산성화된 닭은 물을 많이 마시게 되므로 당연히 변이 묽게 나오는 것이다). 발효사료는 이런 문제를 예방한다.

③ 노른자 속의 콜레스테롤 감소: 발효사료는 닭의 혈액 내 콜레스테롤 수치를 떨어뜨리는 작용을 한다.

④ 달걀의 점도를 높인다: 달걀의 점도가 높으면 달걀을 깼을 때 노른자와 흰자가 터지지 않고 탱탱하다. 이것은 달걀의 난질이 좋다는 것으로, 우수한 달걀이라는 증거이다.

⑤ 달걀 보관이 쉽다: 약알칼리화된 달걀은 생명력이 강하고 오래 지속되므로 좀처럼 상하지 않는다.

⑥ 사료의 부패와 동결 방지: 발효사료는 부패균을 쫓아내므로 여름에 썩지 않고, 발효열이 발생하므로 겨울에 얼지 않는다.

⑦ 소화율이 높다: 발효사료를 먹은 닭은 모이 전체의 소화율이 다른 닭(70%)보다 높은 85%에 달한다고 한다.

⑧ 사료비의 절감: 소화율이 15% 오른다는 것은 모이가 그만큼 절약된다는 것을 의미한다.

　　발효사료를 만들기 위한 토착 미생물* 배양과 사용 방법은 아래와
같다.

1) 호기성 미생물의 배양 및 사용

활엽수가 있는 토양, 대나무 숲, 부엽토(나뭇잎이나 작은 가지 등이 미생물
에 의해 부패, 분해되어 생긴 퍼슬퍼슬한 흙) 등의 땅에 수많은 미생물이 있
다. 이러한 땅을 이용하여 호기성 미생물을 배양해 보자.

(1) 준비물

고두밥(매우 된 밥), 흑설탕(발효 기능을 강화하여 삼투압 현상을 촉진함), 쌀겨
(미강), 바닥 있고 뚜껑 없는 목재 상자, 항아리, 재질이 튼튼한 창호지.

(2) 배양

① 고두밥을 목재 상자에 담아 창호지로 덮고 고무줄 등으로 묶은 후,
　　위에서 언급한 땅속에 푹 묻어 둔다. 고두밥에 비나 물이 들어차지
　　못하도록 비닐로 상자를 덮어 준다. 땅속에 묻어 두는 기간은 기온에
　　따라 다른데, 봄가을에는 4~5일, 여름에는 2~3일, 겨울에는 10일
　　정도 두면 고두밥에 각종 호기성 미생물이 모여든 것을 볼 수 있다.

② 고두밥을 꺼내서 항아리에 담고, 고두밥과 동일한 양의 흑설탕을 넣
　　어 버무린 뒤 항아리를 창호지로 덮어 놓는다. 7일 정도 지나면 고두
　　밥알이 녹아서 조청처럼 걸쭉한 액체가 된다.

---

*　'토착'이라 함은 우리의 풍토와 재료를 활용한 것이기 때문이다. 공장에서 배양한 미생물과
는 차원이 다르다. 참고로 흙 한 줌에 지구의 인구보다 많은 수의 미생물이 살고 있다.

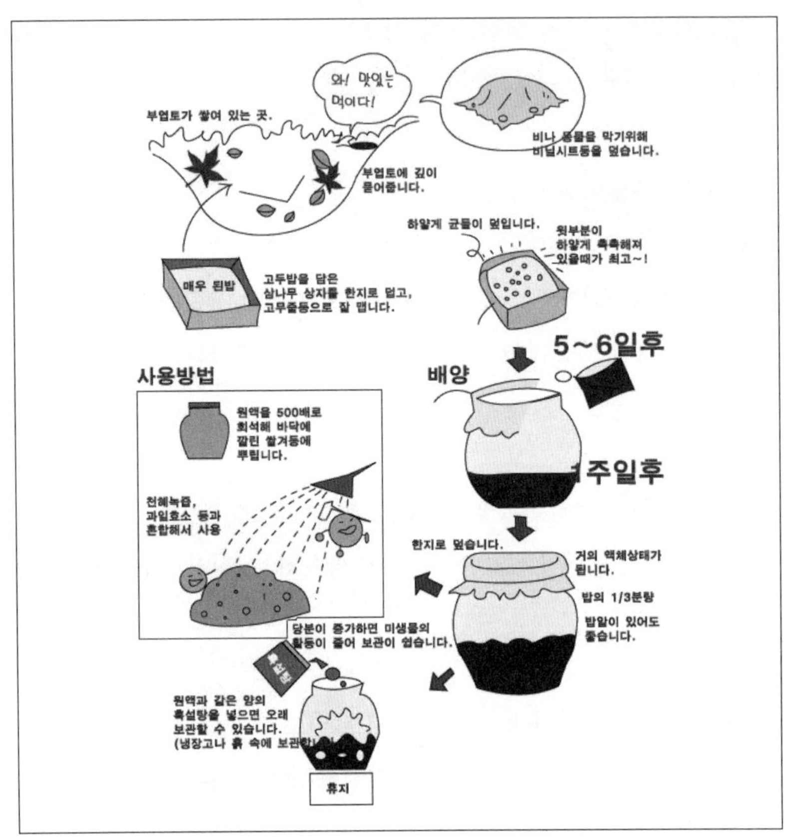

③ 미생물 확대 배양: 걸쭉해진 액체 형태의 고두밥을 500배의 물에 희석한다. 희석한 것을 30~40cm 두께(겨울에는 50cm 이상)의 쌀겨 더미에 수분 70% 수준으로 부어 주고 볏짚이나 가마니로 덮은 뒤 5~7일이 지나면 미생물이 확대 배양된다(이때 발열 온도가 50°C를 넘지 않도록 쌀겨를 뒤집어 준다).

〈미생물 호기성발효의 실제〉

(3) 사용

① 미생물 확대 배양한 것을 그늘에 보관하고, 필요할 때에 덜어서 사용한다.

② 계사 바닥에는 미생물을 액체로 배양하여 뿌려 준다. (액체 배양의 방법은 다음 페이지 참조)

③ 참고로 논밭에 사용하고자 할 때는 쌀겨를 10배로 섞은 후 흙을 1:1로 섞어서 확대 배양한다.

(4) 미생물을 액체로 배양하기

액체 배양 기간은 봄가을에는 7일 정도 걸린다. 계사 바닥에 500~1000배 희석하여 뿌려주며, 필요에 따라 50 l씩 떠서 사용하고 다시 보충한다. 작물의 활력을 위해 농작물 잎이나 토양에 뿌려도 좋다.

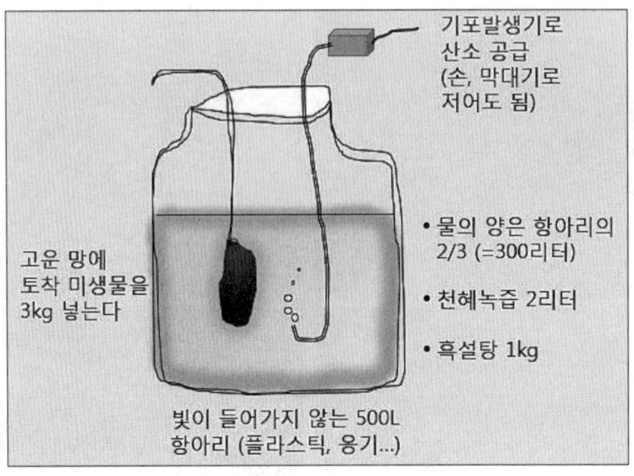

2) 혐기성 미생물의 배양 및 사용

(1) 준비물

플라스틱 항아리(최소 700*l*), 물 500*l*, 현미잡곡 2kg, 부엽토 2kg, 천일염 0.5kg, 부식토 40kg(농사에 적합한 검은 색의 흙으로, 부엽토가 오랜 시간이 지나면 미생물 활동을 통해 부식토로 변함), 천매암 20kg(구들장으로 쓰이던 흑청색의 돌), 그물망.

(2) 배양

① 물 500*l*를 담은 항아리에 천일염, 부식토, 천매암을 넣고 저어 준다.

② 그물망 하나에 현미잡곡, 다른 하나에 부엽토를 넣고 나무 대에 건 다음 항아리 입구에 걸쳐 놓고 덮개를 얹어 놓는다.

③ 거품이 표면 전체에 올라올 때까지 3일 정도 기다리면 미생물 배양이 완성된다.

④ 추가 배양: 배양된 것을 다 사용하면, 원래 항아리에 부식토와 천매

미생물 혐기발효의 모습

암을 놔둔 채 물과 천일염을 새로 넣고 젓는다(부식토와 천매암은 1년 내내 재사용 가능). 현미잡곡과 부엽토는 새것으로 바꿔 그물망에 넣어 걸쳐 놓는다. 거품이 표면 전체에 올라올 때까지 3일 정도 기다리면 또 미생물 배양이 완성된다.

(3) 사용
① 배양된 것을 10∼100배 희석하여 사용한다.
② 보관은 그늘지고 시원한 곳에 한다.

4. 영양제

1) 약재 영양제(한방영양제)

한약재(동약재)를 활용하여 만든 영양 활성제이다. 작물과 가축이 스스로 병균을 쫓아낼 수 있도록 기력을 높여 주기 때문에, 농약을 쓰지 않는 농사와 항생제를 쓰지 않는 양계에 매우 유용한 영양제이다.

(1) 준비물

① 주재료: 당귀, 계피, 감초 각각 2kg(당귀는 혈액순환을 촉진하고 계피는
호흡기질환과 고열을 다스리며 식욕을 증진시킨다. 감초는 약재의 자극성과 독
성을 풀어 준다.)

② 보조재료: 마늘, 생강

③ 막걸리(주재료 1종류당 4*l*)

④ 담금주(과일이나 약재, 향신료, 벌레 등을 술에 침전시켜 만든다.)

⑤ 흑설탕(주재료 1종류당 6kg)

⑥ 항아리 5개(김치나 된장 담글 때 쓰는 통기성 있는 것)

⑦ 나무 주걱, 창호지

(2) 제조

① 항아리 한 개마다 주재료 한 가지 2kg을 막걸리 4*l*에 자작하게 담가
서 창호지를 덮고 12~24시간 동안 불린다.

② 각 항아리에 흑설탕을 6kg씩 추가하여 넣고 창호지를 덮고 4~5일
간 발효시킨다.

③ 발효된 것(주재료+막걸리+흑설탕) 위에 그 양의 절반에 해당하는 담금
주를 부어서 창호지를 덮고 2주 후에 숙성액을 추출한다. 발효된 것
이 안정되는 2주 동안 매일 새벽 나무 주걱으로 저어 준다. 상기 작
업은 당귀, 계피, 감초별로 따로 실시한다. 그리고 마늘과 생강은 막
걸리에 담그지 말고 절구에 빻아서 같은 양의 흑설탕과 각각 혼합하
여 발효시킨다.

④ 숙성액 추출은 5번 정도 반복할 수 있다. 이때 숙성액의 1/3은 매번
남겨 두어 다음번 추가 숙성에 쓰이게 한다. 다만 마늘과 생강은 한

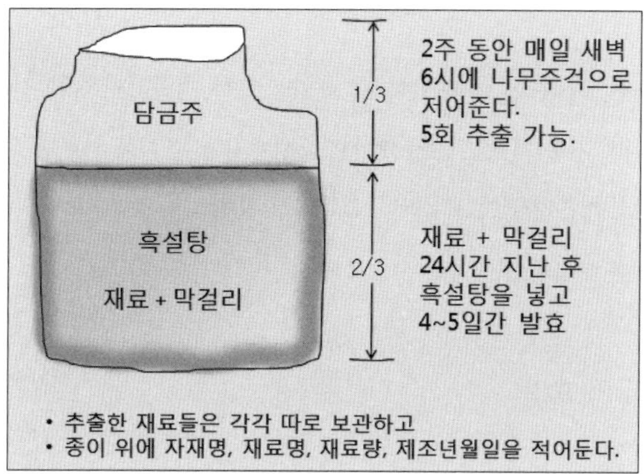

번만 사용하므로 매번 새것을 넣어 준다.

⑤ 추출한 재료들을 각각 따로 보관하고, 종이에 자재명, 재료명, 제조
연월일을 적어 둔다.

(3) 사용

① 당귀, 계피, 감초, 마늘, 생강 발효된 것을 2:1:1:1:1의 비율로 혼합
하여 사용한다.

② 병아리를 위한 음료수로도 사용된다(물에 300배 희석).

③ 농작물에는 1,000배로 희석

④ 보관은 그늘지고 서늘한 곳에 한다.

2) 천혜녹즙 영양제

일반적으로 식물의 잎에는 $1cm^2$당 10만~15만 마리의 미생물이 살고
있으며, 이 미생물의 1/3 이상은 유산균과 효모이다. 이를 이용하여 만
든 천혜녹즙은 작물이나 가축에게 영양과 활력을 더해 준다.

(1) 준비물

① 재료: 쑥, 미나리, 아카시아꽃, 죽순, 으름, 무를 비롯한 각종 재배작
물(추위에 강한 것으로, 그중에서도 야생에서 이른 봄에 자란 것을 이슬이 마
르기 전인 이른 아침에 채취한다. 그래야 생기 충만한 것을 확보한다. 쑥은 생장
점이 있는 부분을 포함하여 손으로 딴다.)

② 흑설탕

③ 항아리, 창호지

(2) 제조

① 재료와 흑설탕을 무게 기준으로 1:1로 준비하여 항아리에 켜켜이 넣
는다. 재료에 수분이 많으면 흑설탕의 양을 추가한다.

② 묵직한 납작돌을 맨 위에 올려놓았다가 하룻밤 지나서 재료의 숨이
죽으면 돌을 치우고, 창호지로 항아리 입구를 덮어서 서늘한 곳에
놓아 둔다. 4~5일 후에 항아리 속을 뒤집어 준다.

③ 3~4일 뒤면 황녹색으로 변하고 달콤한 향기가 날 정도로 숙성되므
로 소쿠리로 재료를 걸러서 액을 받아낸다. 이 액이 천혜녹즙이다.
(재료를 그냥 걸러야지 짜내면 안 된다.)

(3) 사용

① 천혜녹즙은 숙성 후 2~3일 이내에 사용하면 효과가 가장 좋다.

② 양계에는 천혜녹즙을 250배 희석하여 사용하되, 약재 영양제와 함
께 사용하도록 한다.

③ 농작물 잎이나 토양에 천혜녹즙을 뿌릴 경우에는 희석비율을 500배
로 한다.

④ 천혜녹즙을 자외선이 통과되지 않는 용기에 담아 서늘한 곳이나 땅에 묻으면 오래 보관할 수 있다. 보관할 때 산화되거나 알코올로 변하지 않도록 흑설탕을 더 넣어서 농도를 높여야 좋다. 보관된 천혜녹즙을 사용할 경우 새로 만든 천혜녹즙과 섞으면 더 효과적이다.

III. 자연양계에서 발생하는 문제점 및 대책

1. 산란율 저하

산란율 저하에는 다음과 같은 여러 원인이 있다. 이러한 것들을 하나씩 관찰하여 적절한 변경이나 대책을 강구해 주어야 한다.

① 높은 온도: 가장 좋은 양계 생산성을 얻기 위한 계사 내부의 환경온도는 성계의 경우 18.5~21.0°C이며, 입추 시와 아주 어린 병아리의 경우는 31~32°C이다. 최적의 상대습도는 50~70%이다. 10일령 이후의 닭은 체온 40.6~41.7°C의 항온동물로서 적은 범위의 온도에서만 체온을 일정하게 유지하는 능력을 가지고 있다. 만약 환경온도가 35°C를 넘으면 닭의 스트레스가 증가하고, 스트레스가 지속될수록 스트레스의 강도와 영향은 더 증폭된다.

② 사료의 종류나 배합 비율의 갑작스러운 변경

③ 사료의 양이나 급여 시간의 갑작스러운 변경

④ 계사 주변의 동물들로부터의 스트레스

⑤ 물 공급이 끊기거나 원활하지 않음

⑥ 계사 내 환기 부족

⑦ 사료의 오염 또는 부패

⑧ 급여하는 사람이 바뀌거나 외부 방문객들이 오는 경우

⑨ 겨울철 일조량의 감소

⑩ 닭의 노령화(부화 후 18개월 초과)

산란율을 다시 높이기 위하여는 위의 문제들부터 해결하는 것이 우선이며, 추가로 아래와 같은 방법들을 시도해 볼 수 있다.

① 흙사료 제공: 매일의 사료에 흙사료를 3% 정도 첨가하면 식사량, 면역력, 산란량이 증가한다.

② 비타민C 첨가: 사료 1톤당 비타민C를 50g 첨가하면 산란율이 11.7% 향상된다고 한다.

③ 기아법(飢餓法): 한 달 동안 사료를 매주 점차 줄여서 정상 분량의 80%까지 낮춘다. 이후에 사료를 다시 점차 늘려 주면 산란량이 증가한다. (참고로, 자연양계에서 환우법은 별 효과가 없다.)

④ 우모분(羽毛粉) 첨가: 사료에 우모분을 첨가하면 닭의 살코기가 증가하고 지방이 감소하며 산란량은 증가한다.

⑤ 붉은 고춧가루 제공: 사료에 1%의 붉은 고춧가루를 첨가하면 산란율이 향상된다.

⑥ 냉음법(冷飮法): 무더운 계절에 닭에게 냉수를 마시도록 하면 식욕을 자극하고 채식이 증가하여 산란율이 향상된다.

⑦ 채색법(彩色法): 모이통을 곱고 아름다운 색으로 칠하면 닭의 식욕을 촉진하여 산란율을 향상시킨다.

⑧ 방향법(芳香法): 사료에 파, 마늘, 생강, 부추, 미나리 등 방향식물 사료를 10% 정도 첨가하면 산란율이 증가한다. (겨울철에는 약재영양제를 사용한다.)

⑨ 명암법(明暗法): 암탉에 빛을 2시간 비추고 나서 캄캄한 방에서 6시간을 가둬 두면 큰 알을 고르게 낳는다.

⑩ 음악 들려주기: 외국 연구원의 실험에 의하면, 다른 조건이 그대로인 상황에서 계사 내에 잔잔한 음악을 끊임없이 틀어 주면 3개월 후에 달걀이 커지고 산란율이 10% 정도 상승하였다.

2. 항문 쪼기

1) 닭이 항문 쪼기를 당하기 시작하면 그 닭은 지속적으로 쪼기를 당하여 내장까지 파먹히게 되고, 결국 죽음에 이르고 만다. 대개 항문 쪼기는 한두 마리로 그치지 않으며, 많은 닭이 연쇄적으로 큰 피해를 입을 수 있다. 그러므로 한 마리라도 항문 쪼기가 발생하면 각별한 주의를 기울여야 한다.

2) 항문 쪼기의 원인

① 사료 부족: 닭도 먹이가 충분해야 안정된 생활이 가능하며, 특히 성장기의 닭은 식욕이 왕성하다. 한 주간 정도 사료를 두 배로 늘려보아서 항문 쪼기가 사라지는지 관찰한다.

② 섬유소 부족: 섬유소 함량이 높은 필수 사료인 녹이사료(풀)의 양을 늘려 본다. 닭은 풀을 통째로 던져 주면 줄기부터 뿌리까지 마구 쪼면서 좋아한다.

③ 단백질 부족: 계사 바닥에 깃털이 많이 남아 있으면 사료가 충분하다는 표시이다. 단백질 섭취가 부족하면 닭은 바닥에 떨어진 깃털을 쪼아 먹고, 그것도 모자라면 다른 닭의 항문(의 고운 깃털)을 쪼아 먹기 시작한다.

④ 발효사료: 발효사료는 닭의 소화와 성장, 건강, 산란효과를 높인다. 그런데 소화가 너무 잘 될 경우, 닭이 배고픔을 느끼게 되고 모이가 바닥 나면 항문 쪼기를 할 수 있다. 이때 소화가 좀 어려운 왕겨, 톱밥 같은 것을 모이에 섞어서 주면 항문 쪼기를 없애는 데 도움이 된다.

⑤ 고온 또는 저온: 계사 내부의 이상적 환경온도가 성계의 경우 18.5~21.0°C이지만, 5~28°C의 상황에서도 잘 지내고 알도 잘 낳는다. 만약 5°C를 밑돌거나 28°C가 넘는 온도에 환기까지 부족하면 항문 쪼기를 하는 닭이 있을 수 있다. 너무 더울 때에는 계사 바닥에 미생물 발효된 물을 뿌려 주거나 계사 밖의 그늘진 곳으로 닭을 외출시키는 것도 필요하다. 본 자연양계에서 대부분 닭은 5°C 아래에서도 잘 견딘다. 그래도 너무 춥지 않도록 겨울 북서풍을 막아 주는 것도 좋을 것이다.

⑥ 스트레스: 소음, 햇빛 부족, 번쩍거리는 물체, 야생동물의 위협 등에 닭은 스트레스를 받고 항문 쪼기를 할 수 있다. 이 경우 환경을 점검하여 개선해 주어야 한다.

⑦ 상처 난 닭: 사고나 싸움으로 닭이 피를 흘리거나 상처가 생기면 다른 닭들이 그 붉은색 부분을 주목하고 집중적으로 쪼는 경우가 있다. 그런 닭이 발견되면 나을 때까지 격리하여 관리해야 한다. 만약 상처가 심하다면 회복에 시간이 오래 걸리므로 도태시키는 것이 좋다.

3. 질병(감기)

닭이 병에 걸리기 쉬운 때는 대개 정해져 있다. 부화 후 첫 10일간, 3주째 전후, 3개월째이다. 세 번의 고비가 있는 셈이다. 참고로, 닭은 부화 후 3주경에 중계가 되고, 6개월이 되면 성계가 된다.

닭에서 가장 흔한 병이 감기이다. 콧물을 흘리고 설사도 하며, 눈빛이 약해진다. 기운이 없어 무리에서 떨어져 있다. 닭의 상태를 평소에 잘 관찰하여 이런 닭이 발견되면 서둘러 손을 써야 한다. 감기에 걸리면 면역력 강화의 기회로 생각하라. 한 마리의 문제를 모든 닭의 공통 문제로 보고 전체적으로 접근하자. 면역력 강화를 위하여 몸을 덥게 하고, 영양가 높고 소화에 좋은 것을 먹인다. 생이사료와 녹이사료가 효과적이다. 생이는 미꾸라지, 지렁이, 곤충 유충, 구더기 등 뭐든지 좋다. 그러나 자연양계의 방법을 충실히 따르면 닭이 병에 감염될 가능성이 거의 없다. 저항력이 강해서 웬만한 병원균이 몰려와도 쉽게 물리치기 때문이다. 그러므로 평소 항생제나 예방 약품을 쓸 필요가 없다.

IV. 일반양계와 자연양계의 차이점과 장점

1. 자연양계의 차이점

① 닭이 건강하고 안전하게 생활하도록 설계된 계사
② 농촌에서 쉽게 확보 가능한 사료와 자연 발효를 이용한 자급 사료를
   공급

③ 좋은 계사 환경과 양질의 사료로 건강한 유정란을 낳음

④ 방목양계와 밀집양계의 장점을 결합한 방식 → 친환경 + 고수확

2. 자연양계의 장점

① 건강한 닭: 악취가 전혀 없고 최적의 환경을 조성함으로써 닭의 건강
한 생장과 산란을 보장해 준다. 계사 1동에 2개의 닭칸이 있으며, 각
닭칸에 200~250마리의 닭을 키운다(암탉:수탉의 비율은 약 13:1). 과
거 여러 차례의 유행병(조류독감 등)이 있었지만 닭이 죽거나 질병에
걸린 사례가 없다.

② 건강한 달걀: 건강한 환경 및 적절한 수의 암탉과 수탉으로 양질의
유정란을 생산하며, 산란율은 매일 평균 75% 이상(암탉 100마리당 매
일 달걀 75개 이상)이다.

③ 경제성: 농촌에서 쉽게 확보할 수 있는 농작물의 부산물 및 일반 풀
까지 사료로 사용할 수 있고, 달걀을 일부 매각하거나 산란기간이 넘
은 닭을 매각하여 양계 자금을 마련할 수 있다.

④ 자연 순환: 계분(닭똥)→ 밭→ 옥토화→ 농작물 생산량↑ → 농작물
부산물→ 사료→ 계분. 계분은 친환경적이며 매우 양질의 천연비료
여서 일반 작물 농업에 큰 도움이 된다.

⑤ 달걀 및 닭고기의 조기 수확 가능: 닭은 생장 기간이 짧아 다른 가축
과 대비하여 빠른 수확이 가능하다. 부화 후 5~6개월째부터 산란하
고, 산란 기간은 12개월이며, 부화 후 18개월 넘은 닭은 매각하거나
음식으로 먹을 수 있다. 달걀과 닭고기는 풍부하고 지속적인 에너지
원이다. 다른 가축은 생장 기간이 길고, 죽여야만 수확 가능한 것이

대부분이다(예: 소, 돼지).

⑥ 손실 부담이 적다: 만일의 경우 전염병에 걸려도 소, 돼지 등 다른
가축에 비해 손실이 매우 적다. 실제로 자연양계의 닭은 매우 건강하
므로 항생제나 질병 예방약품 등이 전혀 필요 없다.

3. 계사 건축

① 가로(동서 방향) 18m, 폭 8.1m 규모의 평평한 땅에 계사를 건축한다.
면적은 45평(약 145m²)이고 긴 쪽이 햇빛을 정면으로 받는 정남향이
어야 한다. 계사 사방에 각각 2m 이상의 여유를 둘 수 있어야 한다.
② 인가로부터 300m 이상 떨어진 곳(냄새 문제는 없으나, 닭 우는 소리 때문)
③ 깨끗한 물을 구하기 쉬운 곳(흐르는 자연수가 없을 경우에는 지하수를 이
용한다.)
④ 풀과 사료의 조달이 수월한 농경지 가까운 곳
⑤ 계사 건축 기간은 약 2주간이며, 필요 인력은 용접기술자 1명, 기초
적인 목수 1명 포함하여 5~6명 정도이다.

4. 사료 종류

① 곡류: 강냉이, 보리, 조, 수수, 감자 등
② 겨류: 쌀겨, 밀기울, 발효사료
③ 동물성: 어분, 생선뼈, 곤충, 지렁이
④ 식물성: 깻묵, 대두박(콩 찌꺼기), 유박(깨 찌꺼기)
⑤ 무기질: 골분, 황토, 생석회(굴껍질 등)

⑥ 녹이(풀): 잡초, 목초, 야채, 과일, 해초

5. 사양관리 인력 및 작업시간

2명이 매일 약 2시간 정도 작업한다.

V. 계사 및 내부 시설의 모습(사진 자료)

1. 계사 겉모습

2. 내부 설비

1) 모이통

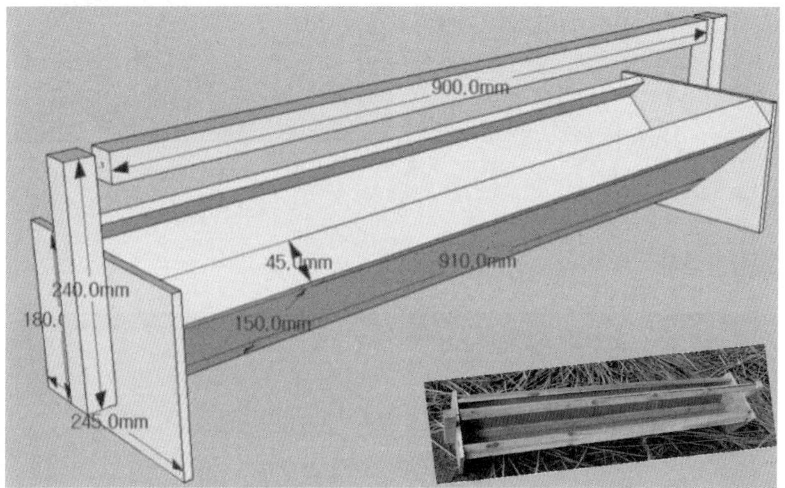

대형 모이통(성계, 중계, 중병아리용)

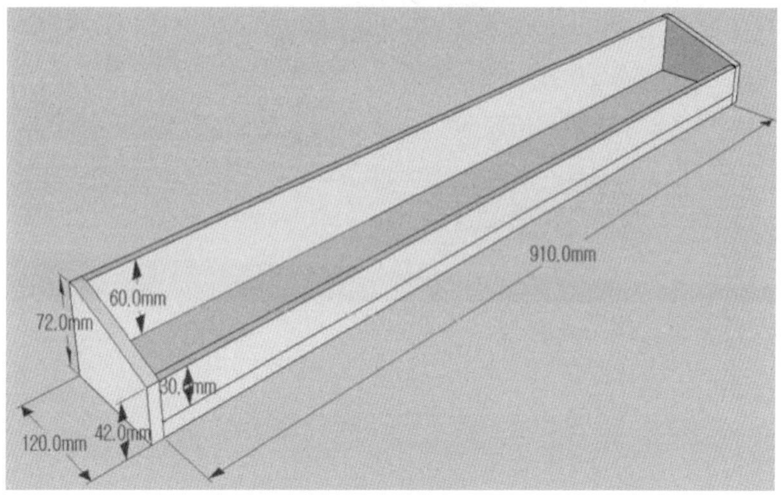

소형 모이통(햇병아리용)

2) 횃대

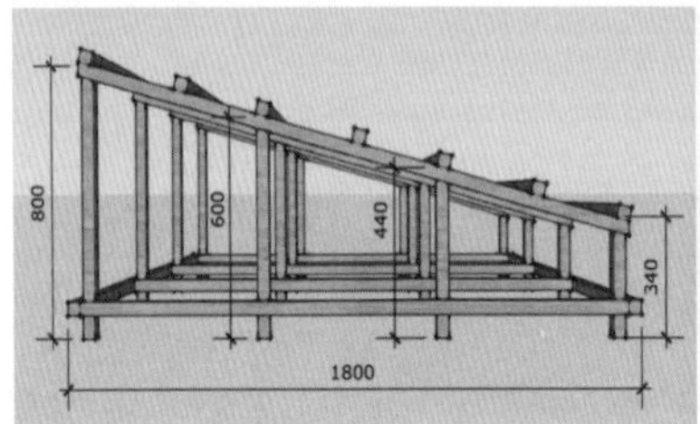

3) 산란상자

4) 육추상자(햇병아리 때부터 기를 경우)

5) 물관

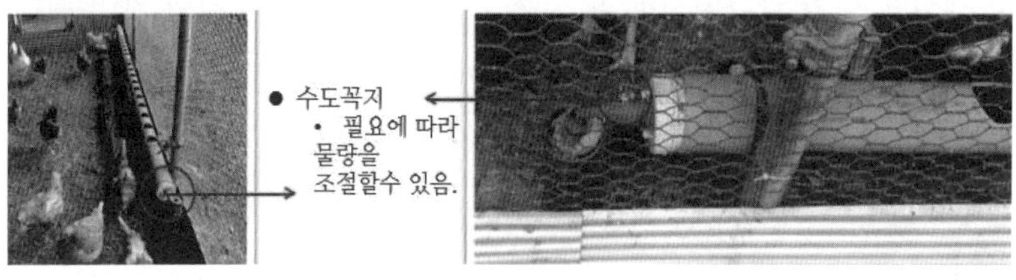

행복한 벌 키우기

정호진 | 생명살림 농부, 경북 상주

이 세상에 벌이 없다면 어떻게 될까? 아마도 많은 식물의 씨앗이 제대로 결실하지 못해서 후손을 이어가기 어려울 수 있을 것이다. 벌은 농작물의 결실을 도울 뿐 아니라 다양한 좋은 점들을 주는 유익한 곤충이다. 그렇지만 벌은 양봉하는 사람들 외에는 그리 친근하지 않은 곤충이다. 매년 벌초하는 시기가 되면 벌에 쏘여 고생하거나 심지어 사망하는 사람들까지 생긴다. 이 글을 통해 벌이 얼마나 사랑스럽고 지구를 살리는 일꾼인지를 알고 벌들의 친구가 되겠다는 마음이 일 수 있으면 좋겠다.

1. 벌을 키우기 된 동기

1990년대 초반 경남 거창에서 생명농법으로 농사를 짓고 있던 2년 차였을 때의 일이다. 2월쯤에 내가 주관했던 자연건강법 강좌에 참여했던 27세 여성이 모 대학병원에서 척추에 생긴 염증 제거 수술을 한 후 잘

걷지도 못하고 누워서 지낸다며 나를 불렀다. 가보니 수술 후유증으로 거의 척추 전체에 피가 통하지 않아 팔다리를 잘 쓰지 못하고 혼자서 화장실 가기도 힘들어했다. 수술한 병원으로 가서 재수술을 해야 하는지 아니면 다른 방법이 있겠는지를 내게 상담하는 것이었다. 워낙 범위가 넓어 재수술해서는 안 되겠다고 판단하여 함께 치유할 수 있는 방법을 찾아보았다. 그래서 가족들과 함께 부항과 뜸으로 두 달 만에 완치시켰다. 그랬더니 양봉이 주업이었던 그녀의 아버지가 내게 고맙다며 자신이 키우던 벌 두 통을 우리 농장으로 실어다 놓았다. 벌이 무서워 처음에 주시겠다고 했을 때 사양했지만, 내 의견을 무시한 채 감사의 표현으로 무조건 실어다 두었으니 도리 없이 벌과 친해질 수밖에 없었다. 그 후 그 여성은 결혼해서 아기를 셋이나 낳고 아무 후유증 없이 잘 살고 있다.

본래 학습과 강의가 주업이었던 나는 양봉책 두 권을 구해 읽으며 이론적인 무장을 하고, 내게 주신 분의 양봉장으로 가서 실습을 했다. 각종 양봉 도구를 다루는 일, 벌을 살피는 일, 분봉하는 일, 꿀을 뜨는 일, 월동시키는 일 등 모두 그분의 조수 역할을 하며 많이 배웠다. 그분은 내게 항상 말씀하셨다. "정 선생, 벌이 너무 좋아. 농사 중에서 가장 효자 종목이 양봉이 될 거야. 꼭 잘 배우고 정성을 기울여 좋은 벌 전문가가 되면 좋겠어." 그분의 말씀처럼 나는 처음에는 벌이 무서웠다가 점점 벌에 빠져들게 되었고, 마침내 벌은 두 통에서 백 통으로까지 불어나게 되었다. 그리고 그때쯤에는 제법 큰 농사꾼이 된 내 농사에서 양봉 수입이 가장 많은 시절이 되기도 했다.

현재 거주하고 있는 집 앞 공터의 양봉 모습

2. 양봉을 하면 어떤 점이 좋을까?

1) 화수분 매개로 많은 수확

벌들이 농작물의 화분 매개를 하면 수확량이 3~4배 증가한다. 꽃이 피는 작물 중 씨앗을 수확해야 하는 것들은 벌들이 열심히 화수분을 해주면 정말 결실이 많아진다. 어느 해 봄에 겨울 동안 죽지 않고 살아 있던 배추들이 꽃대를 키우더니 예쁜 꽃을 피웠다. 벌을 키우고 있던 때여서 꽃들이 벌들에게 도움이 될 거라고 생각하며 벌들이 즐기게 두었다. 그랬더니 씨들이 하나둘 맺히기 시작하더니 씨방마다 볼록볼록 가득 채워지기 시작했다. 배추씨를 받을 생각이 없었다가 씨가 아주 잘 영글어가서 꽃이 끝나면 베어버리고 다른 작물을 심으려다가 끝까지 두었다 씨를 수확해 보았다. 자그마치 배추씨 두 말을 수확한 적이 있었다. 그 후에는 꽃이 피는 작물들을 열심히 꽃피워서 씨를 받았다.

2) 확실한 생명농업 가능

농장에서 양봉을 하면 확실한 생명농업이 가능해진다. 자신이 키우는 벌들 때문에라도 농약이나 제초제를 철저히 배제할 수밖에 없다. 밭 가에 피어 있는 야생화가 잡초라고 없애려고 제초제를 뿌린다면 그 꽃에 꿀과 화분을 가지러 간 내 사랑하는 벌들은 다 죽어버리고 저장해둔 꿀과 화분은 오염되어버리고 말 것이다. 그런 생각을 하면 밭에 풀이 좀 났다고 제초제를 치거나, 내가 키우는 작물에 병충해가 발생했다고 살충제를 치기 어려운 것이다. 따라서 농사는 망칠지라도 농약이나 제초제 등은 결코 치지 않겠다고 결심하고 시작하는 생명농업에는 양봉이 아주 좋은 농사 중 하나가 될 것이다.

3) 아름다운 농장

벌을 직접 키우다 보면 벌들의 먹거리가 되는 꽃들에 아주 민감하게 된다. 농장 주변 산야에 자연스럽게 피는 꽃들에도 관심이 많이 가지만 자신이 작물을 키우는 농장 안에도 곳곳에 꽃을 피우는 작물을 심거나 해바라기나 코스모스 등을 빈터마다 다 심어서 벌들에게 도움이 되기를 바란다. 그러다 보니 봄부터 가을까지 농장 곳곳에서 꽃이 핀다. 그러니 얼마나 아름다운 농장이 되겠는가! 벌들을 사랑하는 마음이 있으면 농장이 아름다운 꽃들로 가득 차게 되고, 정말 아름다운 농장으로 바뀐다. 아름다운 농장을 만들고 싶으면 벌을 키우면 된다.

4) 적은 초기 자본으로 확실한 소득 보장

양봉을 시작하는 데는 초기 자본이 별로 많이 들지 않는다. 양봉을 시작하는 처음 1년 동안은 벌을 이해하고 학습하는 기간으로 삼으면 된다.

그래서 벌이 있는 벌통을 다섯 통 정도만 구입하면 된다. 다섯 통으로 출발하더라도 잘 관리하면 가을이 되면 15~20통 정도로 늘어난다. 그래서 20통 정도를 키울 수 있는 도구와 장비를 갖추는 것이 좋다. 다 갖추더라도 초기 자본은 300만 원 정도면 될 것이다. 다음 해부터는 어느 정도 벌에 익숙해져서 전업농으로 출발해도 좋다. 벌이 10통 이상이면 농민으로 인정받을 수 있다. 벌 20통에서 얻을 수 있는 수익도 괜찮다. 다시 1년을 더 키우면 20통이 60통에서 80통 정도로 늘어나게 만들 수 있다. 그때부터는 양봉을 본업으로 해야 할 정도로 시간도 필요하고 확실한 수익도 보장된다.

5) 은퇴 후의 즐거운 취미생활

양봉은 그렇게 힘들지 않은 노동이어서 은퇴한 이들의 즐거운 취미생활로도 좋다. 내 일생에서 가장 즐겁고 황홀경에 빠졌던 시간을 꼽으라면 바로 양봉하며 벌들이 제각기 역할에 따라 자신의 일을 열심히 하는 모습을 보며 벌통을 살피는 때라고 말할 수 있다. 다음으로는 내가 일하던 농장에서 맨발로 일을 하다 황혼이 찾아오는 시간 밤도 아니고 낮도 아닌 시간에 조용히 침묵하며 내 몸에 와 닿는 온화한 바람결을 느끼던 시간이다. 생명농업으로 농사하는 작은 농장과 함께 양봉을 하면 그 두 가지 즐거움을 다 누릴 수 있다. 농장의 작물들을 돌보는 것도 정말 즐겁지만 작은 몸으로 열심히 사는 벌들을 보는 것도 참 행복한 일이다.

6) 체질 개선

양봉을 하면 암에 걸리지 않는 건강한 체질로 바뀐다. 벌을 키우면서 도시에 살았던 내 몸의 상태를 잘 알 수 있게 되었다. 벌을 관찰하기 위해 처음에는 벌에 쏘이는 것이 무서워 완전무장을 하다시피 했다. 머리에는 모자와 복면포를 쓰고, 몸에는 비옷을 입고, 발에는 등산화를 신고, 손에는 고무장갑을 낀 채 벌통을 열었다. 책에서 보고 양봉 사부님에게 배운 대로 땀을 흘리며 1시간 동안 벌통을 살폈는데 어느 틈엔가 나도 몰래 손등에 벌 한방을 쏘였다. 얼마나 아팠는지 모른다. 그때부터 내 손은 내 손이 아니었다. 진물이 나고 퉁퉁 붓고 팔을 들어올리기도 어려웠다. 그렇게 일주일 동안 고생했다. 두려운 마음으로 그다음에 벌을 볼 때도 완전무장을 했지만 또 몇 방을 쏘이고 고생했다. 그렇게 벌에 쏘일 때마다 양봉일지에 적어 나갔다. 100방을 쏘이고 난 뒤에야 붓는 것이 조금씩 줄어들고 아픔도 약해지더니 200방쯤 쏘이고 난 뒤에는 아예 따끔하고 또 쏘였구나 싶은 정도가 되었다. 그때쯤에는 벌이 나를 쏘는 것은 벌의 공격성 때문이 아니라 나의 실수로 벌이 위험을 느낀 것 때문이라는 사실도 알게 되었다. 더 조심스럽게 벌을 보게 되니 벌과 친해지고 벌들이 사랑스러워졌다. 다시 내 몸으로 돌아가 보면 도시에 살던 내 몸은 산성화된 몸이었다. 그래서 벌에 쏘일 때마다 진물과 통증이 말이 아니었으나 벌에 쏘일수록 내 몸은 산성에서 약알칼리성 체질로 변해 갔던 것이다. 그런 체질이 되면 더 이상 붓지도 않고 통증도 사라진다. 말하자면 벌침의 독은 사람의 체질을 산성에서 약알칼리성으로 바꿀 수 있는 대단한 보약이다. 약알칼리성 체질이 되면 자연면역력이 높아지고 암에도 걸리지 않는다. 그리고도 양봉은 곤충이 사라져 가는 지구를 살리는 일이기도 하다. 이제부터 우리 다 함께 양봉의 세계에 빠져들어 보자.

3. 벌을 키우기 위한 기본 장치들

벌을 잘 기르기 위해서는 먼저 벌을 키우는 데 필요한 도구들을 잘 이해
해야 한다. 다양한 양봉 장비와 도구들 가운데 꼭 필요한 것들을 중심으
로 초보자도 이해할 수 있도록 약간씩 설명을 덧붙이려 한다. 우선 벌통
과 관련된 것들을 살펴보자.

1) 벌통(소상)

벌이 살 수 있는 집(소비)을 넣을 수 있는 상
자이다. 벌집은 토종 벌집과 양봉 벌집이 확
연히 다르다. 토종 벌집은 일반적으로 원통
형과 사각형으로 되어 있다. 원통형은 주로
오동나무 같은 통나무의 속을 파내어 만들
고, 사각형은 나무판으로 짜서 만든 것이다.
어느 것이든 토종 벌통은 벌들이 살고 활동
하는 모습을 직접 관찰하고 도와줄 수 있는
여지가 별로 없다. 벌과 친해지고 관리를 잘
하려면 양봉 벌통이 좋다. 양봉 벌통은 세계
여러 나라가 비슷비슷하긴 하지만, 나라에
따라 조금씩 차이가 난다. 벌통의 크기도 조
금씩 차이가 있고, 벌통의 재질이 제법 다른

벌통 안의 벌집(소비)

편이다. 하여간 한국에서는 오동나무로 된 벌통을 주로 많이 사용한다.
오동나무 벌통은 다른 나무들에 비해서 가벼워서 양봉하는 데 힘이 덜
드는 편이다. 빈 벌통일 때는 어떤 재질이나 괜찮지만 꿀이 실려 있는

벌통은 재질에 따라 그 무게가 많이 차이 난다. 그래서 요즘에는 아주 가벼운 강화스치로폼으로 만든 벌통이 많이 이용되고 있다. 벌통은 밑 부분인 몸통과 뚜껑으로 이루어져 있다. 몸통에는 앞부분에 벌들이 드나들 수 있는 소문이 뚫려 있다. 윗부분인 뚜껑에는 공기가 통할 수 있도록 철망으로 된 공기구멍이 뚫려 있다. 벌통은 양봉원에서 구입하면 된다.

2) 격왕판

평면 격왕판은 벌통을 2층이나 3층으로 만들기 위해 여왕벌이 가지 못하도록 차단하는 판이다. 살대의 간격이 일벌들은 지나다닐 수 있게 되어 있지만 몸집이 약간 더 큰 여왕벌이나 수벌들은 통과하지 못하도록 제작되어 있다. 수직 격왕판은 단상 벌통에서 여왕의 활동 범위를 제한하기 위해 설치한다. 격왕판을 설치하는 이유는 알이 없이 꿀만 가득 실을 수 있는 벌집(소비)을 제공하려는 목적 때문이다.

3) 계상(2층 벌통)

벌통은 본래 단상으로 되어 있지만 요즘은 2층 벌통을 많이 이용한다. 본래 2층으로 된 것이 아니라 중간에 격왕판을 놓고 또 한 층을 더 놓는 것이다. 2층이나 3층으로 만드는 이유는 꿀을 더 많이 뜨기 위해서이다. 단상으로 이루어진 벌통 안에는 여왕벌과 일벌, 수벌들이 함께 산다. 그리고 벌집 하나를 살펴보면 가장 한가운데는 여왕벌이 알을 낳을 수 있는 곳이고, 윗부분은 화분을 담아두는 창고로 쓰며, 아랫부분은 꿀을 채우는 곳으로 활용한다. 그래서 단상으로 된 양봉으로는 많은 꿀을 뜨기가 어렵고, 채밀할 때 애벌레나 화분이 꿀 속에 빠지게 되어 순수한 좋

벌집에 붙어 있는 벌들

은 꿀을 뜨기도 어렵다. 그러나 격왕판을 놓고 계상을 만들면 여왕이 2층으로 가지 못해서 알을 놓을 수 없으니 2층에는 오로지 꿀만 저장하게 된다. 그래서 꿀을 뜰 때는 2층에 있는 꿀소비들만 가지고 가서 채밀할 수 있어서 애벌레가 다치지 않고 좋은 꿀을 뜰 수 있다.

4) 소비(벌집)

벌통 전체를 벌집이라고 할 수도 있지만 엄밀히 하자면 벌통 안에 들어 있는 소상과 소비가 벌집이다. 소초는 완성된 벌집이 아니라 벌들이 6각형 집을 지을 수 있도록 밑판을 만들어둔 것인데 그것을 가지고 벌들이 꽃에서 가져온 꿀에서 밀랍을 내서 벌집을 완성한다. 완성된 벌집을 이용해 벌들은 아기벌도 키우고 화분도 저장하고 꿀방으로도 사용한다. 하나의 벌통 안에는 소비가 10장 정도 들어간다. 그러나 단상의 경우에는 사양기도 함께 넣어야 하기 때문에 9장밖에 넣을 수 없다. 소비 한 장을 완성하려면 꿀 2kg 정도가 필요하다. 꿀이 많지 않은 시기에 빨리 집을 지을 수 있도록 설탕물을 공급해 주기도 한다.

5) 사양기

벌통 속에 들어가는 것 중에는 소비 외에도 소비와 크기가 비슷한 사양기가 있다. 사양기란 꽃이 별로 없는 시기나 월동 준비를 위해 벌들의 먹이로 설탕물을 담아 주는 통이다. 아무리 정직한 양봉가라고 하더라도 사양기에 설탕물을 주지 않는 사람은 거의 없다. 배가 고파 허기에 지쳐 있는 벌들이나 아기에게 줄 젖조차 제대로 낼 수 없는 벌들을 보며 먹이를 주지 않는 양봉가는 벌을 사랑하지 않는 사람이다. 자신이 제공하는 설탕물이 벌의 생존을 위해 제공하는 선에서 꿀에 영향을 미치지 않도록 하는 것이 좋은 양봉가의 모습이다. 사양을 위해서는 설탕물을 녹일 큰 통과 사양기에 설탕물을 부어 줄 수 있는 주전자도 필수이다. 요즘은 사양액통과 벌통 안에 있는 사양기를 호스로 연결한 자동사양기도 보급되어 있다. 사양은 자극사양과 장려사양, 기아사양 등이 있다. 사양액의 농도는 자극사양일 때(설탕 750g; 물 1*l*)와 장려사양(설탕 1kg; 물 1*l*), 기아사양(설탕 1.5kg; 물 1*l*)으로 타면 된다.

6) 덮개(내피)

벌통 안에 소비와 사양기를 넣어 주고 난 뒤에 제일 윗부분에 광목이나 담요, 모기장 등으로 된 넓개를 덮어 주고 벌통의 뚜껑을 덮어 주어야 한다. 벌통의 뚜껑이나 덮개를 여는 경우는 벌통 안을 살피기 위해 내검을 할 때니 인공분봉할 때, 사양을 해야 할 때, 혹은 꿀을 뜨기 위해 소비를 빼내야 할 때 등이다.

4. 벌을 살피는 데 필요한 도구들

기본적으로 벌을 키울 수 있는 재료나 장비가 갖추어졌다면 다음으로 는 벌들이 잘 살고 있는지, 혹은 질병에 걸리지는 않았는지, 사는 집이 너무 좁아 분봉하려고 하지는 않는지 등을 살펴볼 수 있는 도구들, 즉 벌통 안을 살피기 위해 필요한 도구들을 알아둘 필요가 있다.

1) 복면포

벌을 보다 보면 가끔 벌에 쏘이기도 한다. 그럴 때 다른 몸에 쏘이는 것 은 덜해도 목이나 얼굴 혹은 머리를 쏘이는 것은 위험할 수도 있다. 그 래서 보호하는 장비로 모자를 쓰고 복면포를 함께 쓰는 것이 좋다. 사방 에 꽃이 많이 피어 있을 때나 노련한 전문가라면 복면포 없이도 벌통을 열고 벌을 살피기도 하지만 초보 양봉가는 복면포를 꼭 쓰고 하는 것이 좋다. 벌들은 머리카락을 싫어해서 머리카락 안으로 파고들며 쏘는 습 성이 있으니 벌의 생명을 아끼기 위해서라도 꼭 모자와 복면포를 쓰고 벌을 보는 것이 좋다. 요즘은 아예 모자와 복면포가 결합된 복면포 모자 가 있다.

2) 훈연기

연기를 벌에게 쏘이면 벌들이 벌통 안으로 숨어 들어가거나 조금 순해 지는 편이다. 그래서 벌통 안을 조사하기 위해 뚜껑을 열고 덮개를 살며 시 걷어 올리면서 연기를 뿜어 주면 벌들이 순해지면서 밖으로 날아오 르지 않고 벌통 아래로 내려간다. 이동 양봉을 위해 벌통 앞에 버티고 있는 문지기벌들을 벌통 안으로 몰아넣을 때도 훈연기를 이용해야 한다. 그래서 훈연기는 꼭 필요한 것인데 훈연기 안에 넣고 연기를 뿜는 재료는 말린 쑥이다. 5~6월쯤 쑥이 한창일 때 낫으로 잘라서 그늘에 잘 말려 사용하면 된다. 훈연기에 넣을 쑥에 불을 잘 붙이기 위해서는 소형 라이터나 토치 라이터가 필수이다.

3) 하이브 툴

벌을 살필 때 가장 많이 쓰는 도구이다. 기역자 도구라고 해도 된다. 이 도구로 벌통이나 소비에 쓸데없이 붙어 있는 밀랍을 긁어내기도 하고, 벌들이 꽁꽁 붙여 놓은 소비와 소비 사이를 떼어낼 때 등 정말 많이 쓰이는 도구이다.

4) 봉솔

벌이 상하지 않도록 쓰는 부드러운 빗자루이다. 태어난 지 얼마 안 된 아기 벌들은 연기를 쏘이면 잘 이동하지 못하는 경우가 있다. 연기를 품거나 소비를 반동을 이용해 빠른 속도로 털어도 남아 있는 벌들을 부드러운 빗자루로 쓸어서 벌통 안으로 떨어뜨릴 때 사용하는 것이 봉솔이다. 때로는 봉솔로도 하이브 툴처럼 소비들을 젖히는 데 사용하기도 한다.

5. 꿀을 뜨는 데(채밀) 필요한 장비

양봉의 주목적 중 하나는 꿀을 얻는 것이다. 꿀이 담긴 벌집을 통째로 잘라서 꿀을 얻기도 하지만 그것은 벌을 혹사시키는 일이다. 채밀할 때 는 벌들이 애써 지어 놓은 집을 망가뜨리지 않게 조심스럽게 꿀만 채취하는 것이 좋다.

1) 채밀기

꿀을 얻기 위해서는 꿀이 담긴 소
비를 넣고 돌려서 꿀이 빠져나오
게 하는 일종의 원심분리기인 채
밀기가 필수이다. 채밀기의 값이
제법 되니 첫해에는 다른 방법을
생각해 볼 수도 있지만 장기적으
로 양봉을 하려면 꼭 장만해두는
것이 좋다. 주변 몇몇 양봉가가
힘을 합쳐 공동으로 사두고 필요
할 때마다 서로 도우면서 같이 사
용하는 것도 한 가지 방법이다. 채

밀기는 보통 6~8장 들이가 좋다. 이전에는 손으로 직접 돌리는 수동채
밀기를 많이 이용했지만 최근부터는 전기로 돌리는 자동채밀기가 대세
이다.

2) 밀도(蜜刀)

밀도란 뚜껑을 덮은 꿀방의 윗부분을 잘라내기 위한 날카로운 칼이다.
좋은 꿀이란 벌이 장기 저장하기 위해 꿀방에 꿀을 채운 후 그 꿀방을
밀랍으로 덮어버린 상태의 꿀이다. 그런 꿀을 채밀하자면 잘 드는 날카
로운 칼로 뚜껑 부분을 재빨리 도려내고 채밀기에 넣고 돌려야 한다. 실
제 채밀을 할 때는 밀도만의 힘으로 윗부분 밀랍을 제거하긴 어렵다. 그

래서 냄비에 물을 끓이면서 밀도를 계속 담가두었다 뜨거운 상태에서 빠른 속도로 윗부분을 잘라 주어야 잘 잘라진다. 이 밀도를 다루는 이들은 보통 최고의 전문가들이다. 잘하지 않으면 벌집도 망가뜨리고 꿀도 손실이 많을 수 있기 때문이다. 요즘은 물을 끓이는 대신 전기를 연결해 사용하는 전기 밀도도 나와 있어 편리하다.

3) 밀려기

채밀기를 이용해 꿀을 채밀한 후 큰 말통에 꿀을 옮겨 담아야 하는데 이때 가장 많이 쓰이는 도구가 깔때기처럼 생긴 밀려기이다. 채밀을 할 때 채밀기를 60~90cm 정도 높은 곳에다 놓고 채밀을 해야 한다. 그래야 채밀기에서 꿀이 흘러나오는 자리에 밀려기를 걸쳐 놓고 말통의 입구가 맞도록 높이를 조절해야 꿀을 손실 없이 통에 담을 수 있다.

4) 꿀 담을 말통과 꿀병

채밀을 할 때는 처음부터 작은 병에 꿀을 담지 않고 주로 24~30kg이 들어가는 말통 단위로 꿀을 받아서 작은 통에 채운다. 대규모 양봉가들은 말통보다 더 큰 열 말들이 드럼통에 꿀을 넣어 운반하기도 한다. 꿀을 상품으로 만들어 판매하려면 자신의 양봉장임을 알릴 수 있는 브랜드명과 상표 및 로고 등이 들어간 홍보물도 필요할 것이다.

5) 운반용 도구

채밀을 하기 위해 꿀이 가득 든 꿀통을 옮기기 위해 손수레가 필요하다. 또한 꿀이 든 말통을 양봉장에서 차로 옮기거나 창고로 옮기기 위해서도 운반용 손수레는 필수적이다. 좋은 꿀일수록 무게가 많이 나가기에

너무 무거운 것을 많이 들다 보면 허리를 다칠 수 있기 때문에 무겁게
옮기기보다 운반용 도구를 이용하는 것이 좋다.

6. 화분 채집에 필요한 도구

1) 채분기

양봉을 하다 보면 꿀 못지않게 중요한 것이 화분이다. 화분은 다양한 꽃
들에서 가져오는 꽃가루인데 그 성분과 영양가가 뛰어나 건강식으로 아
주 좋다. 꿀을 채밀하는 방법이 있듯이 화분을 채집하는 방법도 있다.
화분을 잘 채집하려면 벌들이 뒷다리에 뭉쳐서 벌통 안으로 가져가는
화분들을 화분 통에 떨구어 놓고 갈 수 있는 장치를 해주어야 한다. 그
장치가 바로 채분기이다. 채분기의 원리는 벌들이 소문을 드나들 때 소
문 앞에다 벌들이 몸통만 겨우 빠져나갈 수 있는 정도의 구멍들이 있는
채분기를 설치해두면 뒷다리에 뭉쳐서 가지고 오던 화분은 작은 구멍
에 걸려 다리에서 떨어질 수밖에 없도록 하는 원리이다.

2) 화분 담을 통

화분도 집에서 영양식으로 먹거나 팔기 위해서 장기적으로 보관해둘
통이 필요하다. 이때도 상품의 홍보를 위해 홍보지에 브랜드명이나 생
산자 이름을 넣을 수 있을 것이다. 그런데 벌들이 채집해 오는 화분은
수분이 많아서 바로 상품화해서는 안 된다. 많은 수분(37%)으로 인해
벌레가 생기거나 썩을 수 있기 때문이다. 그래서 비를 맞히지 말고 밝은
햇볕에서 며칠간 널어 말린 뒤에 수분이 거의 없는 상태(12~15%)에서
넣어야 한다.

7. 말벌 퇴치용 도구

1) 말벌 방어용 그물망

여름철이 되어 산아에 꽃이 많지 않아 꿀이 부족한 계절이 오면 덩치 큰 말벌들이 꿀벌 집에서 꿀을 훔쳐 가려고 찾아온다. 양봉하면서 가장 어려운 일 중의 하나가 그렇게 찾아오는 말벌을 잘 퇴치하고 꿀벌을 지켜내는 일이다. 말벌에도 여러 종류가 있지만 대체로 꿀벌보다 몇 배로 몸집이 큰 편이어서 꿀벌이 여러 마리가 덤벼들어도 이기기 어렵다. 장수말벌인 경우에는 4~5마리가 벌꿀 통 앞 소문(巢門)을 지키고 있던 문지기벌들을 물어 죽인 후 소문을 차지하고 앉아서 드나드는 벌들을 물어 죽이기 시작하면 2~3시간 안에 벌통 하나의 벌들 1~2만 마리를 다 죽여버릴 수 있다. 그렇게 어이없이 죽어서 벌통 앞에 쌓인 꿀벌들의 시체를 보면 눈물이 핑 돈다. 정말 애지중지 키우던 벌들이 몇 시간 만에 시체가 되어버리고 꿀을 도둑맞는 상황이 발생한 것이다. 그런 사태를 맞지 않으려면 말벌이 나타나는 시기에 벌통 앞에 말벌 방어용 그물망을 쳐두어서 말벌이 소문 앞을 점령하지 못하도록 해주어야 한다. 그러면 공중에서나 그물망 앞에서 말벌에게 당하더라도 그렇게 많은 피해가 나지 않는다. 요즘은 플라스틱으로 된 말벌방어용 판을 각각의 벌통 소문 앞에 설치하면 그물망을 치지 않아도 되어 편리하다.

2) 잠자리채

말벌 철이 되면 양봉장에 찾아오는 말벌의 숫자가 워낙 많아 방지용 그물망으로는 한계가 있을 수 있다. 그래서 하루에 몇 번씩 양봉장에 가서 꿀벌을 물어 죽이기 위해 찾아온 말벌들을 잠자리채로 잡아 죽이는 것이 필요하다. 이때 말벌로부터의 보호를 위해 모자와 복면포를 쓰는 것을 잊지 말아야 한다.

3) 말벌 술 담을 병과 소주

잠자리채로 말벌을 때려도 금방 죽지 않고 다시 살아나는 경우가 많다. 그리고 그렇게 잠자리채로 잡은 말벌을 그냥 버리기보다는 잘 이용하는 것이 더 좋다. 말벌독은 당뇨병이나 고혈압을 치료하는 데도 도움이 되는 편이다. 그래서 도수가 높은 담금주가 들어 있는 병을 가까이 가져다 두고 잠자리채로 잡을 때마다 술병에 넣는 것이 좋다. 그러면 100마리마다 한 병에 2L들이 말벌술이 만들진다. 말벌주는 1년 정도 지난 뒤부터 마시는 것을 권장한다. 너무 독한 것을 많이 마시면 생명이 위험해질 수 있으니 매일 10g 정도씩을 따뜻한 물에 꿀과 함께 타서 연하게 마시는 것이 안전하다.

8. 양봉가가 해야 할 기록

1) 양봉일지

좋은 양봉가가 되자면 양봉과 관련된 일지를 써나갈 필요가 있다. 자신이 양봉을 시작한 날부터 양봉과 관련해서 어떤 일을 했는지 기록해 나가는 것이 필요하다. 예를 들면 다음과 같다.

"2020년 3월 5일 이웃 마을 경석 님으로부터 벌이 들어 있는 벌통 5개를 100만 원에 구입했다. 저녁 무렵 벌들이 활동을 멈추어 갈 때 그분이 1톤 트럭에 벌 5통을 우리 농장으로 실어다 주었다."

"3월 6일 읍내 대한양봉원에서 양봉에 필요한 도구들(하이브 툴/훈연기/복
면포 등)을 구입했다."

가능하면 양봉 도구의 이름과 가격도 잘 표기해둘 필요가 있다. 이런
기록들은 매년 양봉을 해나가는 데 좋은 자료가 될 것이다.

2) 벌통의 족보와 변천사

처음 시작으로 벌통 5개를 사들여 왔을 때부터 번호를 붙여 가며 기록
지에다 각 벌통의 상태를 기록해두어야 한다. 예를 들면 다음과 같다.

"2020년 3월 5일 1번 통 — 사양기 1개와 소비 6매로 된 것을 경석 님에게
구입한 것인데 벌은 7천 마리 정도 된다. 여왕벌은 작년에 태어난 젊은 벌이
어서 내년까지는 산란을 잘할 것이라고 했다. 질병의 징후는 전혀 없는 건강
한 상태이며, 꿀과 화분도 충분하다."

"3월 12일 날씨 맑음, 기온 8~20도, 1번 통 — 첫 번째 내검(內檢)을 했다.
아직 여왕벌의 산란이 활발하지 않다. 화분이나 꿀이 조금씩 들어오고 있
다."

"5월 15일 맑음, 기온 20~28도, 1번 통 — 벌이 많이 늘어났고 아까시꿀이
들어올 것에 대비해 계상으로 만들었다. 계상 2층에는 소비 3개를 넣어 주
었다."

"6월 10일 갬. 기온 21~29도, 1번 통 — 그동안 조성해 온 왕대 2개를 활용

해 6번 통의 분봉을 완성했다. 6번 통으로는 왕대가 있는 소비와 일반 소비 2장 총 3장을 보냈다."

이처럼 개별 벌통에 대한 역사와 변천사를 잘 기록해 가는 것이 벌을 아끼고 사랑할 수 있는 길이며, 양봉을 성공적으로 잘해 나갈 수 있는 밑거름이 된다. 벌통마다 비에 젖지 않을 수첩 한 권씩 필요하다. 여러 통을 살피다 보면 일이 다 끝났을 때는 다 기억하기가 어려운 경우가 많다. 노트에 기록하는 게 우선이고 그다음 컴퓨터에 데이터를 저장해 두는 것이 좋다.

9. 벌통 설치할 때 주의할 점과 필요한 것들

벌통은 어디에 어떻게 두는 것이 좋을까? 벌통을 진열해 놓는 방식은 나라별로 상당히 다르다. 그러나 벌통을 진열하거나 배치하며 지켜야 할 큰 원칙은 비슷하다. 원칙을 알고 배치하면 벌이 건강하게 잘 살아갈 수 있지만, 그렇지 않으면 벌의 군세가 약해지거나 질병이 찾아올 가능성이 높다.

1) 습기 없는 곳

양봉장은 주변에 습기가 없는 곳이 좋다. 습기가 많으면 다양한 질병이 찾아오게 된다. 물이 고이지 않도록 벌통 주변에 배수로를 잘 따주고, 벌통을 놓을 자리를 약간 높여 주어서 습기가 침입하지 않게 해주는 것이 좋다. 평소에는 잘 몰라도 장마철이 되어 비가 많이 올 때에도 습기가 별로 없을 정도가 기준이 되어야 한다. 이전에는 벌통을 놓을 수 있는 땅에 폭 1.2m 정도 되는 두둑을 만들고 앞뒤로 배수로를 따주었다. 그리고 두둑에 긴 각목 2개를 놓고 그 위에 벌통을 놓았다. 요즘은 플라스틱 파레트가 있어서 가능하면 두둑 위에 파레트를 놓고 그 위에 벌통을 놓아도 좋다.

2) 햇빛이 잘 들고 바람이 심하지 않은 곳

벌통을 놓는 곳은 그늘진 곳보다는 햇볕이 잘 드는 곳이 좋다. 바람이 잘 통하는 곳이 좋기는 하지만 너무 심한 바람이 치는 곳은 좋지 않다. 벌통 뒤쪽이 담이나 언덕 혹은 산으로 막혀 있으면 더욱 좋다.

3) 소음과 악취가 나지 않는 곳

벌들은 시끄러운 소음과 좋지 않은 냄새를 아주 싫어하는 편이다. 그래서 마음에 들지 않으면 다른 안전한 곳으로 이동해버린다. 자동차나 공장 소음이 심한 곳이나, 동물 축사가 가까이 있는 곳은 양봉장으로 적합하지 않다.

4) 벌통을 배치하는 방법

벌통을 배치할 때 나른 벌통과 20cm 정도의 간격으로 일정하게 배치하는 것이 좋다. 벌통과 벌통 사이의 20cm 간격 사이에는 10cm 두께의 스티로폼을 적당한 크기로 잘라서 2개를 넣어 주면 된다. 한국과 중국은 대체로 비슷하게 벌통을 배치한다. 그러나 러시아 연해주에서는 대체로 벌통을 여기저기 띄엄띄엄 하나씩 떼어 놓고, 벌통도 40~50cm 정도로 제법 높게 장치한 것을 보았다. 연해주는 한국이나 중국보다도 더 추운 곳이기 때문에 벌들이 추위를 타지 않도록 따뜻하게 보온에 신

벌통을 배치하고 관리하는 모습

경을 써주는 것이 좋은데, 벌통을 하나씩 독립적으로 그것도 높게 만들어 바람의 영향을 많이 받게 하는 것은 벌을 튼튼하게 키우는 방식과는 거리가 멀다고 생각되었다. 꿀벌이 좋아하는 색깔은 녹색과 청색과 황색이다. 검은색과 붉은색은 구별하지 못한다. 벌통 앞에 색칠을 해주는 것도 도움이 된다.

4) 벌통 윗부분과 뒷부분 처리하기

벌통을 20cm 간격으로 보통 20~30통 정도 배치한 후 약간 간격을 벌리고 또 새로운 벌통들을 배치하면 된다. 그런데 그 벌통들 위에는 보온덮개를 덮어 주고 비가 오더라도 젖지 않도록 보온덮개 위에 양철 슬레이트를 씌우거나 별도의 지붕을 만들어서 벌통이 비를 맞지 않게 해주어야 한다. 벌통 뒷부분도 추운 때는 보온덮개를 덮어서 벌통 전체가 따뜻하게 보온될 수 있도록 잘 관리하는 것이 좋다. 벌통을 놓을 때 소문이 있는 앞쪽이 약간 낮게(5mm) 해주는 것이 좋다. 혹시 비가 들이쳤을 때 빗물이 벌통 안에 고이지 않고 소문으로 흘러나올 수 있기 때문이다.

10. 밀원 조성해 주기

양봉을 하는 동안은 자연의 변화에 아주 민감해진다. 햇빛이 나거나 비가 오거나 바람이 불거나 기온이 얼마나 되는지에 촉각을 세운다. 벌들이 활동하기 가장 좋은 조건이 되면 기뻐하게 되고 벌들이 활동하기 어려운 기후(긴 장마/폭염 등)나 환경이 되면 아쉬움이 쌓인다. 꽃들은 활짝 피어 있는데 바람이 너무 심해 벌들이 날아다니기가 어렵거나 비가 와서 꿀과 화분이 다 빗물에 씻겨 내려가면 벌이 가져올 먹거리가 사라지니 애가 탄다. 그런데 무엇보다도 벌들은 자꾸 늘어나는데 주변에 벌들의 양식을 얻을 수 있는 꽃들이 사라지고 보이지 않을 때가 가장 안타깝다. 그런 느낌을 받지 않으려면 꽃을 피울 수 있는 작물을 심거나 꽃이나 꽃나무를 많이 심어 주어 연중 끊임없이 벌들이 채밀 활동과 채분 활동을 잘해 나갈 수 있도록 도와주어야 한다. 자신의 농장 주변 자연에서 볼 수 있거나 스스로 조성해 가야 할 밀원식물들이 어떤 것인지, 꽃을 피우는 기간은 언제인지 알아두면 좋을 것이다. 먹이가 충분하지 않은 곳에서는 양봉을 잘하기가 어렵다.

1) 봄철

유채(4월 초/20일), 산수유(4월 초/10일), 민들레(4월 초/40일), 벚꽃(4월 중/10일), 자운영(5월 조/20일), 아까시(5월 중/10일), 산딸기(5월 중/10일).

2) 여름철

찔레(5월 하/10일), 클로버(5월 하/30일), 호박(6월 초/90일), 밤나무(6월 중/10일), 금계국(6월 말/20일), 피나무(7월 초/15일), 달맞이(7월 초/30일),

옥수수(7월 중/10일), 바이텍스(7월 하/60일), 코스모스(7월 하/60일).

3) 가을철

해바라기(8월 중/20일), 붉나무(8월 중/10일), 메밀(9월 초/25일), 들깨(9
월 초/15일).

4) 겨울철

동백꽃(1~4월 초), 군자란(1~4월 초), 수선화(1~3월 말), 매화(2~3월),
복수초(1~2월).

11. 꿀벌의 종류와 역할

우리가 꿀벌이라고 부르는 벌들은 어떤 조직 체계를 가진 사회일까? 벌
들의 종류와 조직 체계 및 그들의 역할을 잘 이해하면 양봉을 하는 데
많은 도움이 될 것이다. 일반적으로 독립 왕국을 형성하는 벌통 하나에
살고 있는 벌의 숫자는 5,000~25,000마리 정도 된다. 1만 마리가 되
지 못하는 벌통은 군세가 약하다고 하며, 15,000마리 이상이 되면 군세
가 강하다고 표현한다. 그렇게 숫자가 많거나 적거나 간에 한 벌통에는
여왕벌과 일벌과 수벌 세 종류의 벌들만 존재한다. 이제 그 벌들이 각기
어떤 특징이 있는지 알아보자.

1) 여왕벌

꿀벌의 사회는 여왕이 중심이 된 조직 사회이다. 여왕벌은 일벌보다 1.7
배 정도 더 몸집을 크다. 그래서 격왕판을 통과하지 못한다. 한 벌통에

는 한 마리의 여왕벌만 존재한다. 두 마리의 여왕벌이 생기면 한 마리의 여왕벌은 자기 무리를 이끌고 그 벌통을 떠나 다른 곳으로 거처를 찾아간다. 그래서 오로지 한 벌통에는 여왕벌 한 마리만 존재한다. 여왕벌이 하는 주된 역할은 새로운 벌이 될 알을 낳는 일이다. 알을 낳을 수 있는 집이 준비되어 있고 온도가 맞으며 양식이 충분할 때는 하루에 1,000∼3,000개 정도의 알을 낳는다.

일벌들은 새 여왕벌이 필요하다고 판단하면 새로운 여왕벌을 키워낸다. 새 여왕벌이 필요한 경우는 2만 마리 정도가 살 수 있는 벌통에 벌 수가 2만 5천 마리를 넘어가서 더 이상 살 집이 좁아지거나, 여왕벌이 너무 늙어서 지속적인 산란을 하지 못할 때, 혹은 벌을 보다가 실수로 여왕벌을 죽게 했거나, 결혼비행을 나간 처녀여왕벌이 자기 집을 찾아오지 못할 때 등이다. 그러면 일벌들은 새로 낳은 알들 중에 48시간 이내의 것들을 찾아내어 여왕이 될 수 있는 왕의 집(왕대)을 만들어 로열젤리만 먹여 키워서 새로운 여왕을 만들어낸다. 그때 왕대를 하나만 만드는 것이 아니라 보통 10개 정도의 왕대를 만든다.

로열젤리를 먹고 자란 애벌레는 번데기 과정을 거쳐 16일(알 3일/5.5일간 왕유/7.5일간 번데기) 만에 여왕벌로 태어난다. 제일 먼저 태어난 새 여왕벌은 벌통 안 여기저기를 다니면서 아직 태어나지 않은 여왕벌들을 자신의 침으로 찔러 죽인다. 두 마리의 여왕벌이 같은 왕국에 살 수는 없기 때문이다. 일반적으로 꿀벌은 침으로 찌르고 나면 침이 몸에서 내장과 함께 빠져나와 죽게 되지만 여왕벌은 예외다.

다른 여왕벌이 될 후배들을 찔러 죽이고 난 후 4일부터 발정이 시작되면 맑은 날을 선택하여 여왕벌은 공중으로 결혼비행을 떠난다. 여왕벌이 성 유인 물질인 페로몬 냄새를 풍기며 하늘로 날아오르면 같은 통이나 다른 벌통에 있던 수벌들이 줄줄이 따라나선다. 그래서 제법 높은 상공(200~300m)에서 결혼비행에 성공한 후 다시 자신의 벌통으로 무사히 귀환한다. 그런 후 벌통 전체를 살피고 안정을 취한 후 3일째 정도부터 새로운 산란을 시작한다. 교미한 지 15일 정도가 되면 아주 왕성하게 산란한다. 그렇게 여왕벌은 보통 3년을 살면서 자녀를 낳으며 자신의 왕국을 불려 나간다.

2) 수벌

수벌은 여왕벌보다는 작지만 일벌보다는 몸집이 큰 편이다. 여왕벌과 일벌은 한 벌통에서 필수적인 존재이지만 수벌은 오로지 결혼비행 때만 필요하다. 그래서 일벌들의 회의에서 수벌이 필요하다고 인정할 때만 수벌을 양성한다. 수벌이 필요할 때는 새 여왕벌을 양성할 때뿐이다. 집이 너무 좁아 분가가 필요할 때 일벌들은 수벌을 먼저 양성한다. 여왕벌 때처럼 새로 낳은 알이나 애벌레를 골라 수벌들로 키운다. 수벌들은 24일(3일간 알/4일간 왕유/2.5일간 꿀+화분/13.5일간 번데기) 만에 태어나서 새로운 여왕벌이 태어나기를 기다려 결혼비행을 따라 나간다. 결혼비행은 한 마리밖에 성공하지 못하며 결혼한 수벌은 성기가 여왕벌에 박히게 되어 죽어버린다. 다른 수벌들은 다시 돌아온다. 이때 자신의 벌통을 찾지 못해 여기저기 헤매다 다른 벌통에 들어가 찬밥 신세를 면하지 못하는 벌들도 많다. 자기 벌통으로 돌아오더라도 무위도식하며 꿀만 축내다 일벌들의 괄시를 받으며 60일 만에 자신의 일생을 마친다.

3) 일벌

꿀벌 왕국에서 가장 많고 많은 일을 해내는 벌들이 바로 일벌들이다. 여왕벌이 낳은 알들은 대부분이 일벌이 된다. 일반적으로 일벌들은 로열젤리를 먹지 않고 화분과 꿀만 먹고 자란다고 생각하지만 그렇지는 않다. 모든 애벌레가 다 같이 3일 동안은 로열젤리를 먹고 자란다. 그러다 일벌이 될 애벌레는 4일째부터 화분과 꿀을 먹고 자라지만 여왕벌이 될 애벌레는 꿀과 화분은 먹지 않고 오로지 로열젤리만 먹고 자란다. 여왕벌이 알에서부터 16일 만에 태어나고 수벌은 24일 만에 태어나지만 일벌들은 21일(3일간 알/3일간 왕유/3일간 꿀+화분/12일간 번데기) 만에 태어난다. 그때부터 각자 맡은 역할을 열심히 하다 60일~180일 만에 일생을 마친다. 일벌이 사는 기간이 차이가 나는 이유는 열심히 일을 해야 하는 기간에는 60일밖에 살지 못하고, 별로 일이 많지 않은 늦가을부터 겨울 동안에는 180일 정도를 살 수 있다. 그래서 10월 초에 태어난 벌이 긴 겨울을 견뎌내고 3월 말까지 일을 하다 일생을 마치는 것이다.

12. 일벌의 체계적인 역할 분담

1) 내역봉

일벌들은 어떤 방식으로 역할을 나누는지 살펴보자. 그 역할이 얼마나 조직적이고 체계적인지 정말 놀랍다. 벌통 안에서 일하는 일벌들을 내역봉이라고 하고 바깥 활동을 하는 일벌들을 외역봉이라고 한다. 우선 일벌은 태어난 지 1~2일째는 벌방을 청소하는 일을 한다. 이들이 열심히 벌방을 청소해 줘야 여왕벌이 알을 낳을 수도 있고 다른 일벌들이 꿀과 화분을 저장할 수 있다. 3~5일째 일벌들은 새끼 애벌레들에게 꿀과 화분을 공급하며 양육을 맡는다. 아기벌 하나를 키우기 위해 어린 벌들이 아기벌 방에 드나드는 횟수는 1만 회 정도 된다. 6~10일째 벌

들은 자신의 젖가슴에서 젖을 분비해서 아기들에게 먹이는 역할을 한
다. 여왕벌의 시중을 들며 식사로 왕유를 공급하기도 한다. 로열젤리의
정체는 바로 6~10일째의 처녀벌들이 내는 젖인 것이다. 11~18일째
되는 벌들은 밀랍을 분비해서 벌집을 건축하는 역할과 꿀방과 화분방
을 정리하는 역할도 맡는다. 12~13일째에는 바람이 없고 온화한 날
오후에 벌통에서 나와 자기 집 1~2m 높이에서 벌통을 보며 방위를 확
인하는 기억비행을 한다. 이렇게 안에서 일하는 친구들의 역할을 보면
아기벌이 하는 일로부터 청년벌이 하는 일까지 아주 재미있게 나뉘어
있는 걸 알게 된다. 이처럼 각자 맡은 바 역할을 해내고 건강한 공동체
를 만들어 건강하게 살아갈 수 있는 것이다.

2) 외역봉

다음으로는 바깥일을 하는 벌들의 활동을 살펴보자. 19일째가 되는 일
벌은 드디어 언니들을 따라 바깥세상을 구경하러 나간다. 처음에는 선
배 벌들을 따라 지리를 익히고 어디에 꿀과 화분이 있고, 물은 어디서
길어 올 수 있는지 배우고 익힌다. 하루이틀 지리와 일에 익숙해지면
그때부터 열심히 꿀과 화분을 채집하고 물을 길어 오고, 봉교를 채집해
온다. 그런 일을 할 때 일터가 가까우면 힘이 덜 들지만 화분이나 꿀 혹
은 물을 길어 와야 하는 곳이 멀리 있으면 노동강도가 커지게 된다. 무
거운 꿀이나 화분을 몸에 넣거나 짊어지고 먼 길을 다니며 고된 노동을
하다 보니 그 생명력이 길지 못하고 빠르면 60일 만에 일생을 마치게
되는 것이다. 그렇게 먼 길을 다니며 고된 일을 하다 더 이상 그런 일을
하기에 힘에 부치는 벌들은 어떤 일을 할까? 일종의 은퇴를 하는 벌들
은 어떻게 은퇴 생활을 보낼까? 놀랍게도 힘든 일에서 은퇴한 일벌들은

그때부터 벌통 입구를 지키는 수문장들이 된다. 일종의 군인이 되는 것이다. 늙어서 더는 힘든 일을 하기 어려운 때 자신의 한 몸 바쳐서 공동체를 구하겠다는 결연한 의지가 담긴 역할이 그들에게 주어진 일이다. 이러한 일벌들의 일생을 보면 정말 숭고한 느낌이 든다.

13. 본격적인 벌 키우고 돌보기

벌을 키우기 위해 필요한 도구나 장비가 무엇인지도 알았고, 벌통을 사와서 어디에 어떻게 배치해야 할 것인지도 알게 되었고, 벌들의 먹거리가 되는 밀원 조성을 어떻게 할 것인지도 알게 되었다. 그리고 꿀벌들의 조직 체계와 역할도 살폈다. 벌에 대한 일반적인 내용은 대부분 알게 되었으니 이제부터 본격적으로 벌을 키울 수 있는 기술들을 익혀 가보자.

1) 벌들이 활동하기 좋은 조건

벌들이 활동하기에 좋은 조건은 바깥 온도가 16~32도 정도 될 때이다. 그 이상이 되면 벌통 주변에 물을 뿌려 시원하게 해주거나 햇볕을 덜 받을 수 있게 지붕을 해주는 것이 좋다. 16도 이하가 되면 서서히 활동이 둔해지다가 10도 이하가 되면 활농력이 현저히 떨어서서 월동 준비를 해주어야 한다. 일벌들의 활동 범위는 2km 반경 이내이다. 가장 좋은 활동 빈경은 500m 이내이다. 그래서 가능하면 가까운 곳에 밀원이 있는 것이 좋다. 꽃이 아주 귀할 때에는 4km 정도까지 먼 길을 가서 꿀이나 화분을 구해 온다. 벌들이 날아다니는 속도는 시속 14~28km 정도 된다. 뱃속에 꿀을 넣고 산 위에서 낮은 집을 향해 날 때 가장 빠른 속도를 낼 수 있다.

2) 월동 준비 및 월동 잘 시키기

양봉을 잘하려면 계절별로 벌을 위해 어떤 일을 해주어야 할 것인지 잘
이해하는 것이 좋다. 우선 11월 중순부터 이듬해 2월 중순까지는 벌이
월동 상태로 들어간다. 추운 겨울을 잘 견뎌내게 하기 위해서는 월동 준
비를 잘 해주어야 한다. 월동 준비는 벌을 밀집시키는 것이 제일 중요하
다. 벌들이 벌집마다 빈틈없이 빽빽하게 붙어 있을 수 있을 정도로 흩어
진 벌들을 모아 주는 것이 중요하다. 월동 벌이 되려면 최소한 1만 마리
이상 되어야 한다. 그 정도가 되지 않으면 추운 겨울을 넘기기가 어렵
다. 1만 마리가 안 되는 벌통은 다른 벌통과 합쳐서라도 벌을 빽빽하게
모아주는 일(합봉)을 해야 한다. 다음으로는 겨울 동안 추위를 견뎌내는
힘은 꿀을 조금씩 먹고 서로 엉겨 붙어 열을 내며 반수면 상태로 버티는
것이다. 그래서 겨우 내내 먹을 수 있도록 충분히 먹을 수 있는 꿀을 주
어야 한다. 이때 진짜 꿀을 줄 수도 있지만 벌들은 설탕물을 재료로 하
여 꿀을 만드는 능력이 있으므로 9월 말부터 몇 차례에 걸쳐 꿀방에 꿀
이 가득 찰 수 있을 정도로 사양기에 설탕물을 넣어 준다. 사양을 너무
늦게 하여 숙성되지 못한 꿀을 먹고 겨울을 나면 설사병에 걸리기 쉽다.

　남부지방 정도로 겨울에도 별로 춥지 않은 경우라면 바깥에서 벌을
월동시켜도 되는데 그때도 벌들이 춥지 않도록 따뜻하게 보온을 해주
어야 한다. 보온 방법은 평소에 두었던 벌통 중에 벌이 없는 통들은 골
라내고 벌이 있는 통들만 밀착시킨다. 이때도 두 벌통 사이에는 10cm
두께의 스티로폼 두 개를 잘 넣어 주어야 한다. 그리고 벌통 앞쪽과 뒤
쪽에도 찬 기운이 들어가지 않도록 스티로폼 조각을 대고 끈으로 묶어
주어야 한다. 벌통 위와 앞뒤 전체에 보온덮개를 덮어 햇빛이 들어가지
않도록 어둡게 해준다. 이때 벌들이 질식하지 않도록 환기구를 몇 곳

만들어 주어야 한다. 이 정도 되면 어느 정도 월동 준비가 되었다고 할 수 있다. 겨울 동안에는 소문이 남쪽이 아니라 북쪽으로 향하게 돌려놓아도 좋다.

중부 이북이나 연해주처럼 추운 곳에서는 벌이 밖에서 월동하기가 힘들 수 있다. 월동하는 동안 다 얼어 죽을 수도 있기 때문이다. 그런 곳에서는 자신이 키우던 벌통을 넣어둘 암실 창고가 필요하다. 추워서 벌들이 외부 활동을 하기 힘들어지는 10월 말~11월 중순의 바깥 온도를 보며 밖에 있는 벌들을 어둡고 조용한 밤에 암실로 이동시켜 겨울 동안 보관하는 것이다. 암실의 온도는 영하로 떨어지지 않게 조절해야 하며 빛이 들어가지 않도록 조심해야 한다. 안으로 넣는 벌들을 위해서도 겨울 월동 양식은 9월 말부터 충분히 공급해 주어야 한다. 양봉의 성패는 월동에 달려 있다고 해도 과언이 아닐 정도로 월동은 대단히 중요하다. 겨울 월동을 하는 동안에도 벌통에 환기는 잘되고 있으며 겨울 동안 살아서 월동을 잘하고 있는지 수시로 살펴야 한다. 그러나 이때는 벌통을 열고 살피는 것이 아니라 밖에서 톡톡 벌통을 두들겨서 벌통 안의 반응과 소리를 들으며 살피는 것이 좋다.

3) 벌통 살피기(내검)

2월 중순이 되어 날씨가 좀 풀리고 외부 온도도 높아지기 시작하면 벌들도 벌통에서 나오고 싶어 조금씩 신호를 보낸다. 아주 날씨 좋고 온도가 높은 날 벌통 뚜껑을 열고 벌을 살피는 일이 필요하다. 그때는 벌의 숫자는 얼마나 되는지, 죽은 벌들이 쌓여 있어 살아 있는 벌들이 생활하는 데 힘들지는 않은지, 꿀과 화분의 양은 얼마나 되는지, 병충해는 없는지, 여왕벌은 건강한지 등을 살핀다. 벌통 안을 살필 때는 소비를 한

벌통을 살피고 있는 필자

장 한 장 일일이 들고서 살펴야 하는 경우도 있고, 두세 장만 보고도 전체의 상태를 이해할 수 있는 경우도 있다. 이런 벌통 살피기는 3월이 되어 벌들이 외부 활동을 시작하면 매주 한 번씩 해주는 것이 좋다. 그래야 먹이가 부족하거나 병충해가 왔거나 분봉을 준비하거나 간에 벌들의 변화에 신속하게 대처해 줄 수 있다. 그렇게 살피고 난 뒤 각 벌통의 상황을 잘 기록해둔다.

4) 필요한 것 보충해 주기

벌통을 살피고 나면 각 벌통의 벌들에게 무엇을 어떻게 도와주어야 하는지 알게 될 것이다. 물이 부족할 수도 있고, 화분이나 꿀이 부족할 수도 있다. 외부에 꽃이 없는 계절이라면 대용화분이나 설탕물을 공급해주기도 하고, 양봉장 주변에 물을 떠다 놓아야 한다. 때로는 새로운 알을 낳거나 꿀을 저장할 수 있는 소비를 넣어 주어야 한다. 꿀이 많이 들어오는 계절에는 더 많은 꿀을 채울 수 있도록 2층 벌통을 만들어 관리해야 한다. 그러다 꽃들도 많이 사라지고 여름으로 접어들면 계상을 내

리고 단상을 만들어 주어야 하고, 가을이 되면 서서히 월동 준비도 해주
어야 한다.

5) 분봉하기

양봉을 하는 동안 중요한 일 가운데 하나가 분봉이다. 벌들의 먹거리가
충분해서 산란을 많이 하다 보니 새로운 아기벌들이 쏟아져 나와 모두
가 함께 살기 힘들다고 판단하면 일벌들은 왕대를 만들어 새로운 여왕
벌을 양성한다. 왕대를 만드는 것은 분봉이 필요하다는 암시이다. 그때
잘 대처하지 않으면 본래 있던 여왕벌이 새 여왕벌이 나오기 하루 전쯤
거의 절반 정도의 무리를 이끌고 다른 곳으로 가기 위해 벌통 밖으로 나
온다. 처음에는 벌통에서 가까운 나무나 건물에 벌들이 덩어리를 이루
고 매달려 있다. 그때라도 신속하게 새로운 벌통과 소비를 가져와 불러
들이면 된다. 그러나 그런 시기를 놓치고 나면 다음에는 그리 멀지 않은
다른 곳으로 옮기고, 그래도 주인이 잡지 않으면 그때는 아주 먼 곳으로
떠나서 야생벌의 삶을 살아가게 된다. 그래서 분봉의 징조가 나타나면
벌들이 떠나기 전에 미리 새로운 벌통을 마련하여 왕대가 있는 소비와
벌들이 붙어 있는 일반 소비 2매 정도를 함께 새 통에 옮겨 줘야 한다.
그러면 그만큼 줄어든 벌의 숫자로 인해 살 집이 넓어져서 구 여왕벌은
이사를 가지 않고 그 자리에 머물며 하던 일을 계속한다. 이런 인공분봉
방법을 잘 알고 있으면 벌을 늘리기가 아주 쉽다. 벌들을 한 통에 얼마
씩 팔 수 있는 것은 벌들의 숫자에 달려 있다. 벌의 숫자는 곧 양봉 수익
의 원천이 됨을 인식하고 벌을 키워야 한다.

6) 이동 양봉

벌통 몇 개를 가지고 소박하게 양
봉을 하려면 이동양봉은 필요 없
다. 그러나 50통 이상 양봉을 본
업으로 하려면 때로는 꽃을 찾아
벌통을 이동시켜 더 많은 화분과
꿀을 얻을 수 있는 이동양봉이 필
요할 수도 있다. 일벌이 일을 잘

아카시아 꽃을 따라 이동한다.

할 수 있는 범위가 1km 이내이기 때문에 꽃을 따라 벌을 옮겨 놓고 잘
만 관리해 준다면 정말 많은 꿀과 화분을 수확할 수 있고, 더 나아가 로
열젤리와 프로폴리스 등도 채취해서 많은 수익을 올릴 수도 있다.

7) 품앗이로 채밀하기

양봉의 즐거움 가운데 가장 중요한 것은 좋은 꿀을 얻는 일이다. 벌들이
열심히 일해서 좋은 꿀을 만들어두면 벌들이 먹을 만큼 남겨두고 그 외
의 것을 채밀한다. 채밀은 보통 4~6명이 협동해서 한다. 우선 벌통에
서 꿀이 잔뜩 들어 있는 소비를 골라내야 하는데, 그 소비에 붙어 있는
벌들을 벌통 안에 털어 놓고 소비를 빼야 한다. 짧은 순간에 힘을 줘서
벌을 털어내야 하고 그래도 붙어 있는 벌들이 다치지 않게 봉솔로 조심
스레 쓸어내려야 한다. 두 번째 역할은 꿀이 가득 찬 소비가 담긴 상자
를 날라서 다음 역할을 할 사람에게 운반해 주는 일이다. 동선이 짧을
때는 손으로 들고 옮기기도 하지만 손수레를 이용하는 것이 좋다. 세
번째 역할은 냄비에 밀도를 담아서 물을 끓이면서 밀도로 벌들이 덮어
버린 꿀방 덮개를 잘라내는 역할이다. 가장 전문가가 맡는 일이기도 하

다. 네 번째는 꿀방 덮개가 잘린 소비를 채밀기에 넣고 적당한 속도로 돌려서 벌집이 상하지 않게 하면서 꿀이 흘러내리도록 하는 역할이다. 이때도 밀도를 다루는 세 번째 역할자와 멀리 떨어져 있을 경우에는 누군가가 덮개 잘린 소비들을 채밀자에게 날라다 주어야 한다. 다섯 번째는 채밀이 끝난 소비를 상자에 담아 소비에서 벌을 털어내며 벌통을 정리하는 첫 번째 역할자에게 갖다 주는 일이다. 이처럼 좋은 채밀을 위해서는 최소한 4~5명이 분업을 해야 한다. 가족들이 할 수도 있지만 주변에 있는 양봉가들끼리 서로 품앗이를 해주는 방식도 좋다.

8) 화분 채집하기

봄철에는 피는 꽃들도 많고 화분을 내는 꽃들도 많아 화분을 수확하기 좋은 계절이다. 벌들이 화분을 뒷다리에 뭉쳐 오는 모습을 보면 정말 귀엽기도 하고 훌륭해 보인다. 벌들의 활동에 방해되지 않는 범위에서 벌통 앞에 앉아 그 모습을 보고 있노라면 시간 가는 줄 모르고 황홀경에 빠지기도 한다. 벌들이 가지고 오는 화분이 자신들의 아기를 키우고도 남는 정도가 되면 그때 채분기를 벌통 앞 벌들이 드나드는 소문에 설치해 두면 된다. 채분기의 원리는 이미 설명했듯이 벌들이 겨우 통과할 정도의 구멍이 뚫려 있어 그 구녕을 통과하면서 뒷다리에 뭉쳐 온 화분을 채분기 안에 떨구어 놓을 수밖에 없도록 하는 원리이다. 화분은 꿀만큼 많은 수확을 히지는 못하지만 채밀하는 것보다 한결 편리하고 쉽다. 하루 종일 채분기를 달아 놓을 필요 없이 가장 많이 화분이 들어오는 시간에 몇 시간만 설치해 두었다 어느 정도 채분기에 화분이 차면 채집된 화분을 말리는 곳으로 옮기고 채분기는 분리한다. 며칠 혹은 필요할 때마다 그렇게 설치해서 채집하면 된다. 화분은 바짝 잘 말릴수록 곰팡이나 벌레가 생기지 않는다. 화분은 건강에도 좋고 수입원으로도 좋으니 꼭 실천해 볼 일이다.

14. 좋은 벌꿀 이야기

꿀 하면 누구나 좋은 벌꿀을 생각하지만, 꿀의 종류도 제법 다양한 편이다. 그 재료가 무엇이냐에 따라 가짜 꿀 진짜 꿀로 나뉘기도 하고, 꽃꿀과 설탕 꿀로 나뉘기도 한다. 또 꽃꿀을 재료로 해서 만들어진 것이라 하더라도 미숙성 꿀과 숙성 꿀로 나뉘기도 한다. 그리고 꽃꿀의 종류가 무엇인가에 따라 유채꿀, 아까시꿀, 밤꿀, 해바라기꿀, 찔레꿀, 야생화 꿀 등으로 달리 부르기도 한다. 시중에 나도는 갖가지 꿀들이 어떤 것이 있는지 보는 이들의 이해를 돕기 위해 그 특징들을 설명해 본다.

1) 가짜 꿀

이 꿀은 꿀이라는 이름만 붙었을 뿐 실제로는 꿀이 아니다. 오래전 충북 어딘가에서 대량으로 가짜 꿀을 만들어 유통한 사람들이 붙잡혀 쇠고랑을 찬 적이 있다. 그때 그들이 만든 내용을 보면 물엿과 벌의 날개나 다리를 넣고 화공약품 등을 섞어 만들었다고 했다. 지금은 그런 이들이 없기를 바라지만 아직도 돈에 눈이 어두워서 수단과 방법을 가리지 않는 사람들이 있을지 모르니 잘 살펴보는 것이 좋을 것이다.

2) 설탕 꿀

설탕 꿀은 벌이 꽃에서 물어 온 꽃꿀(nectar)이 거의 들어 있지 않고 벌에게 설탕물을 먹여서 꿀방에 재어 놓은 것을 채밀하여 만든 꿀(honey)

이다. 밀원이 될 만한 꽃이 부족한 우리나라의 실정에서 꽃이 별로 없는 여름철에 대량으로 설탕을 먹여 설탕 꿀을 뜨는 양봉업자들이 있다. 본래 가장 다양한 꽃꿀에서 만들어진 것이어서 영양이 가장 많은 것이라고 할 수 있는 야생화꿀이 우리나라에서 가장 싼 이유는 바로 야생화꿀 중에는 진짜를 발견하기가 쉽지 않기 때문이다. 아직도 시중에 나도는 많은 꿀 중에는 사양꿀이 상당한 비중을 차지하고 있는 듯하다. 그래도 요즘은 사양꿀이라고 정확하게 표현하고 파는 꿀 제품들이 많이 있어서 다행이다.

3) 미숙성 벌꿀

진짜 꿀이 만들어지는 과정을 보면 바깥일을 하는 벌(외역봉)들이 이 꽃 저 꽃 찾아다니며 배 속에 꿀을 머금고 돌아와 꿀방에 쏟아 놓는다. 그러면 안에서 일하는 벌들(내역봉)이 그 꿀을 머금었다 뱉기를 수백 번 반복한다. 말하자면 꿀은 꽃꿀에다 벌이 여러 차례 침을 섞어 발효시켜 만드는 것이다. 그래서 꿀은 꽃꿀과 벌의 침 속에 들어 있는 다양한 효소들이 결합된 발효식품이다. 그리고 본래의 꽃꿀에는 수분이 30~60% 정도여서 안에서 일하는 벌들이 밤낮으로 계속 날갯짓을 하여 수분을 증발시켜서 보통 19% 이하가 될 때까지 숙성 과정을 거친다. 벌들은 꿀이 숙성이 잘 되었을 때 장기저장이 가능하겠다고 판단하면 꿀방의 뚜껑을 덮는다.

그런데 미숙성 꿀은 꿀이 충분히 발효되지도 않았고 수분 증발도 완전하지 않은데도 더 많은 꿀 생산을 위해 꿀이 꿀방에 차기가 바쁘게 채밀해버린 꿀을 말한다. 그런 꿀들을 말리기 위하여 전기나 기름보일러를 사용해 가열하는 농축공장으로 보내 인위적으로 꿀을 말린다. 이

전에는 고온 농축을 해서 꿀에서 탄 냄새가 나기도 했지만, 요즘은 60도 이하의 저온 농축을 한다. 그러나 50~60도 정도에서도 꿀 속에 있는 많은 좋은 성분이 변하기도 한다. 말린 꿀을 시중 유통을 하지만 그래도 수분함유량이 많은 것이 특징이어서 병을 기울여 보면 주르르 흘러내리기도 하고 오래 두면 상하거나 맛이 변하는 특징이 있다. 우리나라에서 생산되는 많은 꿀이 미숙성 꿀이다.

4) 잘 숙성된 좋은 꿀

좋은 꿀은 벌들이 스스로 잘 발효시켜 장기간 보관하기 위해 꿀방을 덮고 난 후에 뜨는 꿀이다. 이런 꿀은 농도도 진하고, 맛도 변하지 않으며 상할 염려가 없고, 그 효과도 미숙성 꿀에 비해 몇 배나 높다. 기록을 보면 이집트의 피라미드에서 3천 년 전의 꿀이 나왔는데도 그 꿀이 상하거나 변하지 않았다고 한다. 이집트인들은 미라를 만드는 데도 변하지 않는 특성을 지닌 좋은 꿀을 이용했다고 한다. 잘 숙성된 좋은 꿀을 뜨려면 계상을 만들거나 격왕판을 이용해 꿀만을 별도로 저장하는 방식의 양봉을 하는 것이 좋다.

가끔 소비자들 중에 좋은 숙성꿀인 줄 알고 샀는데 마치 설탕이 굳은 것처럼 결정된 꿀을 보고 가짜 꿀이나 설탕 꿀이 아닌지 물어 오기도 한다. 그런 현상을 꿀이 소렸다고 한다. 그러나 그런 꿀은 포도당 성분이 많이 들어 있는 꿀 중에서 급격하게 온도가 내려가는 겨울철이나 꿀을 냉장고에 보관했을 때 나타나는 현상이지 가짜 꿀이 아니라는 점을 알아둘 필요가 있다. 주로 초본류 밀원인 싸리꿀이나 붉나무꿀이 많이 소린다. 소린 꿀은 물이 든 통에 꿀병을 넣고 은은하게 열을 가해 60도 정도로 맞춰 주면 조금씩 풀어져서 원래 형태로 바뀐다.

5) 좋은 꿀의 효능

좋은 꿀에는 당분(과당 35~40%/포도당 32~35%)과 단백질, 미량원소, 비타민류가 들어 있다. 건강과 장수를 위한 자연에서 나오는 가장 좋은 보약인 셈이다. 따라서 좋은 꿀은 생활에 새로운 기운을 주는 활력소 기능을 할 뿐 아니라 각종 위장 이상(위염, 위궤양, 위암, 설사나 변비 등)과 소화불량에도 좋으며, 거친 피부를 부드럽게 만들어 주기도 한다. 꿀에는 잠이 잘 오게 하는 성분도 들어 있어 불면증을 치료하는 데도 좋고 만성피로에도 탁월한 효과가 있다. 또한 오래 두어도 상하거나 변하지 않는 점에서 천연 방부제 역할도 하고, 염증을 가라앉히는 작용도 한다. 더욱이 암을 예방하는 항암성분도 있으며, 당뇨에도 좋은 효과가 있다. 일반적으로 당뇨에는 당분을 섭취해서 안 되는 것으로 생각하여 꿀을 멀리한다. 하지만 좋은 꿀은 혈당치를 내리며 췌장을 좋게 하여 당뇨를 근본적으로 치료하는 효과를 가져오기도 한다.

6) 좋은 꿀을 잘 활용하는 법

꿀을 잘 활용하는 방법 중 하나는 매일 아침 공복에 꿀 한 스푼을 푹 떠서 그냥 씹어서 먹는 것이다. 좋은 꿀은 씹히는 맛이 있다. 다음으로는 좋은 생수에 꿀을 타서 꿀물을 만들어 두고 일상 음료수로 마시는 깃이다. 또한 좋은 식초(감식초나 현미식초 등)에 꿀과 물을 타서 장기간 복용하면 산성 체질을 선강 체질(약알칼리성 체질)로 바꿀 수 있다. 빵이나 과자를 먹을 때 잼 대신에 꿀을 발라 먹는 것도 좋은 방법이다. 설탕을 넣어 맛을 내야 할 경우에 설탕 대신 꿀을 넣어도 좋다. 꿀이야말로 벌을 통해 자연에서 얻을 수 있는 건강 장생약이라고 생각하며 열심히 애용하는 것이 자연도 살리고 건강도 지키는 길이 될 것이다.

15. 양봉으로 얻을 수 있는 생산물

1) 꿀

양봉을 하며 얻을 수 있는 다양한
양봉 생산물들이 있다. 가장 중요
한 것은 꿀이다. 월동을 잘 한 벌
통 하나에서 연중 얻을 수 있는 꿀
의 양은 고정양봉인지 이동양봉
인지에 따라 달라지고, 밀원의 양
과 단상인지 계상인지에 따라 차

꽃의 종류에 따라 꿀의 색깔이 다르다.

이가 많이 난다. 일반적으로 5월에 2회, 6월 1회, 7~8월 1회 정도로
4회가량 채밀을 할 수 있는데, 벌통 하나에서 연간 보통 20~30kg 정도
의 꿀을 뜰 수 있다. 연간 20kg 정도로 잡아도 벌통 하나에서 25~30만
원 정도 수입을 올린다. 100통 정도 된다면 매년 2,500~3,000만 원 정
도는 기본소득으로 올릴 수 있으니 나쁘지 않을 것이다. 가능하면 계상
을 만들어 양봉을 해내면 좀 더 많은 꿀을 얻을 수 있다. 계상을 해서 채밀
하면 산란율도 높아지고 아기(봉아)가 냉해를 입지 않을 수 있어 좋다.

2) 화분

꿀 다음으로 많은 소득을 올릴 수 있는 것은 화분이다. 화분도 꿀이나
마찬가지로 여러 가지 조건에 따라 달라진다. 그러나 화분은 대체로 봄
철에 많이 수확할 수 있다. 벌 한 통에서 연간 생산할 수 있는 화분의
양은 3~5kg 정도 된다. 밀원에 따라 달라질 수 있는 것은 기본이다. 적
게 잡아도 3kg에 15만 원 정도의 수익을 올릴 수 있다.

3) 로열젤리

꿀이나 화분은 별도의 노력을 크게 기울이지 않아도 얻을 수 있지만 로열젤리를 생산하기 위해서는 인공왕대를 별도로 설치해 주어야 한다. 나는 벼농사를 비롯한 일반 농사가 주된 농부여서 양봉에 주력하지 않아서 벌을 돌보며 로열젤리를 많이 먹어 보기는 했지만 상품으로 개발해 본 적은 없다. 그러나 양봉을 주업으로 삼을 농민이라면 로열젤리를 생산하는 것도 익혀두면 좋을 것이다. 이것도 얼마나 인공왕대를 제공하고 열심히 로열젤리를 수거하는 노력을 기울이느냐에 달려 있다. 하여간 벌 한 통에서 로열젤리(100g) 20통만 생산해도 15～20만 원 이상의 소득을 올릴 수 있을 것이다.

4) 벌

양봉을 제대로 하면 벌이 많이 늘어난다. 주변에 밀원이 충분하고 온도나 자연조건이 맞으면 여왕벌 한 마리가 하루에 3,000마리 정도의 알을 낳는다. 일반적으로 큰 노력을 기울이지 않더라도 연간 벌 한 통이 3통이 되는 것은 기본이다. 본래의 벌 이외에 두 통 정도가 늘어나는 편인데 벌 한 통에 25만 원 정도에 판매한다. 그중에서 재료비로 들어가는 부분을 제하더라도 한 통에 15만 원은 되니 30만 원 정도의 수익을 얻을 수 있다. 그렇다면 이제 벌 한 통에서 연간 얻을 수 있는 소득을 합산해 보자. 꿀에서 25만 원, 화분에서 15만 원, 로열젤리에서 15만 원, 벌에서 30만 원을 다 합하면 85만 원 정도가 된다. 이건 벌 한 통만 키워서는 결코 얻을 수 없는 금액이다. 최소한 20통 이상을 전문적인 식견을 가지고 키웠을 때 얻을 수 있는 소득이다.

5) 기타 양봉 수확물

주된 수확물 외에도 양봉을 하는 동안 다양한 부수적 수확물이 있을 수 있다. 항산화 작용과 항균 효과가 뛰어나고, 염증과 통증 완화에 뛰어난 프로폴리스도 생산할 수 있고, 말벌을 퇴치하고 얻을 수 있는 말벌술도 혈관 청소와 고혈압, 류머티즘과 염증 치료에 좋은 약이다. 말벌술은 상당히 독하므로 하루에 10g 정도씩 따뜻한 물에 타서 꾸준히 마시면 정력 강화에도 좋다. 수벌의 번데기를 고단백질로 이용하기도 한다. 벌을 살피다 벌에 쏘이면 체질이 자연면역력이 높아지는 약알칼리성 체질로 바뀌는 것도 양봉에서 얻을 수 있는 보너스이다.

16. 꿀벌의 병충해와 적

어떤 농사이든지 항상 질병과 병충해와 씨름해야 하는 것이 농사의 한 부분이다. 양봉도 마찬가지이다. 벌들을 건강하고 강하게 키우려면 어떤 조건들이 필요한지, 벌들에 위협이 되는 질병이나 해충은 어떤 것들이 있는지 이해해둘 필요가 있다. 우선 벌통 외부에서 오는 위험부터 살펴보자.

1) 농약

주위에 관행농법으로 농사짓는 농부들이 있다면 농약 치는 일을 조심해야 한다. 그들에게 농약 치는 날과 시간을 미리 알려 달라고 양해를 구해야 한다. 그래야 농약을 치는 동안 벌들이 밖으로 나가지 않게 소문을 막아두거나 다른 곳으로 이동시켰다 돌아올 수도 있다.

2) 부저병이나 석고병, 설사병

벌의 애벌레가 썩거나 굳어지는 병들이다. 이런 병들은 벌통 주변이나 벌통 안에 습기가 많을 때 생긴다. 따라서 벌통 놓을 자리를 땅에서 조금 높이는 것이 좋다. 파레트 같은 것을 밑에 깔아 주어 흙에서 바로 빗물이 벌통으로 튀어 오르지 않게 해주어야 한다. 긴 장마로 벌통 안에 습기가 많을 때는 마른 벌통으로 바꾸어 주는 것이 좋다.

3) 응애와 나방 및 진드기

이런 해충들이 찾아오면 벌통 전체로 확산될 가능성이 있다. 그러나 원인을 알고 나면 쉽게 대처할 수 있다. 원인은 벌의 숫자가 적어 벌통 안에 있는 소비들을 잘 관리할 수 없을 때 온다. 따라서 양봉을 할 때 최대의 고비인 말벌의 공격으로 인해 살아남은 벌이 많지 않을 때나 여왕벌이 갑작스럽게 죽은 뒤 새로운 여왕을 양성하지 못해 무왕군이 되었을 때 잘 살펴서 다른 봉군과 합봉을 하는 것이 좋다. 그래서 벌은 항상 강군으로 키워야 한다. 그러면 질병이나 해충을 별로 걱정할 필요가 없다. 일반 작물을 키울 때 땅이 건강하면 질병이 잘 오지 않고, 작물이 건강하면 해충이 잘 오지 않는 것이나 마찬가지이다. 여름철에 진드기 방제약을 넣어 주는 것도 한 가지 방법이다.

17. 양봉을 성공적으로 하려면

1) 벌에 대한 사랑과 지혜와 열정

세 가지 요소가 필요하다. 먼저 양봉가에게 벌에 대한 사랑과 애정이 있어야 한다. 벌이 지구촌을 아름답게 만드는 협력자인 것을 인정하고,

그들이 건강하게 살아갈 수 있도록 지혜와 열정을 갖는 것이 필요하다. 양봉에 대한 이 글뿐만 아니라 더 많은 양봉 서적을 읽고 배우고 익히며, 벌을 유심히 관찰하고 필요로 하는 것을 도와주려고 노력하다 보면 좋은 경험이 쌓이게 될 것이다.

2) 우수한 강군 벌 만들기

다음으로는 벌 한 통 한 통을 건강하고 강한 벌로 키우는 것이다. 벌의 숫자가 적은 10통을 키우는 것보다 숫자가 많은 강한 벌 5통을 키우는 것이 4배 이상의 수확을 낼 수 있다. 꿀이 모자라는 시기에는 열심히 설탕물을 주어서라도 배고프지 않게 해주어야 하고, 화분이 모자라면 콩가루로 대용화분을 만들어서라도 열심히 공급해 주어야 한다. 벌통을 자주 살펴서 질병이나 해충이 오는지도 검사해야 하고, 벌의 숫자가 너무 많아져서 분봉 준비를 하고 있지는 않은지 벌들의 동태도 미리 살펴서 인공분봉을 해주어야 한다.

3) 좋은 밀원 조성

마지막으로는 벌을 사랑하는 마음과 지구를 아름답게 만들어 가는 마음이 한 덩어리가 되어 양봉장 주변에 많은 꽃을 심어 주는 것이다. 벌들의 양식이 되는 밀원식물이나 꽃나무, 과일나무가 많이 있어 계절마다 끊임없이 꽃을 피우는 양봉장을 만드는 것이 양봉을 성공적으로 하는 비결이다. 양봉에 관심 있는 농부들 모두 벌들과 좋은 친구가 되어 우리가 사는 지구촌을 더 아름답고 살 만한 곳으로 만들어 가는 훌륭한 농부들이 되기를 기대한다.

유축농업을 합시다

김준권 | 농부, 포천 평화나무농장

I. 유축농업이란

유축농업이란 농작물 재배와 가축의 사육을 유기적으로 결합한 농업 형태를 가리키는 말이다. 곧 가축 사육과 경종농업을 병행하는 이상적인 농업이다.* 그러나 아쉽게도 우리나라에서 이제 이러한 농업 형태는 찾아보기 어렵다. 가축 사육은 경종농업과 거의 상관없이 발전하였으며 대규모화했다. 전체적으로 경제 수준이 올라감에 따라 육류 소비가 대폭 늘어난 것이 주요한 원인일 것이다. 그로 인해 여러 가지 문제가 일어나고 있다. 사료의 자급률은 회복할 수 없을 정도로 떨어졌으며, 귀중한 자원인 가축 분뇨는 폐기물로 지정되어 폐기물 처리법에 따라

---

* 일반적으로 복합영농, 혹은 경축순환농업이라고 말한다. 우리나라와 같이 경작지가 중산간 지대에 많이 분포되어 있고, 소농 비율이 높은 경우에는 가족노작 중심의 복합영농이 적합하다(편집자 주).

처리하고 있는 딱한 실정이다. 더구나 축사와 분뇨 처리 과정에서 발생하는 악취로 주변 마을 사람들과 길을 지나는 사람들이 피해를 보며 축사를 혐오 시설로 인식하기에 이르렀다.

토양의 비옥도를 유지하고 농업 생산성을 높이기 위해서는 가축의 분뇨를 퇴비로 사용하는 것이 효과적이다. 우리나라에서 많이 기르는 가축으로는 소, 돼지, 닭, 오리, 염소 등이 있다. 이러한 여러 종류의 가축 중에서 농작물 재배와 함께 어떤 가축을 선택하면 좋을 것인가는 농가의 형편이나 상황에 따라 다르다. 사료의 자체 생산력과 자급률을 높이고 가축의 건강을 유지할 수 있는 풀을 가까이에서 구할 수 있는 경우라면 초식 가축을 선택하는 것이 유리하다. 특히 사료의 대부분을 해외에 의존하고 있는 우리나라의 사료 수급 형편으로 볼 적에 더욱 그러하다. 최근 들어 더욱 심각해지고 있는 기후 변화와 전쟁을 비롯한 국제정치 변동 상황에 대비하기 위해서도 가축 먹이를 자급할 수 있다는 것은 중요한 고려 사항이다. 우리나라의 봄부터 가을까지의 날씨는 풀 사료를 확보하기에 비교적 좋은 조건을 갖추고 있다. 경종농업과 병행하여 기르는 가축은 숫자가 많지 않을 테니 하려고 들면 풀 확보가 어렵지만은 아닐 것이다.

II. 스위스에서의 경험

나는 지금부터 34년 전인 1991년도에 스위스의 농가에서 한 해 여름을 보낸 적이 있다. 스위스 농가에서는 대체로 봄이 되면 알프스 산에 소를 데리고 올라가 방목한다. 날이 따뜻해지면서 점차 위쪽으로 올라가서 한여름에는 정상 부근에 자리를 잡고 그곳에서 지내다가 겨울이 되기 전에 산에서 내려온다. 눈이 내리면 산에서 내려올 수 없으므로 그 전에 점진적으로 내려와 농가의 축사에 도착하여 겨울을 난다. 늦가을이 되면 산에서 내려온 소들이 길거리를 활보하며 이동하는 모습을 자주 볼 수 있었다. 그 길을 통과하는 운전자들은 누구 하나 경적을 울리거나 불평하지 않고 소들이 지나가기를 기다리며 그 모습을 즐기는 듯 지켜보는 모습도 보았다.

스위스는 산악이 많은 나라로 미국이나 캐나다, 호주처럼 평야지가 많지 않아 가축 사육을 하기에 그다지 유리한 조건을 갖추고 있지 않다. 그래서인지 국가에서 적극적으로 축산업을 보호 육성하며 지원하고 있다. 민주국가에서 가축의 사육 두 수를 국가가 제한하기는 어렵지만, 농가당 적정한 사육 두수를 사회적 토론을 거쳐 국가가 정하고 그 정해진 가축의 숫자만큼 국가가 지원함으로써 농가는 국가의 정책에 따라 사육하는 것이 경제적으로 유리하다. 따라서 가축 사육 농가들이 국가 시책을 잘 따르는 것을 볼 수 있었다.

요즘은 어떤 변화가 있는지 알 수 없으나 내가 보았을 그 당시에는 젖소의 경우 25마리가 국가가 정한 농가당 적정 사육 두수였다. 소 한 마리당 갖추어야 할 초지 면적도 법으로 정했는데 1ha(3,000평) 정도가 소 한 마리를 위해 확보해야 할 면적이었다. 축사의 면적도 정해져 있었다. 소늘은 그 법에 따라 자기들에게 부여된 권리를 누리며 살고 있었다. 동물복지라는 개념이 생기기 전부터 이미 스위스의 가축들은 충분한 복지를 누리고 있었다 할 것이다.

III. 동물복지

동물의 기본적인 권리를 존중하며 인간의 윤리적 책임을 강조하는 것
이 동물복지다. 사람에게 천부적인 인권이 있듯이 동물들에게도 태어
나면서부터 주어진 생명체로서의 권리가 있다고 본다.

　동물복지의 기본 원칙은 다음과 같은 다섯 가지 자유를 동물이 누리
도록 하는 것이다.

　　① 굶주림과 갈증으로부터의 자유
　　② 비좁은 축사와 비윤리적 사육 환경에서 오는 불편함으로부터의
　　　자유
　　③ 부상과 질병으로부터 보호받고 질병에 걸렸을 경우 치료받을
　　　자유
　　④ 습성과 본능에 따르는 정상적인 활동을 보장 받을 자유
　　⑤ 학대와 괴롭힘 등 공포와 걱정으로부터의 자유

　이제 우리나라도 가축의 복지를 보편적으로 받아들일 때가 되었고
한 걸음 더 나아가 윤리적인 사육을 실천할 때가 되었다고 생각한다.

IV. 우리 농장의 유축농업 상황

우리 농장에서 사육하는 가축을 소개하면, 개 두 마리를 제외하면 한우
가 35두, 유산양이 25두, 산란닭이 30마리인데 먼저 소에 대해 이야기

해 본다.

우리 소는 보통 육질 등급이 3등급이 나오는데 이는 육질 등급을 높이기 위한 배합사료 중심의 사육이 아닌 결과이기도 하다. 육질 등급이 3등급이어서 지방이 많이 적어 다소 질기긴 하지만 소고기 본래의 맛을 아는 사람들이 기꺼이 찾고 있다. 우리 농장에서는 소를 도축하여 우리 농장 회원들과 대안학교인 발도르프 학교 학부모들에게

필자가 기르는 한우

공급하고 있는데 소 한 마리를 도축하겠다고 안내 문자를 보내면 어느 때는 몇 시간 만에, 대체로 하루 만에 수요가 다 찬다. 학부모들은 아이들을 먹이기 위해 우리가 소를 도축할 때를 기다린다고 들었다. 발도르프 학교는 교육 과정 중에 농업과 음식물의 소중함을 가르친다.

유산양의 경우도 초식 가축의 습성에 맞춰서 풀을 충분히 먹인다. 생산된 양유는 전량 요구르트로 가공하여 농장 회원들에게 공급한다. 닭의 경우는 오전에 산란이 끝나면 닭장 문을 열어 준다. 닭들은 축사 밖으로 나와 저녁때까지 자유롭게 돌아다니며 모래 목욕도 하고 풀을 충분히 쪼아먹는다. 벌레와 지렁이도 열심히 잡아먹는다. 닭의 숫자가 많지 않으니 가능한 일이다.

여기서 잠깐 우리나라의 육질 등급을 소개하면 가장 높은 등급이 1++이고 그다음 차례로 1+, 1, 2, 3, 등외급으로 나뉜다. 육질 등급은 근내 지방도(마블링: marbling)를 중심으로 나뉘는데 고기 근육 속에 지방이 고르게 많이 들어 있을수록 등급이 높다. 이른바 고급육 출현율을

유산양

보면 조사 시점과 기관에 따라 다소 차이가 있지만 대체로 1++가 10∼15%, 1+가 33∼35%, 1등급이 30% 정도다. 지방이 많으면 고소한 맛과 부드러운 맛이 더해지는데 등급 기준은 오로지 맛 중심으로 되어 있음을 알 수 있다. 한국과 일본에만 있다는 이와 같은 육질 등급에 대한 문제의식이 오래전부터 있어 왔지만 이렇다 할 개선책은 나오지 않고 아직도 여전히 마블링을 중심으로 한 소고기 가격이 그대로 유지되고 있다. 이렇듯 우리나라 한우 사육 방식에는 문제가 많은데 그 문제의 근원은 육질 등급에 따른 가격 형성이 가장 큰 원인이라고 할 수 있을 것이다. 마블링을 기준으로 분류된 고급육이 그 소고기를 먹는 사람의 건강에도 좋은지 생각해 볼 문제다. 안전성 같은 항목을 새로 추가하는 등의 육질 등급의 변화를 통해서 사육 환경이 개선되도록 유도하는 방법은 없을까 하는 아쉬움을 갖고 있다.

앞에 적시한 문제들을 개선하고 가축과 사람에게 모두 유익한 사육 방식은 어떠한 것일까 생각해 본다. 먼저 사육 환경을 보면 어느 가축이나 축사의 구조를 개선하는 것이 중요하다. 지나친 밀집 다두(多頭) 사육을 지양하고 동물복지와 윤리적 사육에 맞는 면적을 확보하며, 가능하면 운동을 충분히 할 수 있는 운동장도 마련하면 좋을 것이다. 축사의 규격은 가축의 종류에 따라 다르겠으나 구조는 채광과 통풍이 충분히 이루어질 수 있도록 설계하는 것이 좋다.

내가 지금까지 본 중에 가장 이상적
이라고 생각하는 축사는 산안회(야마기
시)식 양계장이다. 태양의 높이는 계절
의 변화에 따라 달라지는데 햇볕이 축
사에 들어가는 깊이도 당연히 달라진
다. 산안회식 양계장은 여름에는 해가
높아져서 충분한 그늘을 만들어 주고,
해가 낮게 뜨는 겨울에는 축사 안으로
깊숙이 햇볕이 들어가는 구조다. 그러
고도 부족한 햇볕은 남쪽으로 향한 지

풀을 먹고 있는 닭들

붕을 개폐식으로 만들어 햇볕이 충분히 들어가게 해서 축사 바닥을 늘
건조하고 쾌적한 상태로 유지한다. 축사에서는 가축의 분뇨로 악취가
발생하기 쉬운데 축사 바닥을 건조한 상태로 유지하면 악취를 줄일 수
있다. 축사에서 참을 수 없을 정도로 심한 악취가 난다면 축종을 불문하
고 사육 방식에 문제가 있다고 진단해야 한다.

축사 개선을 통한 사육 환경의 변화와 더불어 사료 문제도 함께 들여
다보아야 한다. 100% 사료 자급은 할 수 없을지라도 가능한 한도 안에
서 자급률을 높이도록 노력해야 한다. 초식 가축의 경우 농장 주변에서
봄부터 가을까지 풀을 충분히 공급할 수 있으면 좋을 것이다. 볏짚, 옥
수수 줄기, 콩깍지 등 농장에서 나오는 농업 부산물이 있으며 조사료(粗
飼料)로 이용해야 한다. 농장과 가까운 곳에서 두부 비지나 쌀겨 같은
강피류를 싼값에 구할 수 있다면 사료 자급에 많은 도움이 될 것이다.

V. 유축농업은 어떻게 하는 것이 좋을까?

먼저 가축의 종류와 규모를 농장 형편에 맞춰 선택할 필요가 있다. 우리 농장에서는 초식 가축인 한우 35두를 기른다. 농장 내부와 주변에 비어 있는 밭에서 풀을 베어 상당량의 먹이로 쓰고 있다. 한우에서 나오는 분 뇨로 약 1ha(3,000평) 정도의 밭에 필요한 퇴비를 만들어 사용한다. 유 산양에서도 상당량의 퇴비를 확보할 수 있다. 퇴비를 충분히 확보하니 화학비료는 필요하지 않다. 우리 농장을 예로 들었지만 각자의 농장 규 모와 형편에 맞는 가축의 종류와 두수를 정하여 기르면 된다. 사육두수 를 정할 때는 재배 면적에 필요한 퇴비를 충분히 확보할 수 있는가를 확인하는 것이 필요하다. 또 하나는 작물마다 요구하는 비료량이 다르 므로 그 점도 참고해야 한다.

유기농업에서 자가 퇴비의 확보는 대단히 중요하다. 가축을 사육함 으로써 자가 퇴비를 확보한다면 유기농업을 실행하는 데 필요한 중요 한 요소가 한 가지 충족되었다고 볼 수 있다. 유기농업을 다른 말로 표

가축분으로 퇴비 만들기

현하면 지구의 리듬에 순응하며 재생과 순환이 농업을 통해 원활하게 이루어지도록 돕는 농사 방법이라고 할 것이다. 가축의 분뇨가 퇴비가 되어 토양을 비옥하게 하여 생산성을 높이고 농업 부산물은 가축의 먹이가 되는 것이 이상적인 생태순환적 유기농업이다.

VI. 유축농업과 경종농업의 상호 보완성

처음에 이야기한 유축농업으로 돌아가 보자. 농가에서 경종농업과 더불어 가축을 기르면 여러 가지 이로운 점이 있다. 농가에서 발생하는 음식 찌꺼기나 농장에서 나오는 농산 부산물은 그대로 가축의 먹이가 된다. 가축에서 나오는 분뇨로는 밭에 줄 퇴비를 만들 수 있다. 농장 내에서 생태적인 순환이 이루어진다. 그에 비해서 경종농업만 하면 농산 부산물을 외부로 버리고 작물 재배에 필요한 퇴비는 돈을 주고 외부에서 사온다. 마찬가지로 가축 사육만 하는 농가는 가축의 먹이를 대부분 외부에서 들여오고 분뇨 역시 전부 외부에 버린다. 경종농업만 하거나 가축 사육만 하는 농가는 농장 내부의 생태 순환이 이뤄지지 않는다. 버리거나 구입하는 데 비용이 발생하여 경제석으로도 도움이 되지 않는다. 무엇보다도 농장 내에서 생태적인 재생과 순환이 이뤄지지 않는다.

유축농업은 가축 사육과 경종농업이 상호 보완적으로 연계되어 있다. 경종에서 손실을 보더라도 다른 한쪽인 축산에서 보완할 수 있으므로 유축농업을 실행하면 농가 경제를 안정적으로 꾸려나가는 데 적지 않은 도움이 된다.

유축농업이 자리 잡기 위해서는 농장주의 철학과 신념이 필요하다.

가축분 퇴비를 밭에 뿌린 모습

동시에 국가 차원에서 유축농업을 권장하고 지원하는 체계를 구축할 필요가 있다.

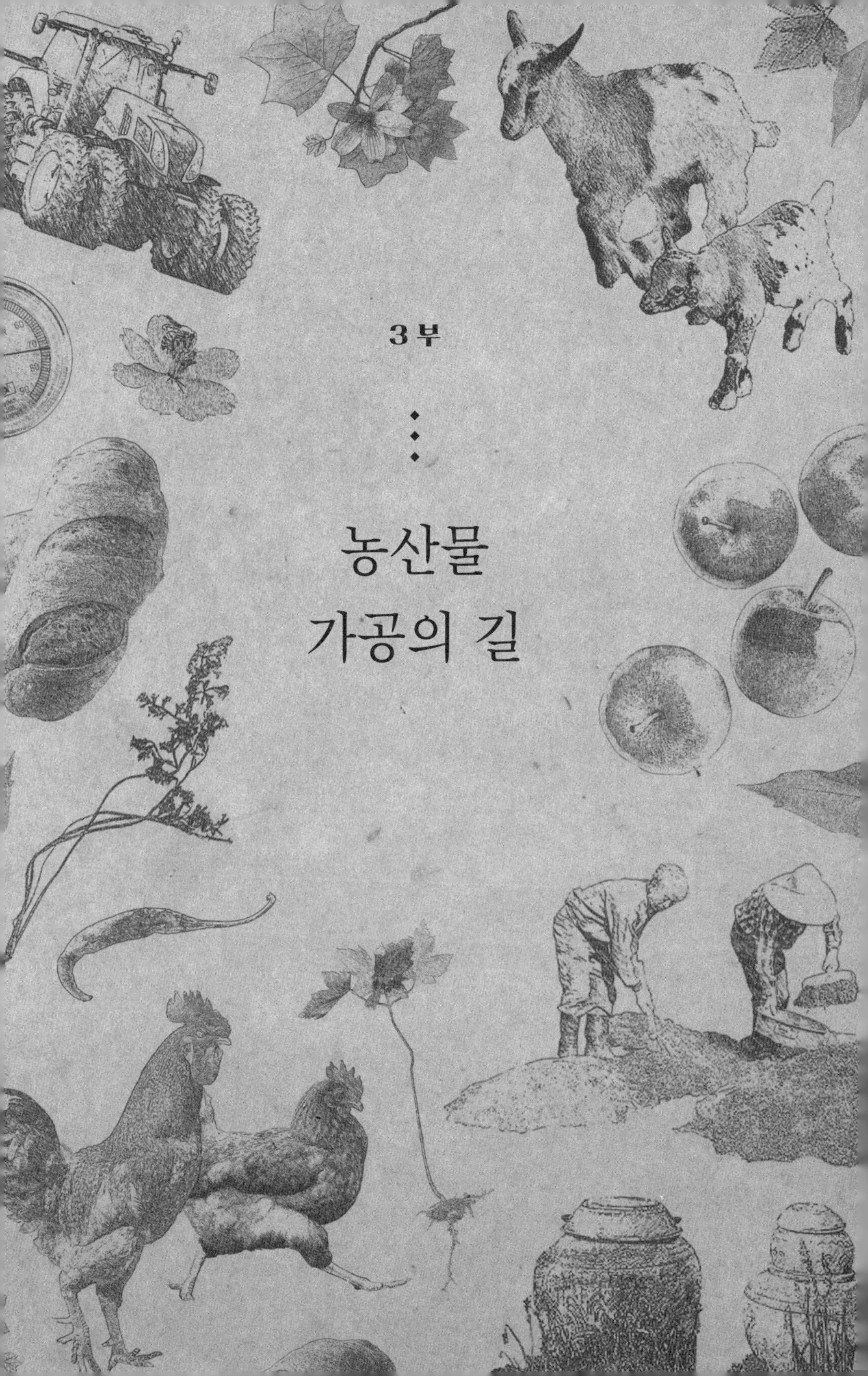

3부

농산물 가공의 길

농축산물 가공,
어떻게 할 것인가

김준권 ι 농부, 포천 평화나무농장

I. 들어가면서

인간 먹을거리에 대한 저장과 보존을 위한 가공의 필요는 수렵과 채집 시기부터 있어 왔을 것이다. 수렵에서 유목으로, 채집에서 농경 생활로 생활이 점점 정착 위주로 바뀌면서 저장과 가공의 기술 또한 그에 맞춰 발전하였으리라 짐작한다. 유목 생활을 중심으로 살아가던 사람들은 육포, 햄, 베이컨, 소시지 등으로 육류를 가공해 왔을 테고 우유와 산양유 등으로는 치즈, 버터, 요거트 등의 유가공품을 만들어 소비하면서 가공 기술을 발전시켜 왔을 것이다. 지금도 그러하지만 티베트의 산악 지대나 중동의 사막에서 말이나 낙타의 젖으로 술을 만들어 마신 기록이 있는 것을 보면 그 지역만의 독특한 가공 방식도 있었을 것이다.

반면에 정착하여 농경 생활을 하던 우리 선조들은 간장, 된장, 두부, 막걸리, 김치, 장아찌 등의 농산물 가공을 발전시켜 왔다. 바다를 생활

터전으로 삼고 살던 사람들은 생선과 해산물을 건조하거나, 젓갈로 만들거나, 훈연하여 오랫동안 보관할 수 있는 방법을 강구하였을 것이다. 현대에 이르러서는 냉장고의 등장으로 가공의 양태가 많이 달라지긴 하였으나 현대인의 분주한 일상으로 인해 식품 가공의 요구와 필요성은 더 커진 듯하다.

전 세계적으로 빵과 과자류를 제외하면 가장 시장 규모가 큰 농산물 가공품은 와인과 맥주를 비롯한 술 종류가 아닐까 한다. 영국과 이탈리아, 프랑스, 독일 등의 유럽 국가들은 우리나라의 김치 종류보다 더 많은 와인 브랜드를 갖고 있다. 이처럼 농업과 농촌이 유지되고 농민이 생활을 제대로 영위하려면 가축의 사육과 더불어 농축산물의 가공이 필요하다고 생각한다.

농가에서의 가공을 지원하고 육성하는 유럽과는 달리 우리나라는 그동안 농가의 농산물 가공을 권장하기는커녕 억제해 왔다. 농축산물의 가공을 자본이 있는 기업들이 독점해 온 것이다. 인허가권을 가지고 있는 국가가 세금을 내는 기업들에게는 기회를 주고 지원을 하면서 농민들의 식품 가공은 오히려 갖가지 규제를 설정하여 막았다. 그리하여 식품 가공은 자본을 가진 사람들만이 할 수 있고 농가에서는 할 수 없는 것으로 인식하게 되었다.

그와 함께 농민들이 식품 가공을 어렵게 생각하고 있는 측면도 있었다. 그러나 그리 생각할 것은 없다고 본다. 생각해 보라. 김치는 우리나라 최대의 전통 가공식품이라 할 수 있고 집집마다 담그지 않는가? 요즘은 세상이 바삐 돌아가고 생활이 분주하여 번거로움을 피하려고 해서 반드시 그렇지도 않지만 김치 담그기가 어렵다고 생각하는 사람은 별로 없을 것이다. 간장과 된장도 마찬가지다. 숙맥(菽麥)이라는 말이 있다. 세상 이치를 구분할 줄 모르는 사람을 널리 가리키는 말이지만 본래는 콩과 보리를 구별할 줄 모르는 사람을 일컬었다. 그 시절에는 간장과 된장을 담글 줄 모르는 사람도 숙맥이라고 하지 않았을까. 이제 는 간장과 된장을 담글 줄 아는 사람보다 그렇지 못한 사람들이 더 많은 세상이 되었다. 콩과 보리의 구분만이 아니라 도시에 사는 사람들은 대 체로 채소를 구입할 때 그것이 제철 농산물인지 아닌지 구별하지 못한 다. 그런 점에서 모두 철부지, 숙맥의 직접적 표현인 바보라는 소리를 들어도 할 말이 없게 된 세상이다.

농가에서 농산물을 가공하여 판매하는 이야기로 들어간다. 물론 집 에서 가공하여 먹을 때와 시장에 판매할 때는 다르다. 판매할 때는 보다 철저한 위생 수칙과 기본적인 식품 안전 규칙을 지켜야 한다. 불량식품 과 부정식품은 다르다. 농가에서 하는 소규모 가공이 불량식품일 것이 라고 생각하기 쉽지만 기업들이 만드는 가공식품 중에서도 불량식품은 발생하고 있다. 부정식품은 안전하게 만들었더라도 허가를 받지 못하 고 판매하는 식품을 일컫는다. 그러나 기업이 허가를 받았지만 인체에 유해한 화학 첨가물을 넣거나 대장균이나 세균이 번식하여 위생 기준 에 미달하는 식품을 만든다면 그것을 불량식품이라고 하는 것이다.

이전보다는 많이 나아졌지만 이제부터라도 국가 차원에서 농가형 농 축산물 가공을 권장하고 기술을 보급해야 한다. 더불어 이렇게 농가에 서 가공한 식품이 도시 소비사와 직접 연결될 수 있도록 지원한다면 더 욱 좋을 것이다. 지금의 대한민국은 식품회사들이 내는 세금으로 운영 할 만큼 영세한 국가가 아니지 않은가? 유럽의 농촌에도 여러 가지 문 제가 있지만 건재한 이유 중의 하나는 가축의 사육과 더불어 와인을 비 롯한 농축산물의 가공권이 농민들에게도 주어져 있기 때문이 아닌가 생각한다. 이러한 생각을 하면서 우리 평화나무농장에서 실행하고 있는 농축산물 가공을 소개한다.

II. 평화나무농장의 가공식품 발전 과정

우리 농장에서 나오는 가공식품이 처음부터 지금에 이르기까지 이야기를 간략하게 써 본다. 내가 처음으로 식품공장 허가를 받은 것은 토마토를 주스로 가공하기 위해서였다. 토마토씨 한 봉지를 사다가 싹을 틔워다 심었더니 토마토가 넘치도록 많이 나왔다. 집에서 먹고 주변에 나눠 줘도 남아서 토마토 병조림과 토마토 주스를 만들었는데 이 중 토마토 주스를 만들어 판매할 마음을 먹었다. 주스 만들기가 좀 더 용이했고, 먹는 사람의 선호도도 높았기 때문이다. 가공할 생각을 하게 된 것은 토마토의 특성 때문이기도 하다. 다른 과채류나 과일도 그러하지만 토마토는 특히 완전히 잘 익었을 때 영양과 맛이 가장 좋다. 그런데 완전히 붉게 익은 토마토는 금방 터져버려서 그 상태로 수확하면 며칠만이라도 보관하기가 어렵다. 따라서 시중에 유통되는 토마토는 대체로 30% 정도 익어 파랄 때 따서 시장에 낸다. 유통 과정 중에, 혹은 가게에서 토마토는 붉게 익는다. 우리는 농장에서 만든 퇴비로 유기농 방식으로 잘 기른 토마토를 덜 익은 채로 수확하고 싶지 않아 완전히 익은 토마토만을 수확하다 보니 저장이 어려워서 주스로 가공해서 판매할 생각을 한 것이다. 내가 식품 가공에 관심이 많고 실행하기도 어렵지 않게 생각한 점도 있다.

　토마토 주스 다음에 가공한 품목은 치아바타(빵)다. 나는 작물 한두 품종만을 선택하여 집중적으로 많이 심지 않는다. 우선 자급자족을 위해 밭에 온갖 종류의 채소와 곡식을 심는다. 그러다 보니 각 농산물의 수확량은 많지 않다. 밀은 300평 정도 심는데 수확한 밀을 그대로, 혹은 가루로 만들어 판매할 때 그 대금은 상당히 적다. 그래서 생각한 것이 빵을 만들어 판매하는 것이었다. 그동안 우리가 농사지어 생산한 밀로 빵을 만들어 집에서도 먹고 찾아오는 손님들에게 대접하고 있었기에

완숙한 토마토 따기

빵을 만드는 일은 어렵게 생각되지 않았다. 여름에 수확한 밀은 저장창고에 넣어 보관했다가 농사일이 끝난 겨울철에 빵을 만들어 회원들에게 보낸다.

내가 만든 빵을 먹어 본 사람들이 간혹 '레시피'를 물어보곤 하는데 빵의 맛은 레시피에서 온 것이 아니고 원료의 우수함에서 나온 것이기에 일반 밀가루로는 그러한 맛을 낼 수 없다. 내가 굽는 치아바타는 맛과 건강 모두에 좋은 최고의 빵이라 자신할 수 있다. 좋은 빵을 만들고 싶으면 안전하고도 우수한 원재료를 확보하여야 한다. "요리는 토양에서 시작한다"는 말은 명언이라고 생각한다.

그 후 다른 농산물들도 차례로 가공하여 판매했다. 루바브를 길러서는 잼을 만들었고, 매일 나오는 산양유로는 요구르트를 만들었다. 기른 곡식들과 채소로는 통곡물 선식을 만들었다.

우리 농장의 육가공에는 다소 특별한 과정이 있다. 1989년에 나는

일본에 있는 '아시아농촌지도자연수원'(ARI, Asian Rural Institute)에서 아시아농촌지도자 양성을 위한 1년 과정의 연수를 받았다. 그 당시에는 독일이 통일되기 전이라 경제적으로 여유가 있어서 세계의 비정부기구 (NGO)들에 지원을 많이 했다. 그 지원 덕택에 ARI에서는 연수생들에게 1년간의 교육비와 생활비, 용돈까지도 장학금으로 지급했다.

ARI에는 특강 형태로 진행하는 프로그램이 많았다. 연수생들에게 도움이 될 만한 기술이나 지식을 가지고 있는 사람들을 강사로 초청했다. 어느 날 '이구사'라는 강사가 와서 육가공 강의를 했다. 그는 자칭 '햄, 소시지 전도사'였다. 그는 도쿄에 있는 농촌지도소에서 근무하던 중에 외국에 나가서 육가공을 배웠고, 은퇴하고 나서는 일본 농촌 곳곳을 다니면서 화학 첨가물을 넣지 않고 천연 양념만을 쓰면서 햄, 소시지, 베이컨 만드는 법을 가르쳤다고 한다.

특강이 끝나고 그는 한국에서 누군가가 왕복 비행기표 값만 내주고 육가공 강습에 필요한 기간인 일주일간 먹여 주고 재워 주기만 한다면 가서 햄, 소시지 만드는 방법을 가르쳐 주고 싶다고 말했다. 연수를 마치고 풀무원공동체로 돌아와서 장인어른(원경선 선생)께 그 이야기를 했더니 바로 초청하자고 하셨다. 이구사 선생은 소시지 가는 기계까지 들고 한국에 왔고 그분에게서 풀무원공동체 식구들은 물론, 정농회 회원들까지 여럿이 모여 햄과 소시지, 베이컨 만드는 방법을 배웠다.

이구사 선생은 일주일간 머물면서 육가공을 실습과 함께 가르쳐 주고 일본으로 돌아갔다. 그 후 전국귀농운동본부가 발족하였고 나는 '자립하는 소농'이란 주제의 강의를 맡았다. 어느 날 강의 중에 귀농하면 돼지를 몇 마리 길러서 직접 햄, 소시지로 가공하여 판매하면 농가 수입에 도움이 될 것이라고 말했더니, 한 활동가가 말로만 하지 말고 자기들부터 가르쳐 달라고 했고, 결국 그해 겨울에 활동가 여럿이 우리 집으로 육가공을 배우러 왔다. 나는 돼지 한 마리를 잡아 그들과 함께 부위별로 해체하고, 마늘과 양파 등의 양념을 갈아 고기를 재워 놓고, 다음 날 고기를 갈아 케이싱 작업을 하고 훈연을 했다. 햄과 소시지, 베이컨을 완성하는 데 3일이 걸렸다. 그 활동가들은 바로 내게 이 육가공을 귀농본부의 정식 생활강좌로 넣자고 했고, 귀농본부는 육가공 강좌에 "내 손으로 만드는 햄, 소시지, 베이컨"이라는 제목을 붙여 강좌를 개설했다.

해마다 겨울에 우리 농장에서 열린 이 강좌는 20년간 지속되었다. 한겨레신문에서 소문을 듣고 찾아와 한겨레 주주와 독자들을 위해 "내 손으로 만드는 햄, 소시지, 베이컨" 강좌를 열고 싶다고 해서 몇 차례 열기도 했다. 우리 농장에서 7년 전에 '공동체 지원 농업'(CSA, Community Supported Agriculture) 방식으로 회원을 모집하여 판매를 시작하면서 이 햄과 소시지도 품목에 넣었다. 지금은 조카를 가르쳐서 독립시켰지만, 조카가 여전히 같은 방식으로 제조하여 평화나무농장 이름으로 판매하고 있고, 농장 회원에게 보내는 품목에도 그대로 들어 있다. 이런 형태의 육가공에 관심이 있는 분은 그 후 들녘출판사에서 펴내고 내가 공저자인 『내 손으로 만드는 햄, 소시지, 베이컨』를 참고하면 되겠다.

III. 가공의 실제, 만드는 방법

1. 토마토 주스

토마토 주스는 우리 농장에서 생산하는 가장 규모 있는 가공식품이다.

처음으로 공장 허가를 받은 품목이기도 하다. 해마다 7월에 들어서 토마토 수확이 시작되면 수확이 끝나기까지 온 가족이 한 달 동안 토마토 주스를 만드는 데 매달린다. 만드는 방법은 비교적 간단하다.

만드는 방법

재료: 완숙 토마토, 유기농 설탕

① 잘 익은 토마토를 수확하여 잘 씻은 뒤에 가는 기계로 약간 거칠게 간다.
② 간 토마토를 대형 솥에 넣고 끓인다.
③ 완전히 펄펄 끓인 후 1리터 병에 주입하고 뚜껑을 덮어 중탕을 한다.
④ 중탕을 마치면 꺼내서 뚜껑을 완전히 조인다.

주로 토마토 외에는 아무것도 넣지 않은 무첨가 주스를 만들고 있으나 설탕을 조금 넣은 가당 주스를 원하는 회원들이 있어서 가당 토마토 주스도 만든다.

끓인 토마토 주스를 병에 넣어 중탕까지 마치면 상온에 1년 이상을 두어도 변질되지 않는다. 집에서 하는 가공이지만 장기 보존에 필요한 모든 과정을 거치기 때문이다. 법적인 보존 기간은 상온에서 1년이다. 이렇게 만든 토마토 주스는 하루나 이틀 식혀서 기다리고 있는 우리 농장 회원들에게 택배로 보낸다. 토마토 주스는 우

완숙한 토마토로 만든 주스

리 농장에서 가장 인기 있는 물품으로 1인당 주문량을 한정하고 있을 정도이다. 이는 우리 가족 노동력으로 기를 수 있는 만큼만 토마토를 재배하므로 토마토 수확량이 한정되어 있기 때문이기도 하다.

참고로 토마토는 전 세계에서 양파와 더불어 가장 많이 소비되는 식품이다. 유엔에서 10대 수퍼푸드로 지정한 농산물이기도 하다. 잘 익은 토마토에 많이 들어 있는 라이코펜은 가열하였을 때 영양성분과 흡수율이 높아진다고 한다.

2. 산양유 요구르트

우리 농장에서 기르고 있는 어미 유산양 18마리에서 그날의 상황에 따라 생산량이 조금씩 다르긴 하지만, 봄에 새끼를 낳고 한 달이 지난 다음부터 어미 유산양이 다시 임신하는 늦가을이 오기까지 매일 35kg 가량의 양유를 얻는다. 착유하여 그날그날 요구르트로 가공하여 소비자 회원들에게 신선한 상태로 택배로 보내고 있다. 산양유 요구르트를 만드는 방식은 비교적 간단하다.

만드는 방법

재료: 산양유

① 이른 아침에 갓 짠 신선한 산양유를 걸러서 70°C에서 30분간 저온 살균한다.
② 이렇게 살균한 후 40°C로 온도를 낮춘다. 유산균은 40°C에서 가장 활발하게 활동하기 때문이다.

이렇게 만든 산양유 요구르트는 5℃ 이하로 식혀서 병에 담아 소비자에게 택배로 발송한다. 보존 기간은 냉장고에서 한 달 정도이나 유산균이 들어 있어서 김치처럼 발효가 진행되어 시어지므로 2주 안에 다 들기를 권하고 있다. 양유보다 유산균에 의해 발효된 야쿠르트의 보존 기간은 두 배 이상 길다.

우유와 산양유는 다르다. 맛과 색깔이 비슷하니까 내용도 비슷할 것으로 생각하는데 그렇지 않은 점이 많다. 산양유는 우유에 비해 유지 고형분 비율이 높다. 즉, 우유보다 양유가 수분을 증발시켰을 때 남는 지방분이 많다. 그리고 특히 칼슘 성분은 인체의 칼슘 크기와 구조가 비슷하여 인체에 잘 흡수된다고 한다. 우유에도 풍부한 칼슘이 들어 있지만 칼슘의 입자가 크고 거칠어서 인체가 잘 흡수할 수 없다는 것이다.

산양유 요구르트

이것이 우유와 산양유의 중요한 차이다. 산양유를 매일 마시면 골다공증 등 칼슘 부족으로 인한 질병의 염려에서 벗어날 수 있다고 한다. 칼슘은 성장기에만이 아니고 설탕 등 당분의 섭취가 많은 현대인들에게 꼭 필요한 성분이다. 인체에 들어온 당분은 칼슘의 도움이 없으면 처리할 수 없기 때문에 당분을 처리하는 데 필요한 칼슘이 제대로 공급되지 않으면 우리 몸속의 뼈에 있는 칼슘 성분이 사용되어 골다공증에 걸리기 쉽다고 한다.

3. 통곡물 선식

만드는 방법

재료:

- 곡식류 : 현미, 찰현미, 보리, 밀, 귀리, 콩 등 농장에서 생산되는 곡식
- 채소류 : 양배추, 당근, 브로콜리, 케일, 무, 시금치, 양파 등 농장에서 생산되는 채소
- 산이나 들에서 나는 식물: 뽕잎, 오가피 잎, 컴프리, 엉겅퀴, 쑥 등

① 곡식 종류는 물에 충분히 불려서 증기로 찐다.
② 곡식을 푹 익힌 후 건조기에서 건조한다.
③ 완전히 건조한 곡식을 제분기로 분쇄한다.
④ 채소와 채취한 식물들은 잘 씻은 후 잘게 잘라 완전히 건조해서 곡식과 마찬가지로 분쇄하여 가루로 만든다.
⑤ 분쇄한 모든 곡식과 식물 분말을 우리가 정한 비율로 혼합한다.

우리는 곡식을 75%, 채소와 식물은 말리지 않은 상태로 계산하여 23%, 해조류는 2%를 넣는다. 일반적으로 채소나 식물의 분말이 들어가지 않은 곡물가루는 미숫가루라고 하고, 채소나 식물의 분말이 들어간 것을 선식이라고 한다. 두 숟갈 정도의 선식을 컵에 넣고 따뜻한 물을 부은 뒤 취향에 따라 꿀이나 설탕을 조금 넣으면 훌륭한 한 끼 식사가

통곡물 선식 재료들

통곡물 선식 제품

된다. 정제하지 않은 곡식과 여러 가지 채소로 만들어진 어지간한 식당 음식보다 낫다. 환자의 회복식으로도 좋고 아기 이유식으로도 좋다.

4. 치아바타(빵)

치아바타라는 말은 이탈리아어로 슬리퍼라는 뜻이라고 한다. 빵이 슬리퍼처럼 생겨서 그런 이름이 붙여졌다고 한다. 프랑스의 바게트처럼 속은 부드럽고 겉은 적당히 바삭하여 보존성과 맛이 좋다. 지금은 여러 가지 형태로 발전하였으며 유럽 여러 나라에서 즐겨 먹는 빵 중의 하나다. 우리는 이 스펠트 밀을 길러 치아바타를 만든다.

독일어로 딩켈이라고 하는 스펠트 밀은 5,000년 전 이집트에서 재배한 곡물로 그 후 유럽과 중동에서 주식으로 이용하였다고 한다. 현재는 주로 독일, 이탈리아, 스위스 등에서 많이 재배하고 있다. 스펠트 밀은 달걀보다 많은 단백질을 함유하고 있는 데다 지방과 탄수화물, 각종 미네랄과 비타민이 골고루 함유되어 있다.

스펠트 밀은 벼나 겉보리처럼 껍질을 쓰고 있어서 도정해야 하는 번거로움이 있지만, 가장 우수한 밀인 만큼 우수한 빵을 만들 수 있다. 최근 들어 밀에 들어있는 글루텐에 과민반응을 일으키는 사람들이 늘어나고 있는데 스펠트 밀은 그러한 문제를 발생시키지 않는다고 한다.

만드는 방법

재료: 밀가루(스펠트 밀), 드라이 이스트, 소금과 설탕 조금

① 먼저 보리 방아기로 겉껍질을 제거한다(도정).

② 그 밀을 씻어 일어서 건조기에서 말린다.

③ 제분을 할 수 있을 만큼 밀이 충분히 말랐으면 분쇄기로 밀가루를 낸다.

④ 곱게 간 밀가루에 물과 드라이 이스트, 소금, 설탕을 넣고 반죽하여

부풀린다.

⑤ 외부 온도에 따라 부푸는 시간이 다르므로 잘 관찰하였다가 충분히 부풀면 다시 한번 손반죽으로 반죽 내부에 생긴 가스를 뽑아 준다.

⑥ 그 후에 다시 부풀어 오르면 치아바타 형태를 만들어 10분 동안 안정 시킨 후 오븐에 넣고 굽는다. 250도 온도에서 13분간 구우면 빵이 완성된다.

내가 사용하는 제분기는 소형 분쇄기다. 몇 년 전에 송아지 네 마리를 팔아 구입했다. 이 제분기는 제분 과정에서 쇳가루가 발생하지 않으며, 제분할 때 발생하는 마찰열이 밀가루에 전달되지 않도록 열을 밖으로 빼준다. 마찰열이 50°c가 넘으면 본래 성분이 변형되어 영양소가 손실되고 신선도가 떨어진다. 좋은 빵을 만들기 위해서는 성능이 좋은 제분기가 필요하다. 밀은 그렇게까지 예민하지 않지만, 메밀은 제분 과정에서 발생하는 과다한 열에 노출되면 반죽이 잘 되지 않는다고 한다.

치아바타 빵

5. 케일 발효액

만드는 방법

재료: 케일, 오이, 토마토, 호박 등 채소와 기타 과채류, 유기농 설탕, 액
상 과당

① 깨끗이 씻은 채소와 과채들을 잘게 잘라서 동일한 무게의 설탕에 재
워 놓는다.

② 이 상태로 3~5일 정도 두었다가 액즙을 분리해낸다.

③ 분리한 액즙에 설탕과 액상 과당을 추가로 넣어 당도가 60브릭스
(brix) 되게 한 후 커다란 탱크에 넣어 후숙시킨다.

만들고 나서 6개월 후부터 음용이 가능하나 오래 묵을수록 맛과 향이 좋아지고 사균이 풍부해져 건강에 좋다. 케일 발효액 원액에 4~5배의 생수를 타서 마시면 훌륭한 건강음료가 된다. 갈증을 없애 주고 섬유소가 많아 변비 해소에도 도움을 준다. 한때는 다이어트하는 사람들에게 큰 인기를 얻기도 했다.

케일 발효액

6. 루바브 잼

만드는 방법

재료: 루바브(잎을 제거하고 줄기만으로), 유기농 설탕

① 수확한 루바브 줄기를 잘 씻어서 잘게 자른다.

② 잘라놓은 루바브에 유기농 설탕을 루바브 무게의 절반을 넣고 3~4
시간 정도 기다린다. 그러면 루바브에서 물이 나오기 시작하는데 그
때부터 약한 불로 서서히 가열한다.

③ 물이 충분히 나오면 강한 불로 계속 가열한다.

④ 루바브가 끓어서 흐물거리기 시작하면 주걱으로 계속 저으면서 졸인다.

⑤ 거의 마지막 단계에서 설탕을 추가하여 최종적으로 당도가 45브릭스
가 되도록 한다.

루바브 잼

일반적으로 시중에 유통되는 잼은 당도가 60브릭스다. 그래야 개봉했을 때 상온에서 변질되지 않아 오랫동안 보존할 수 있기 때문이다. 그런데 요즘은 설탕 섭취를 줄이는 추세이기도 하고 개봉 후에는 냉장고에 보관하면 되므로 우리는 설탕을 기존 비율의 절반에서 조금 더한 정도를 넣어 45브릭스로 맞춰서 완성한다.

나는 30여 년 전에 루바브를 알게 되어 그때부터 농장에서 루바브를

길러 해마다 잼을 만들어 오고 있다. 루바브 잼은 먹어 본 사람들이 무화과잼이라고 여길 정도로 과일 맛이 난다. 칼륨 성분이 많아서 면역력 증강에도 도움이 된다고 한다.

서양의 채소 시장에는 우리나라에서 무와 배추가 빠지지 않듯이 루바브가 반드시 진열되어 있다. 루바브 줄기를 손가락 한 마디 크기로 썰어서 설탕을 조금 넣고 끓인 것을 '콩포트'라고 하는데 빵과 함께 먹기도 하고 후식으로 별도로 먹기도 할 만큼 서양에서 즐겨 먹는 채소다. 요즘은 루바브가 우리나라에도 많이 알려지고 시중에도 나오고 있다.

7. 들기름

들기름은 사람이 먹는 여러 종류의 식용유 중에 효능이 가장 뛰어나다고 알려져 있다. 특히 치매를 예방하고 면역력을 높여 주는 오메가-3 지방산이 많이 들어 있다고 한다. 농진청에서는 "들깨는 현대인의 영양 불균형을 막아 주고 항산화 물질로 면역력을 강화해 주기 때문에 웬만한 보약보다 낫다"라고까지 말한다.

들깨를 털어 수확하고 있다

얼마 전에 작고하였지만 일본의 후쿠시마 현에 살고 있던 무라카미 씨는 30년 전에 우리나라에서 들깨 종자와 기름 짜는 기계를 일본으로 가지고 가서 일본에 들깨 붐을 일으켰다. 그 후로 지금까지 일본은 우리나라의 들기름을 많이 수입한다. 이분이 동경대학 교수와 함께 들기름

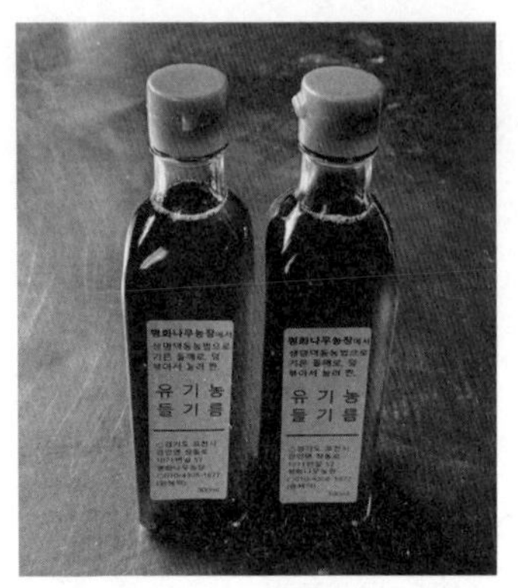

들깨를 압착식으로 짠 들기름

을 연구하여 공동으로 책을 출간했는데 책 제목은 『들깨』(ェゴマ, 에고마)이다. 책에 전 세계에 있는 모든 식용유의 성분을 조사하여 비교한 내용이 나온다. 참기름과 들기름도 나온다. 그중 어떤 식용유는 특정 성분이 들기름보다 많은 것도 있지만 종합적으로 볼 때 들기름이 가장 우수하다고 평가했다. 심지어 들기름에는 항암효과가 있다고

파악하였으며, 그 발표 이후 항암 치료하는 환자들이 많이 먹는다고 한다. 단, 유기농업으로 재배한 들깨에서 얻은 들기름이어야 그러한 효과를 얻을 수 있다고 한다. 심지어는 유기농업을 막 시작한 농지와 5년, 10년 된 농지에서 재배한 들깨에서 추출한 들기름의 효능 정도가 많이 다르다고 했다.

들깨는 비교적 재배하기 쉬운 작물이다. 보리, 밀, 마늘과 양파 등의 월동작물을 수확하고 난 뒷그루로 심기에 적합해서 토지 이용률이 높은 작물이라 할 것이다. 다른 식용유도 그러하지만, 들기름도 압착식 기계를 사용하여 추출해야 본래 영양을 다 살릴 수 있다. 1년에 한 번 사용하려고 값비싼 기계를 집에 갖출 수는 없어서 우리는 방앗간에서 짜 온다. 짠 기름은 바로 농장 회원들에게 보낸다. 들기름이 공기와 접촉하면 산화하여 독성 물질이 생길 수 있으므로 냉암소에서 잘 보관하며 먹도록 당부한다. 볶아서 짠 들기름은 생기름보다 변질할 가능성이 높으므로 더 주의하여 보관해야 한다.

8. 간장과 된장

간장과 된장을 만드는 나라는 한국, 중국, 일본으로 알고 있다. 하지만 나라마다 만드는 재료와 방식이 다르므로 저마다 맛이 다르고 음식 조리 방법 또한 다르다.

나는 1989년도에 일본에서 한 1년 지내는 동안 일본의 된장국인 미소시루를 많이 먹어 보았다. 일본의 된장국은 산뜻하고 얕은맛이 있다. 또한 우리나라 된장국은 여러 종류의 건더기를 많이 넣는데 일본의 미소시루는 건더기를 거의 넣지 않는다. 우리처럼 여러 가지 채소도 별로 넣지 않는다.

우리나라는 콩으로 메주를 쑤어 간장과 된장을 만드는 데 비해 일본은 황곡균으로 띄운 쌀이나 밀, 보리, 콩을 사용하는 것 같다. 일본의 '기꼬망'이라는 간장은 세계 시장에서 오리엔탈 소스라고도 불리며, 마치 동양의 간장을 대표하는 제품처럼 알려져 있다. 시장에서 오랫동안 통한다는 것은 품질을 인정받고 있다는 증거이다. 우리나라 간장도 기꼬망 간장을 능가하는 품질의 간장이 많을 텐데 K-푸드의 세계화 바람에 힘입어 세계 시장에 품질로 도전해 보는 것도 의미 있는 일일 것이다.

우리나라도 이제는 간장과 된장을 가정에서 만들기보다 주로 공장에서 만들고 상업적 판매를 위하여 규모화되어 있다. 그러다 보니 시중에서 간장이라고 판매하는 것들이 정말 간장이라

장담그기에 참여한 실습생들

고 말해도 좋을지 알 수 없는 것들이 많다.

현재 시장에서 유통되고 있는 간장은 일반적으로 전통 간장(한식 간장), 양조간장, 산분해 간장, 혼합간장(산분해 간장+양조간장)으로 분류한다. 그러나, 전통 방식인 콩, 물, 소금에 시간을 더해 만드는 한식 간장과 대두박으로 만든 양조간장만 간장이라고 부르고 나머지는 모두 간장 맛 소스라고 부르는 게 맞지 않을까 한다.

콩 단백질을 분해하는 방법은 미생물을 활용하거나, 미생물에서 추출한 효소를 이용하거나, 염산을 사용하는 방법 등 세 가지가 있다. 그 중 염산을 사용하는 산분해 간장은 단백질에 염산을 넣어 아미노산으로 분해한 후, 알칼리인 수산화나트륨을 넣어 중화시키고, 거기에 색소와 감미료, 향 등을 더해 만든다. 대규모 공장에서는 콩기름을 짜고 난 지게미인 대두박을 산분해하여 간장과 된장을 만든다. 콩을 사용하여 전통 방식으로 만들면 값싸고 빠른 시간에 만들 수가 없고, 시장에서 원하는 낮은 단가를 맞추기 어렵다. 대두박은 콩의 주성분인 기름은 빠졌으나 단백질과 탄수화물이 많이 남아 있으므로 동물의 사료로도 이용하지만, 이렇듯 값싼 간장과 된장을 만드는 원료로도 사용하고 있다.

콩으로 기름을 짤 때 예전에는 압착 방식으로 하였으나 요즘은 석유 정제 과정에서 나오는 핵산이라는 용매를 이용하여 추출한다. 대두박이 간장이 되려면 이렇듯 유기용매와 염산을 이용한 두 번의 화학적 처리 과정을 거쳐야 한다. 그렇게 만들어서는 몸에 좋을 리도 없으나 제맛이 날 리도 없으니 화학조미료를 넣어 간장 맛 소스를 만들어 놓고 간장이라고 부르는 것이다. 그나마 원료라도 좋은 것을 쓰면 다행이지만 공장에서 만드는 간장과 된장의 원재료인 콩은 전량 수입에 의존한다. 거의 다 미국에서 수입하는데 화학비료, 농약, 제초제를 쓴 유전자 변형

(GMO) 콩이다. 우리나라의 매장 진열대 위에 올라가 있는 대부분의 간장과 된장의 원료들이 그렇다.

여기서 선택의 지혜가 필요하다. 건강은 우리가 섭취하는 음식물에 의해서 결정되기 때문이다. 이제 소개하는 것은 위와 같은 원료와 방식을 사용하지 않은, 우리나라 콩을 가지고 전통 방식으로 만든 간장과 된장이다. 국산 유기농 콩으로 메주를 만들어 발효시켜 만드는 우리 농장의 간장과 된장을 소개한다.

만드는 방법

재료: 콩, 소금, 물

(1) 메주 쑤기

① 좋은 콩을 골라 물에 불린다. 물의 온도에 따라 조금씩 차이가 있지만 대개 12시간이면 충분하다. 전날 오후에 담그면 그다음 날 오전에 삶을 수 있다.

② 불린 콩을 큰 가마솥에 넣고 콩이 잠길 정도로 물을 부은 후 삶는다. 처음에는 센불로 삶다가 불의 세기를 줄여가는데 대체로 3~4시간 삶으면 콩이 푹 퍼진다. 손으로 눌렀을 때 쉽게 으깨지면 푹 삶아진 것이다. 삶을 때 주의할 점은 막바지에 아까운 콩물이 넘칠 수 있으므로 넘지 않도록 불을 때면서 잘 살펴야 한다. 마지막에 온도를 낮춰 뜸을 들인다. 뜸 들이는 시간은 1시간 정도면 된다.

③ 뜸이 잘 들었으면 콩을 채반에 건져서 식기 전에 절구에 찧거나 기계로 거칠게 간 다음에 메주 형태를 만든다. 나는 가로, 세로, 높이가 22cm, 15cm, 10cm인 나무 메주틀을 만들어 사용하고 있다. 콩 한

말(8kg)을 삶아 이 메주틀로 빚으면 메주 다섯 덩이가 나온다.

(2) 메주 띄우기

① 표면이 마를 때까지 응달에서 말린다. 마르는데 보통 5~7일이 소요
된다.

② 표면이 말랐으면 띄우는 작업을 시작한다. 메주를 띄우는 바실러스
균이 서식하고 있는 볏짚을 깔고 25~28도 정도의 온도와 50~70%
의 습도를 유지하여 희고 푸르스름한 곰팡이가 잘 발생할 때까지 띄
운다. 온도와 습도를 잘 유지해 주면 7~10일이 지나면 좋은 곰팡이
가 발생한다. 메주를 잘 띄울수록 간장과 된장의 풍미가 더해진다. 발
효실이나 발효기가 있으면 좋지만 없을 때는 말린 메주를 종이 상자
에 넣은 뒤 온돌방이나 전기담요 위에 놓고 담요 등을 덮어서 띄운다.
우리 농장에서는 고추 건조기를 활용한다. 띄우는 중에 온도가 너무
낮으면 검은 곰팡이가 발생한다. 검은 곰팡이는 나쁜 균이니 이 균이
발생하지 않도록 메주 상태를 자주 점검하고 살펴야 한다.

③ 메주가 잘 떴으면 말린다. 20일 정도 말리면 겉은 단단하고 속은 약간
부드러운 상태가 된다. 장 담글 때까지 그 상태를 유지해 놓는다.

(3) 장 담그기

장은 음력 정월에 담그는 것이 좋다. 이때 담그면 온도가 낮아서 소금을
덜 넣어도 되므로 너무 짜지 않은 장이 된다. 대개 설을 지나고 담그면
된다. 또한, 맑고 화창한 날에 담그는 것이 좋다. 전통적으로는 말날을
장담그기 좋은 날로 보는데 할 수 있으면 따르는 것도 좋을 것이다. 우리
농장에서는 생명역동농업 파종 달력의 '열매의 날'을 선택하여 장을 담

근다. 열매의 날에 식품 가공을 하면 맛도 좋아지고 보존도 오래 할 수
있다.

① 잘 띄운 메주는 흐르는 물에 씻어서 말려둔다. 간장 항아리도 씻어서
   말려 놓는다.
② 3년 이상 되어 간수가 빠진 소금과 깨끗한 물을 준비한다. 물도 간장
   맛을 결정하는 주요한 요소다. 물에 소금을 녹여서 가라앉은 불순물
   을 제거한다. 소금물의 염도는 달걀을 넣었을 때 100원짜리 동전만
   큼 위로 뜨면 알맞다. 대체로 메주 한 말(4~5덩이)에 물 한 말, 소금
   5kg이 알맞은 비율이다. 일찍 정월에 담그면 다소 소금의 양을 줄이
   고 날이 더워지는 늦은 봄에 담그면 소금을 좀 더 넣어야 한다. 짠 된
   장은 고쳐 쓸 수 있지만 싱거운 된장은 못 쓴다는 말이 있다.
③ 모든 재료의 준비가 끝났으면 항아리에 메주를 켜켜이 넣은 뒤에 준
   비한 소금물을 붓고 메주가 뜨지 않게 대나무 등을 이용하여 고정한
   후 숯과 마른 고추를 너덧 개 정도 띄운다.

(4) 장 가르기

장을 담그고 50~60일이 지나면 간장과 된장을 가른다. 먼저 맑은 간장
을 떠낸다. 그러면 된장이 남게 되는데 그 된장을 꺼내서 퍼낸 간장 물을
추가하며 살 으깬다. 촉촉하게 잘 으깬 된장을 알맞은 크기의 항아리에
넣고 다독거리고 눌러 놓고 표면에 소금을 약간 뿌려둔다. 간장과 된장
에 쉬가 슬지 않고 잘 익을 수 있도록 장 항아리를 수시로 살펴보며 관리
한다. 그해 가을부터 먹을 수 있으나 한 해는 지나야 장이 맛있어진다.

장을 담근 항아리

간장과 된장을 만드는 방법은 지역과 집안의 전통에 따라 조금씩 다르므로 다른 사람들의 방법을 참고하면서 좋은 장을 만들기 위해 노력할 필요가 있다. 좋은 간장과 된장은 많은 시간과 정성이 더해져야 만들어진다. 아무리 좋은 재료가 준비되었어도 정성이 더해지지 않으면 좋은 장은 만들어지지 않는다. 정성을 들여야 할 것이 어디 그것뿐이랴. 세상만사가 그러하다.

IV. 맺는말

농가에서 가공할 수 있는 품목은 농민 각자가 생산한 농산물에 의해 결정될 것이다. 고추를 기르는 경우 고춧가루를 만들고, 벼농사를 짓는 경우 쌀로 여러 가지 형태의 떡 등을 만들고, 콩 농사를 지으면 된장, 간장 등의 장류를 만들 수 있다. 그 외에도 각자가 생산한 농산물로 다양하게 가공할 수 있을 것이다.

우리 농장에서는 일부 채소를 제외하고는 거의 모든 농산물을 가공하여 판매한다. 유기농으로 재배한 농산물은 대체로 볼품이 없어서 가치만큼의 값을 받기 어려운데 가공을 하면 재료 본래 가지고 있는 맛만 드러나므로 판매하는 데 유리하다. 더 큰 의미는 부가가치를 높여서 농가 수익을 높이는 것이다.

나는 20년 전에 식품 회사인 풀무원에 토마토 주스를 납품하기 위해 공장 허가를 받았다. 그런데 10여 년 전부터 식품 공장은 해썹(HACCP, Hazard Analysis and Critical Control Point) 인증을 받는 것이 필수 의무 사항이 되었다. 해썹은 본래 미국 나사(NASA)에서 우주 식품 안전 기준을 강화하기 위하여 만든 제도이다. 지금은 세계의 많은 나라에서 이를 채택하여 식품 안전에 관한 기준으로 삼고 있지만, 일반 기업이 아닌 영세한 농장 단위의 가공장에 이 방식을 그대로 적용하는 것은 무리가 있다. 법에서 요구하는 대로 따르려면 큰 비용을 들여 시설을 완전히 바꿔야 한다. 또한 우리처럼 밭에서 직접 수확한 농산물을 가공할 때는 그 설비 방식이 전혀 도움이 되지 못하고 오히려 작업에 방해가 된다. 해썹 인증은 식품 안전 관리의 효율성과 편의를 도모하기 위하여 행정적으로 실시하고 있는 제도라서 실제 품질을 높이는 데는 도움이 되지 않는 면도 크다. 특히 영세한 농가의 생산자는 해썹 인증을 받기 위해서 불필요한 과다 비용과 노력을 들여야 한다.

그래도 해썹 인증을 받아야 하므로 고민하고 있다가 아예 허가 형식을 바꾸기로 했다. 공장 허가와 즉석식품 제조 허가는 비슷한 절차를 가지고 있지만 즉석식품 허가의 경우 불특정 다수를 대상으로 진열 판매를 할 수 없다는 점이 다르다. 하시만 즉석식품 제조는 생산자와 소비자가 직접 거래하는 한 아무런 문제가 없다. 우리가 농장에서 가공한 농산물들이 사회관계망서비스(SNS)와 입으로 소문이 나서 직거래가 늘기 시작하면서 이제는 우리가 생산한 모든 가공식품은 택배를 통해 직거래로만 판매한다. 굳이 공장 허가를 유지할 필요가 없어졌다. 그래서 공장 허가를 반납하고 '즉석식품 제조' 허가로 바꿨다. 그러므로 다른 농가에서 직거래 판매가 가능하다면 비교적 접근이 쉬운 즉석식품 제조 허가를 받아서 가공하는 것이 좀 더 쉬울 것이다.

　농축산물의 가공은 정부의 정책적인 지원도 필요하지만 농가의 지속적인 노력과 연구도 중요하다. 계속 연구하고 다른 사람들이 실행하고 있는 것을 보면서 참고하여 발전시켜 나갈 필요가 있다고 생각한다.

지은이 알림

강동진

장로회신학대학을 졸업하고 목회 사역을 하다가 1998년에 충북 보은에서 기독교 공동체인 보나콤을 시작, 공동체의 자립을 위해 밭농사, 논농사를 하다가 2000년에 전국을 돌면서 친환경 양계를 공부한 후에 2001년부터 보나콤 특유의 방식으로 양계를 시작하였다. 지금까지 중국을 비롯하여 아프리카와 아시아 66개 나라를 방문하여 이 양계법을 보급하면서 가난한 사람들의 경제생활을 향상시키고, 미자립 농촌교회들을 자립시키는 선교 도구로 활용하고 있다. 2016년부터는 경북 의성에서 산을 빌려 나무를 심고 숲을 가꾸며, 양봉을 시작하면서 새로운 공동체를 형성하고, 사막화된 땅에 사는 사람들을 먹이고 살리는 길을 모색하고 있다.

강선아

전라남도 보성에서 유기농 벼농사를 짓는 우리원농장 대표 강선아는 대한민국 벼 부문 유기농 1호인 강대인 농부와 최고 농업기술명인 전양순 농부의 맏딸로 태어난 '모태 유기농 농부'이다. 대학 졸업 후 본격적으로 농사에 뛰어든 2007년부터, 유기농의 기본을 지키며 흙과 생명, 사람이 함께 살아가는 길을 농사로 실천하고 있다. 우리원농장은 말 그대로 '우리 모두의 원(園)'을 뜻한다. 사람과 사람, 자연과 사람이 어울려 살아갈 수 있는 지구를 만들기 위해 유기농업을 실천하며, 생태적 순환과 조화를 지켜가는 농장을 지향한다. 다음 세대가 유기농의 가치를 이어갈 수 있도록 청년농업, 귀농귀촌, 지역 활동을 연계하고 지원하는 일에 힘쓰며, 지속가능한 농촌의 미래를 만들어 가고 있다.

김준권

1948년생으로 1976년에 창립된 우리나라 최초의 유기농업단체인 정농회(正農會) 창립회원으로 참여하였다. 1989년에는 일본의 '아시아 농촌지도자 교육원'(ARI, Asia Rural Institute)의 전문학교 과정을 수료하였고, 1991년에는 스위스의 농부교환 프로그램(1년)에 참가하여 스위스 농업 현장을 경험하였다. 2016년에는 대산농촌재단이 수여하는 제25회 대산 농촌상(농촌발전 부문)을 수상하였다. 현재 경기도 포천에서 평화나무농장을 운영하고 있으며, '생명역동농업실천연구회'의 대표로 활동하고 있다. 저서로는『내 손으로 만드는 햄, 소시지, 베이컨』(2002, 들녘출판사),『김준권의 생명역동농업 증폭제』(2023, 도서출판 푸른씨앗)가 있다.

석종욱

1947년생으로 1976년부터 톱밥퇴비와 인연을 맺어 현재까지 49년간 땅심 살리는 일을 하고 있다. 한평생 농업에 종사하면서 퇴비 제조는 물론 유기재배(채소)로 국내인증(1977년)을 받기도 했고, 일본유기JAS국제인증을 국내 최초(2001년)로 받아 생산관리 책임자를 맡기도 했다. 친환경 인증기관의 대표로도 5년간 재직하였고, 사단법인 흙살림연구소 대표를 역임하여 친환경농업에 관한 한 국내에서 선구자로 꼽히게 되었다. 전국 하우스 시설재배와 노지의 과수, 특용작물 등 모든 작물의 연작장해 해결책으로 "땅심살리는 방법과 기술"에 대해 최근 20여 년 간 매년 농업 유관 단체에서 코로나 이전에는 연간 100회 이상 강연을 하였고, 작년부터는 1년 과정(월 1회)의 전문과정을 만들어 운영하고 있다. 저서로는『땅심 살리는 퇴비 만들기』(2013, 들녘출판사),『농사는 땅심이다』(2019, 들녘출판사)가 있다.

윤석원

2016년에 강원도 양양으로 귀농하여 유기농 사과 농사를 짓고 있는 현역 농민이다. 환경과 생태를 살리는 농사를 짓겠다는 자신과의 약속을 지키기 위해 무농약 인증부터 유기농 인증까지 받으며 유기 농사를 익혔다. 처음 심은 미니 사과 알프

스오토메 유기 농사의 실패를 딛고, 유기농 시나노골드와 후지를 8년 만에 수확하고 판매하는 데 성공했다. 농민이 되기 전에는 중앙대학교에서 30여 년 간 교수(산업경제학과, 농업경제학 전공)로 재직했으며, 현재는 명예교수(경제학부)이다. 중앙대학교 산업과학대학 학장과 한국농업정책학회 회장을 역임했다. 주요 저서로는『농사로부터의 사색』(2024, 한국농정),『쌀은 주권이다』(2016, 콩나물시루),『농업문명의 전환』(2011, 교우사),『농산물 시장 개방의 정치경제론』(2008, 한울) 등이 있다.

이상기

국제사이버대학교 웰빙귀농학과를 졸업한 후 건국대학교 농축대학원 생명자원학과(석사)와 산림조경학과(박사)에서 학위과정을 졸업하였다. (주)폴바이오, '흙과사람들' 등에서 농업컨설팅 업무(원예작물 재배 컨설팅)와 농업용 자재 유통(비료 및 작물보호제) 업무를 담당하였다. 2014년부터 지금까지 충북 진천 초평에서 농업회사법인 (주)내츄럴피플을 통해 농업 컨설팅 업무(원예작물 재배 컨설팅)와 농업용 자재 유통(비료 및 작물보호제) 및 교육사업을 시행하고 있다. 유기농업기능사, 식물보호산업기사, 도시농업관리사, 산림교육전문가, 농업교육안전지도사 자격 등 농업 관련 자격을 취득하였고, 원예작물 재배 기술 및 병해충 관리 전문 컨설팅 및 교육 사업을 시행하고 있다.

임기도

2011년 3월 충북 괴산군 장연면 추점리로 귀농하여 소마교회를 개척하고 소마생명공동체를 14년 차 운영하고 있다. 충북 유기농업 실용화연구회 부회장과 괴산군 유기농업인연합회 운영위원의 직책을 맡아 480여 농가를 조직하여 유기농업의 선도자로 활동하고 있다. 톱밥퇴비 생산자회 대표를 역임하며 연간 560톤의 톱밥퇴비를 생산하면서 괴산 토종 고추 연구회 회원들과 함께 땅심 살리기(토양 유기물 함량 4.5% 달성)운동에 매진하고 있다. 지은 책으로는『토종고추 접목 및 재배 매뉴얼』이 있다. 현재 소마교회 목회와 함께 유기농 토종 고추 및 배추 재배를 중심으로 농사에 매진하고 있다.

정호진

한신대를 졸업하였으며 구약학을 전공하였다. 1990년대에 거창, 합천에서 10년 동안 생명농업을 실천하며 살았다. 그 후 선교사로 인도, 네팔, 아프리카 말라위 등에서 15년간 생명농업을 전파하고 교육하는 활동을 하면서 '행복한 마을 만들기 운동'을 전개하였다. 국제적인 비정부기구(NGO)인 '생명누리'를 창립하고 대표를 지냈으며, 대안학교인 샨티학교를 설립하고 초대 교장을 지냈다. 은퇴 후 속리산 국립공원 안에 있는 마을로 이거하여 생명누리농원(경북 상주 소재)을 개원하고 6년째 생명농업 시범농장을 만들어 가고 있다. 지은 책으로는 『해방공동체』1, 2, 3, 5권(한울/공저), 『약속의 땅』(웅진문화), 『우리 의학 이야기』(생명누리), 『생명농업의 원리와 방법』(생명누리) 등이 있다.